高等职业院校课程改革融媒体创新教材

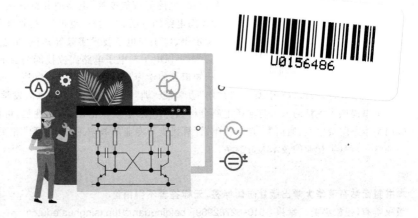

# 电路与电工技术

### 微课版

周 华 主编

吴政江 金紫阳 杨胜丰 王 洁 副主编

清华大学出版社

北京

## 内 容 简 介

本书主要内容有电路的基本概念和定律、电路的等效变换、电路的分析方法、正弦交流电路、三相电路、谐振电路及互感、磁路和铁心线圈、线性动态电路的分析、电动机、继电器-接触器控制系统、工厂供电与安全用电、Multisim 仿真软件简介及虚拟实验示例、电工与电子技术实验等知识，重点介绍电工与电子电路的基本理论、基本知识、基本技能和综合应用。本书以电工与电子电路岗位技能为目的，突出安全用电、电路分析和应用岗位技能训练，以丰富的例子带动知识点的学习，围绕"以训促战，以战促训，训战结合"的方式进行核心技能教学设计，通过以"用"促学，边"用"边学，以"训"促战，边"战"边训来激发学生的学习兴趣。

本书提供了大量的电工与电子电路分析和应用案例，层次清晰，实用性强，可作为职业本科、高职高专和应用型本科院校电类、通信类、自动化类、计算机类等专业的教学用书，也可供相关专业及参加自学考试的学生和电子信息类行业的技术人员参考。

**图书在版编目(CIP)数据**

电路与电工技术：微课版/周华主编.—北京：清华大学出版社，2022.1(2022.8重印)
高等职业院校课程改革融媒体创新教材
ISBN 978-7-302-59050-7

Ⅰ．①电…　Ⅱ．①周…　Ⅲ．①电路－高等职业教育－教材 ②电工技术－高等职业教育－教材
Ⅳ．①TM

中国版本图书馆 CIP 数据核字(2021)第 178877 号

责任编辑：王剑乔
封面设计：刘　键
责任校对：袁　芳
责任印制：丛怀宇

出版发行：清华大学出版社
　　　　　网　　　址：http://www.tup.com.cn，http://www.wqbook.com
　　　　　地　　　址：北京清华大学学研大厦 A 座　　　邮　　编：100084
　　　　　社 总 机：010-83470000　　　　　　　　　　邮　　购：010-62786544
　　　　　投稿与读者服务：010-62776969，c-service@tup.tsinghua.edu.cn
　　　　　质量反馈：010-62772015，zhiliang@tup.tsinghua.edu.cn
　　　　　课件下载：http://www.tup.com.cn，010-83470410
印 装 者：大厂回族自治县彩虹印刷有限公司
经　　销：全国新华书店
开　　本：185mm×260mm　　　　印　　张：18.25　　　　字　　数：464 千字
版　　次：2022 年 1 月第 1 版　　　　　　　　　　　印　　次：2022 年 8 月第 2 次印刷
定　　价：59.00 元

产品编号：092082-01

# 前言
## FOREWORD

　　电工与电子电路是电子信息类、电气类、自动化类和部分非电类专业的基础课程,为学生以后深入学习电工与电子电路相关领域的内容以及应用提供专业知识基础,是实践性很强的课程。课程任务是使学生获得电工与电子电路方面的基本理论、基本知识和基本技能。根据人才需求调研和分析,我国各领域需要大量的电工与电子电路设计、分析、制造、销售、应用、管理和维护等高技能人才。

　　本书阐述准确简明,重点突出,脉络清晰,内容理论联系实际,删去复杂的理论分析,例题选用尽量贴近实际应用,注重"教、学、做"统一协调,将理论知识与应用有机结合,以培养技能型、应用型人才为目标,强化学生综合应用基本知识的能力及工程技术的应用能力。

　　根据电工与电子电路知识之间的相互关系,以"应用为目的,内容选取必需、够用为度"和"少而精"为原则,以体现能力本位为思想,以电路为载体,以应用为主线,遵循电工与电子电路的分析和设计方法,重点介绍分析、设计、应用的方法和技巧,从简单到复杂、从单一到综合,进行岗位职业分析与课程内容选取,重构课程框架,构建了"模块化、递进式"的教学设计,真正实现了教学内容对接工作任务,注重职业素养、工匠精神的培养,使教学设计更具有生命力,更突显"职业性、实践性",有利于培养学生的实践能力、创新能力、工匠精神和职业素养。

　　本书涉及电路的基本概念和定律、电路的分析方法、三相电路、谐振电路及互感、磁路和铁心线圈、线性动态电路的分析、电动机、继电器-接触器控制系统、工厂供电与安全用电等主要知识,共分为12章。第1章电路的基本概念和定律,主要介绍电路和电路模型的概念,电流、电压及其参考方向的概念,电位、电能与电功率的概念,由电阻、电容、电感、电源组成电路的工作状态等内容,重点介绍电压、电流的参考方向和基尔霍夫定律。第2章电路的等效变换,主要介绍电阻的连接及等效电阻,电阻的星形、三角形联结,电源的连接及等效变换,受控源及含受控源电路的等效变换等内容,重点介绍等效变换的应用方法。第3章电路的分析方法,主要介绍网孔电流法、节点电位法、叠加定理、置换定理、诺顿定理及最大功率传输定理等内容,重点介绍支路电流法和戴维南定理。第4章正弦交流电路,主要介绍正弦交流电的基本概念,正弦量的三要素,用相量表示正弦量及相量形式的欧姆定律和基尔霍夫定律,电路的功率分配情况等内容,重点介绍交流电路的分析方法,由线性元件构成的复阻抗、复导纳电路在正弦交流电激励下的分析方法和特点。第5章三相电路,主要介绍三相电源、三相电源的连接方式、三相负载的连接方式、对称三相电路及其分析方法等内容。第6章谐振电路及互感,主要介绍串联谐振电路,并联谐振电路,互感电路,理想变压器及其电路的计算等内容。第7章磁路和铁心线圈,主要介绍磁场的基本知识,铁磁物质的磁化和磁路的欧姆定律、基尔霍夫定律,交流铁心线圈中的波形和能量损耗等内容,重点介绍恒定磁路磁通的计算,电磁铁的工作原理及分类。第 8 章线性动态电路的分析,主要介绍换路定律、电路初始值与稳态值的计算、动态电路的方程和三要素方程、零输入响应和零状态响应、稳态响应和暂态响应、求解一阶动态电路的方法等内容。第 9 章电动机,主要介绍三相异步电动机的结构,各主要零部件的组成和作用,三相异步电动机的工作原理,旋转磁场的相关知识,三相异步电动机的机械特性以及三相异步电动机的铭牌数据,直流电动机的结构、工作原理以及励磁方式等内容。第 10 章继电器-接触器控制系统,主要介绍刀开关、组合开关、按钮开关、交流接触器、电磁式继电器、热继电器、熔断器以及自动空气开关等常用低压电器的结构、原理、型号、规格、选择和使用等方面的知识和技能等内容,重点介绍由各种低压电器组成的笼型异步电动机的点动控制、长动控制、正反转控制等基本控制电路。第 11 章工厂供电与安全用电,主要介绍电力系统的组成和工厂供电系统的组成,触电的定义和分类,电流对人体的影响,人体触电的方式,触电的急救以及触电预防等内容,重点介绍安全用电的基本技能和预防措施。第 12 章 Multisim 仿真软件简介及虚拟实验系例,主要介绍 Multisim 仿真软件的功能,Multisim 仿真软件的工作界面和常见虚拟仪器及其使用等内容,重点介绍 Multisim 仿真软件的基本操作和实际应用。附录为电工与电子技术实验,主要介绍电路物理量的测量方法和常用定理的验证等内容,重点介绍实验方法。

本书由贵州电子信息职业技术学院周华担任主编,由贵州电子信息职业技术学院吴政江、金紫阳、杨胜丰、王洁担任副主编,由福建水利电力职业技术学院吴舒萍担任参编。周华编写了第 1~6、8 章和附录,吴政江编写了第 10 章,金紫阳编写了第 9 章,杨胜丰编写了第 12 章,王洁编写了第 11 章,吴舒萍编写了第 7 章。

由于编者水平有限,书中难免存在不足之处,敬请广大读者批评、指正。

编 者<br>2021 年 6 月

# 目　录

**CONTENTS**

第 $\boxed{1}$ 章 ————————————————— Chapter 1

# 电路的基本概念和定律

 学习要求

　　本章介绍电路和电路模型的概念,电流、电压及其参考方向的概念,电位、电能与电功率的概念,由电阻、电容、电感、电源组成电路的工作状态等内容,重点介绍电压、电流的参考方向和基尔霍夫定律。

　　(1)掌握电路的概念,电流、电压及其参考方向,电容、电感元器件的电流与电压关系、欧姆定律以及基尔霍夫定律。

　　(2)了解电路模型,掌握电位、电能及电功率的计算方法,了解电路的三种工作状态。

　　(3)了解电路的作用,理想电压源、理想电流源与实际电压源、实际电流源的关系,电容、电感的功率和储能。

## 1.1　电路和电路模型

### 1.1.1　电路

电在日常生活、生产和科研工作中得到了广泛应用。在电视机、音响设备、通信系统、计算机和电力网络中可以看到各种各样的电路。电路由电器元件按照一定方式连接而成,可提供电流流通的路径。

**1. 电路的作用**

现实生活中实际应用的电路结构形式非常多,但其主要作用有以下两类。

(1)实现电能的转换和传输。

(2)实现信号的传递和处理。

**2. 电路的组成**

电路由一些基本的部件组成,分为以下三部分。

(1)电源:提供电能或信号的电器元件。

(2)负载:消耗电能的电器元件。

(3)中间环节:连接电源和负载的部分,例如导线、控制开关等。

### 1.1.2　电路模型

实际电路是由一些电工设备、器件和电路元件所组成的。为便于分析和计算,往往把这些

器件和元件理想化,并用国家统一的标准符号来表示。由理想电路元件及其组合来近似代替实际电路元件,构成与实际电路相对应的电路称为电路模型。这种电路模型表征了这些设备在电路中所表示的主要电气特性,以使从电路模型得到的分析结论能够适用于实际电路,这样,实际电路的分析就得到了简化。

**1. 电路的理想电路元件**

为了表征电路中某一部分的主要电磁性能以便进行定性和定量分析,可以把该部分电路抽象成一个电路模型,即用理想的电路元件来代替这部分电路。因此,能表征电路的特征,并且具有单一电磁性质的假想元件称为理想电路元件,所谓单一电磁性质,是指突出该部分电路的主要电或磁的性质,而忽略了次要的电或磁的性质。因此,可以用理想电路元件以及它们的组合来反映实际电路元件的电磁性质。

例如,电感线圈是由导线绕制而成的,它既有电感量又有电阻值,在考虑其主要电磁性质时往往忽略了线圈的电阻性质,而突出了它的电磁性质,把它表征为一个储存磁场能量的电感元件。同样,电阻丝是由金属丝一圈一圈绕制而成的,它也既有电感量又有电阻值,在实际分析时往往忽略电阻丝的电感性质,而突出其主要的电阻性质,把它表征为一个消耗电能的电阻元件。

**2. 理想电路元件的分类及其符号**

理想电路元件共有五种,即电阻元件、电感元件、电容元件、电压源和电流源。理想电路元件名称及对应符号如图 1.1 所示。

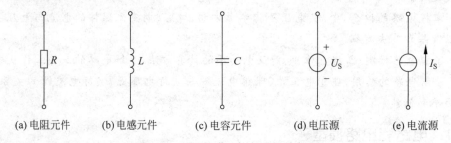

(a) 电阻元件    (b) 电感元件    (c) 电容元件    (d) 电压源    (e) 电流源

图 1.1　理想电路元件名称及其符号

电阻元件是消耗电能的元件,用符号 $R$ 表示。电感元件和电容元件都是储能元件,也称为动态元件。电感元件能把电能转化为磁场能量储存在电感线圈当中,用符号 $L$ 表示。电容元件能把电能转化为电场能量储存在电容器当中,用符号 $C$ 表示。电压源也称为理想电压源,它两端的电压固定不变,且所通过的电流可以是任意值,电流大小取决于与它相连接的外电路,用符号 $U_S$ 表示。电流源也称为理想电流源,它向外提供一个恒定不变的电流,其两端的电压可以是任意值,电压大小取决于与它相连接的外电路,用符号 $I_S$ 表示。

**3. 电路图**

用理想电路元件构成的理想化电路模型图称为电路原理图,简称电路图。在电路图中,各种电路元件必须使用国家统一标准的图形和符号表示。

例如,手电筒实际电路如图 1.2 所示,它是由一个干电池、一个小电珠、一个开关和若干导线组成的最简单电路。对此电路进行抽象后变成手电筒模型电路,如图 1.3 所示,干电池提供电能用电压源 $U_S$ 表示,这里干电池的内阻忽略不计;S 表示开关;消耗电能的负载小电珠用 $R$ 电阻元件表示;各个理想元件之间的导线连接用连线来表示,这样,电路分析就变得非常简单。今后书中未加特别说明时,所指的电路均为这样抽象的电路模型,所指的元件均为理想电路元件。

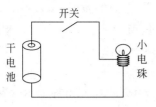

图 1.2　手电筒实际电路图

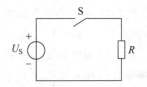

图 1.3　手电筒模型电路图

## 思考与练习

1.1.1　什么叫电路?

1.1.2　电路有哪些作用?

1.1.3　电路由几个部分组成?

1.1.4　什么叫电路图? 电路模型与实际电路有什么区别?

## 1.2　电路的基本物理量

### 1.2.1　电流及电流的参考方向

**1. 电流**

（1）电流的定义

带电粒子的定向移动形成电流。带电粒子在金属导体中是指带负电的自由电子,在电介质中是指带正电或负电的正、负离子。电子和负离子带负电荷,正离子带正电荷。

单位时间内通过导体横截面的电荷定义为电流。电流的实际方向为正电荷运动的方向。电流用符号 $i$ 或 $I$ 表示,其数学表达式为

$$i = \frac{\mathrm{d}q}{\mathrm{d}t} \tag{1.1}$$

（2）电流的单位

在直流电路中,单位时间内通过导体横截面的电荷是恒定不变的,则有

$$I = \frac{q}{t} \tag{1.2}$$

在国际单位制(SI)中,电荷用 $q$ 或 $Q$ 表示,单位为库仑,简称库,符号为 C;时间单位为秒,符号为 s;电流单位为安培,简称安,符号为 A,有时也用千安(kA)、毫安(mA)或微安($\mu$A),换算关系如下:

$$1\mathrm{kA} = 10^3\,\mathrm{A} = 10^6\,\mathrm{mA} = 10^9\,\mu\mathrm{A}$$

电流的量值和方向均不随时间变化的电流,称为恒定电流,简称直流(dc 或 DC),一般用字母 $I$ 表示。量值和方向随时间变化的电流,称为时变电流,一般用字母 $i$ 表示。量值和方向随时间做周期性变化且平均值为零的时变电流,称为交流(ac 或 AC)。

**2. 电流的参考方向**

在分析电路时,电流常常是所求的未知量,有时电流虽然已知了,但其为变动电流,实际方向随时间在变化,在电路图上无法标明,为了解决这一问题,引入了"电流的参考方向"这一概念。

任一支路电流只可能有两个方向,任选其中一个方向为电流的正方向,则该选定的方向则

称为电流的参考方向。当电流的参考方向与电流的实际方向一致时,电流为正值($I>0$);当电流的参考方向与电流的实际方向不一致时,电流为负值($I<0$)。可见,在选定电流的参考方向后,电流值才有正负之分,根据电流值的正、负来判断电流的实际方向。电流的参考方向与电流的实际方向的关系如图 1.4 所示。

电流的参考方向和电流的实际方向用箭头线表示,有时也用双下标表示。若支路 ab 上的电流为 $I_{ab}$,则表示该支路电流的参考方向选定为 a 指向 b,如图 1.5 所示,图中 $I=I_{ab}$,并有 $I_{ab}=-I_{ba}$。

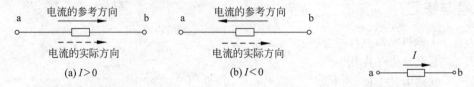

图 1.4　电流的参考方向与电流的实际方向的关系　　图 1.5　电流的参考方向的表示

## 1.2.2　电压及其电压的参考方向

### 1. 电压

（1）电压的定义

单位正电荷由电路中 a 点移到 b 点所获得或失去的能量,称为 ab 两点的电压,即

$$u_{ab}=\frac{dW}{dq} \tag{1.3}$$

式中：$dq$ 为由 a 点移到 b 点的电荷量；$dW$ 为电荷移动过程中所获得或失去的能量；$u_{ab}$ 为 a、b 两点间的电压。规定：若正电荷从 a 点移到 b 点,其电势能减少,电场力做正功,电压实际方向从 a 到 b。

（2）电压的单位

在国际单位制(SI)中,功的单位为焦耳,简称焦,符号为 J；电压单位为伏特,简称伏,符号为 V,有时也用千伏(kV)、毫伏(mV)或微伏($\mu$V),换算关系如下：

$$1kV=10^3\,V=10^6\,mV=10^9\,\mu V$$

### 2. 电压的参考方向

电压的参考方向和电流的参考方向一样,也是任意选定的。在分析电路时,选定某一方向作为电压的参考方向,当选定的电压的参考方向与电压的实际方向一致时,则电压为正值($U>0$)；当选定的电压的参考方向与电压的实际方向不一致时,则电压为负值($U<0$)。电压的参考方向与电压的实际方向的关系如图 1.6 所示。

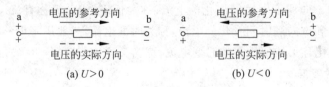

(a) $U>0$　　　　　　　　　　(b) $U<0$

图 1.6　电压的参考方向与电压的实际方向的关系

电压的参考方向可以用"＋""－"极性表示,还可以用双下标表示,如图 1.7 所示,图中 $U=U_{ab}$,并有 $U_{ab}=-U_{ba}$。

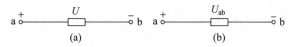

图 1.7 电压的参考方向的表示

### 3. 电流与电压的关联参考方向和非关联参考方向

电压和电流的参考方向可以分别选定,但为了方便起见,常将一条支路的电压和电流的参考方向选得一致,即电流的参考方向使得电流从电压的"+"参考极性流入,从"−"参考极性流出,这种电压和电流的参考方向选得一致的情况称为关联参考方向,如图 1.8(a)所示。反之,称为非关联参考方向,如图 1.8(b)所示。若不加以说明,本书都采用关联参考方向。

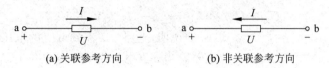

(a) 关联参考方向        (b) 非关联参考方向

图 1.8 关联参考方向与非关联参考方向

关于电压和电流的参考方向,需注意:

(1) 电流、电压的实际方向是客观存在的,而参考方向是人为选定的。

(2) 当电流、电压的参考方向与实际方向一致时,电流、电压值取正号;反之取负号。

(3) 在求解电路时,如果题目未给定电压、电流的参考方向,那么必须首先给出求解过程中所涉及的一切电压、电流的参考方向,并在电路图中予以标出。否则,计算得出的电压、电流正负值是没有意义的。虽然参考方向的指定具有任意性,但一经指定后,在求解过程中不应改变。

(4) 一般来说,同一段电路的电压和电流的参考方向可以各自选定。但为了分析方便,常对一段电路采用关联参考方向。

【例 1.1】 电路中电流或电压的参考方向如图 1.9 所示,已知 $I_1=1A$,$I_2=-1A$,$U_1=5V$,$U_2=-5V$,试指出各个电流或电压的实际方向。

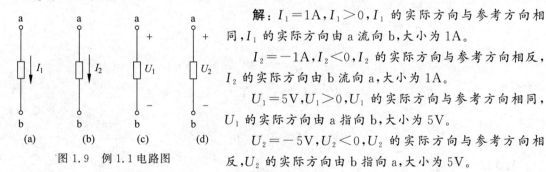

图 1.9 例 1.1 电路图

**解:** $I_1=1A$,$I_1>0$,$I_1$ 的实际方向与参考方向相同,$I_1$ 的实际方向由 a 流向 b,大小为 1A。

$I_2=-1A$,$I_2<0$,$I_2$ 的实际方向与参考方向相反,$I_2$ 的实际方向由 b 流向 a,大小为 1A。

$U_1=5V$,$U_1>0$,$U_1$ 的实际方向与参考方向相同,$U_1$ 的实际方向由 a 指向 b,大小为 5V。

$U_2=-5V$,$U_2<0$,$U_2$ 的实际方向与参考方向相反,$U_2$ 的实际方向由 b 指向 a,大小为 5V。

## 思考与练习

1.2.1 为什么在分析电路时,必须规定电流、电压的参考方向?参考方向与实际方向有什么关系?

1.2.2 根据图 1.10 所示电路,指出电流、电压的实际方向。

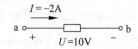

图 1.10 思考与练习 1.2.2 电路图

## 1.3 电位、电功率与电能

### 1.3.1 电位

#### 1. 电位的定义

在电路中任选一点为参考点,则某一点 a 到参考点的电压就叫作 a 点的电位,用 $V_a$ 表示。参考点本身的电位为零,所以又称为零电位点。若参考点为 0,则 a 点电位为

$$V_a = U_{a0} \tag{1.4}$$

#### 2. 电位与电压的关系

如图 1.11 所示电路,若 a、b 两点电位分别为 $V_a$、$V_b$,则此两点间的电压为

$$U_{ab} = U_{a0} + U_{0b} = U_{a0} - U_{b0} = V_a - V_b \tag{1.5}$$

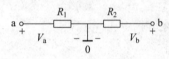

图 1.11 电位表示图

式(1.5)说明,电路中 a 点到 b 点的电压等于 a 点电位与 b 点电位之差。当 a 点电位高于 b 点电位时,$U_{ab} > 0$;反之,当 a 点电位低于 b 点电位时,$U_{ab} < 0$。两点间电压的实际方向是从高电位指向低电位。

参考点是可以任意选定的,一经选定,电路中的各点电位也就确定了。参考点选择不同,电路中各点电位将随参考点的变化而变化,但任意两点的电压是不变的。

【例 1.2】 在图 1.12 中,已知 $U_{ab} = 4V$,$U_{ac} = 2V$,如分别以 a、b 为参考点,求 $V_a$、$V_b$、$V_c$ 电位值。

解:先以 b 点为参考点,则

$$V_b = 0V$$
$$U_{ab} = V_a - V_b$$
$$V_a = U_{ab} + V_b = 4 + 0 = 4(V)$$
$$U_{ac} = V_a - V_c$$
$$V_c = V_a - U_{ac} = 4 - 2 = 2(V)$$

图 1.12 电位表示图

再以 a 点为参考点,则

$$V_a = 0V$$
$$U_{ab} = V_a - V_b$$
$$V_b = V_a - U_{ab} = 0 - 4 = -4(V)$$
$$U_{ac} = V_a - V_c$$
$$V_c = V_a - U_{ac} = 0 - 2 = -2(V)$$

### 1.3.2 电功率

#### 1. 电功率的定义

电功率为转换或传送电能的速率。它是电路中常用到的一个物理量。在电路课程中,电功率也常称为功率,用符号 $p$ 表示。

设在 $dt$ 时间内,有电荷 $dq$ 通过电路元件,其能量的改变量为 $dW$,元件的电压和电流分别为 $u$、$i$,则电功率 $p$ 的大小表示为

$$p = \frac{\mathrm{d}W}{\mathrm{d}t} = \frac{u\,\mathrm{d}q}{\mathrm{d}t} = ui \qquad (1.6)$$

**2. 电功率的单位**

在国际单位制（SI）中，功率的单位为瓦特，简称瓦，符号为 W，常用的单位还有千瓦（kW）、毫瓦（mW），换算关系如下：

$$1\,\mathrm{kW} = 10^3\,\mathrm{W} = 10^6\,\mathrm{mW}$$

**3. 电路吸收或发出电功率**

在直流电路中，功率为

$$P = UI \qquad (1.7)$$

在实际电路中，正电荷经过某个元件从高电位移到低电位，电荷的电势能减少，根据能量守恒定律，电路元件则吸收功率。反之，正电荷从低电位移到高电位，电势能增加，该电路元件应发出功率。由此可得出结论：若一条支路，其实际电压、电流同方向，则该支路吸收功率；若实际电压、电流反方向，则该支路发出功率。

当电压、电流选用关联参考方向时，如图 1.13(a)所示，所得的功率 $P$ 应当作电路吸收的功率。当 $P>0$ 时，电路实际吸收功率；当 $P<0$ 时，电路实际发出功率。反之，若电压、电流选用非关联参考方向，如图 1.13(b)所示，所得的功率 $P$ 应当作电路发出的功率。当 $P>0$ 时，电路实际发出功率；当 $P<0$ 时，电路实际吸收功率。

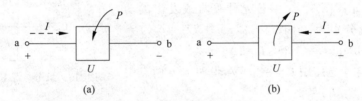

图 1.13　功率的吸收与发出

**【例 1.3】** 在图 1.14 直流电路中，已知 $U_S = 10\mathrm{V}$，$I = 1\mathrm{A}$，求电源功率和电阻功率。

**解：** 电阻 $R$ 上的 $I$、$U$ 方向为关联参考方向，则

$$P_R = IU = 1 \times 10 = 10(\mathrm{W})$$

因为 $P_R > 0$，所以电阻 $R$ 吸收功率 10W 或者发出功率 −10W。

电源 $U_S$ 上的 $I$、$U$ 方向为非关联参考方向，则

$$P_S = -1 \times 10 = -10(\mathrm{W})$$

因为 $P_S < 0$，所以电源发出功率 10W 或者吸收功率 −10W。

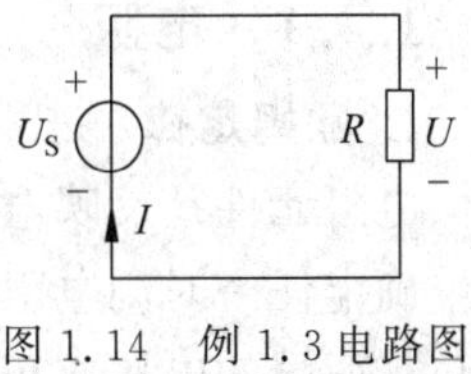

图 1.14　例 1.3 电路图

能量转换与守恒是自然界的普遍规律。根据这个规律，一个电路在某一瞬间，各元件吸收功率的总和应等于各元件发出功率的总和，这个结论称为功率守恒定律。或者说，整个电路的功率代数和为零，即功率平衡，则

$$\sum P = 0 \qquad (1.8)$$

### 1.3.3　电能

**1. 电能的定义**

在 $t_0$ 到 $t_1$ 时间内电路吸收或发出的电能为

$$W = \int_{t_0}^{t_1} p\,\mathrm{d}t \qquad (1.9)$$

在直流情况下,功率不随时间变化,所以在一段时间内转换的电能为

$$W = Pt = UIt \tag{1.10}$$

**2. 电能的单位**

在国际单位制(SI)中,电能的单位为焦耳,简称焦,符号为 J。常用千瓦时(kW·h)作为电能单位,简称"度"。换算关系如下:

$$1\mathrm{kW \cdot h} = 10^3\mathrm{W} \times 3600\mathrm{s} = 3.6 \times 10^6\mathrm{J}$$

**【例 1.4】** 一个 220V、60W 的白炽灯,正常工作时灯丝电阻是多少? 若该灯每天工作 4 小时,问一天消耗的电能是多少度?

**解**:因为电灯正常工作,所以电阻 $R$ 为

$$R = \frac{U^2}{P} = \frac{220^2}{60} \approx 806(\Omega)$$

每天消耗的电能为

$$W = PT = 60 \times 10^{-3} \times 4 = 0.24(\mathrm{kW \cdot h}) = 0.24(度)$$

## 思考与练习

1.3.1 在图 1.15 所示电路中,已知 $V_a = 3\mathrm{V}$, $V_c = -2\mathrm{V}$,求 $U_{ab}$、$U_{bc}$ 和 $U_{ca}$。若改变 c 点为参考点,求 $V_a$、$V_b$、$U_{ab}$、$U_{bc}$、$U_{ca}$。从计算结果可以得到什么结论?

1.3.2 试计算图 1.13 中各元件吸收或发出的功率,其电压、电流分别为:在图 1.13(a)中,$U=2\mathrm{V}$,$I=2\mathrm{A}$;在图 1.13(b)中,$U=-3\mathrm{V}$,$I=2\mathrm{A}$。

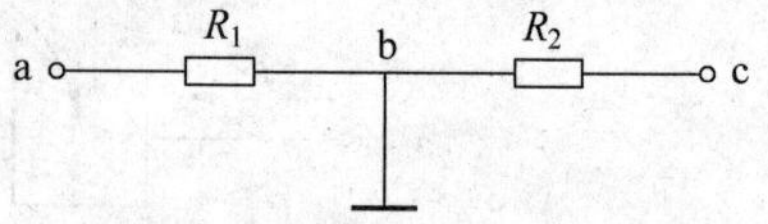

1.3.3 已知某电路中 $U_{ab} = -8\mathrm{V}$,说明 a、b 两点中哪点电位高。

图 1.15 思考与练习 1.3.1 电路图

1.3.4 实验室有 100W、220V 的电烙铁 30 把,使用 30 天,每天使用 2 小时,将耗电多少度?

## 1.4 电阻元件

### 1.4.1 电阻

**1. 欧姆定律**

电阻元件是反映电路器件消耗电能的一种理想的二端元件。

确定任一时刻电阻元件两端电压和流过电流的约束关系的定律如下:流过电阻元件的电流与其两端的电压成正比,称为欧姆定律,简称 VCR。

在电压和电流为关联参考方向下,欧姆定律表达式为

$$U = RI \tag{1.11}$$

在电压和电流为非关联参考方向下,欧姆定律表达式为

$$U = -RI \tag{1.12}$$

**2. 电阻的单位**

在国际单位制(SI)中,电阻的单位为欧姆,简称欧,符号为 $\Omega$,常用的单位还有千欧($\mathrm{k}\Omega$)、兆欧($\mathrm{M}\Omega$),换算关系如下:

$$1\mathrm{M}\Omega = 10^3\mathrm{k}\Omega = 10^6\Omega$$

**3. 线性电阻元件和非线性电阻元件**

若电阻元件的阻值与其工作电压、电流无关，是一个常数，这种元件称为线性电阻元件。反映元件的电流、电压关系的曲线叫作元件的伏安特性曲线。线性电阻元件的伏安特性曲线是一条经过原点的直线，如图 1.16(a)所示。若电阻元件的伏安特性曲线不是一条经过原点的直线，则这种元件称为非线性电阻元件，如图 1.16(b)所示。

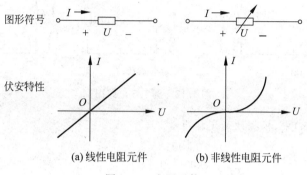

(a)线性电阻元件　　　　(b)非线性电阻元件

图 1.16　电阻元件

实际应用中的电阻器、电炉和白炽灯等元器件，它们的伏安特性在一定程度上都是非线性的，但在一定范围内其电阻值变化很小，可以近似地看作线性电阻元件。在以后的描述中，若无特殊说明，所说的电阻元件均指线性电阻元件。

### 1.4.2　电导

电阻的倒数称为电导，用 $G$ 表示，即

$$G = \frac{1}{R} \tag{1.13}$$

在电压和电流为关联参考方向下，电导表达式为

$$U = \frac{1}{G}I \quad 或 \quad I = GU \tag{1.14}$$

在国际单位制(SI)中，电导的单位是西门子，简称西，符号为 S。

用电导表征线性电阻元件时，欧姆定律为

$$I = GU \quad 或 \quad U = \frac{1}{G}I \tag{1.15}$$

### 1.4.3　电阻元件的功率及能量

由图 1.16 所示的伏安特性可以看出，在关联方向下，电阻元件的电压和电流值总是同号的，根据功率公式，其功率总是正值，总是在消耗功率，也就是说，电阻元件是耗能元件。

在任何情况下，电阻值和电导值都是正实数值。

在关联参考方向下，任何瞬时电阻元件吸收的功率为

$$p = iu = i^2 R = \frac{u^2}{R} = Gu^2 \tag{1.16}$$

在关联参考方向下，在 $t_0$ 到 $t_1$ 时间内，电阻元件吸收的电能 $W$ 为

$$W = \int_{t_0}^{t} p\,dt = \int_{t_0}^{t} i^2 R\,dt = \int_{t_0}^{t} Gu^2\,dt \tag{1.17}$$

当电阻元件通过直流时，$i = I$ 不随时间变化，上式简化为

$$W = p(t_1 - t_0) = RI^2 T = GU^2 T \qquad (1.18)$$

式中：$T = t_1 - t_0$；$I$ 和 $U$ 分别表示直流电流和直流电压。

【例 1.5】 求图 1.17(a)、图 1.17(b)所示电路中的电压 $U$ 和图 1.17(c)所示电路中的电流 $I$。

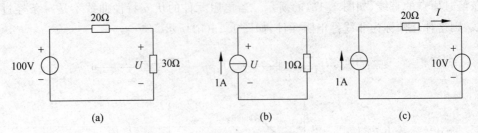

图 1.17  例 1.5 电路图

解：在图 1.17(a)中，根据欧姆定律得

$$U = \frac{100}{20 + 30} \times 30 = 60(\text{V})$$

在图 1.17(b)中，电流源两端电压 $U$ 与 10Ω 电阻上电压相等，则

$$U = 1 \times 10 = 10(\text{V})$$

在图 1.17(c)中，根据电流源特性得

$$I = 1\text{A}$$

## 思考与练习

1.4.1  欧姆定律的定义是什么？

1.4.2  求图 1.18 所示电路的电压 $U$ 或电流 $I$。

1.4.3  在图 1.19 所示电路中，以 c 为参考点，求电位 $V_a$、$V_b$ 和电压 $U_{ab}$。

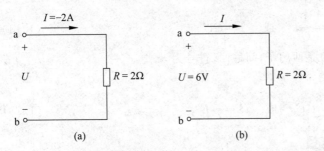

图 1.18  思考与练习 1.4.2 电路图

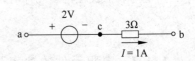

图 1.19  思考与练习 1.4.3 电路图

## 1.5  电感元件和电容元件

### 1.5.1  电感元件和电容元件的定义

**1. 电感元件**

（1）电感的定义

电感元件是表征磁场储能的一种理想元件。

常用的线性电感是一个二端元件，电感上电流与磁链的方向满足右手定则，磁链与电流的大小成正比。

$\psi$-$i$ 平面上的磁链与电流关系称为韦安特性曲线,线性电感元件的韦安特性曲线是经过原点的一条直线,其斜率即为磁链与电流的比值,为正常数,定义为自感系数,简称自感或电感,记作

$$L = \frac{\psi}{i} \qquad (1.19)$$

在国际单位制(SI)中,单位为亨利,简称亨,符号为 H,有时也用毫亨(mH)、微亨($\mu$H),换算关系如下:

$$1\mathrm{H} = 10^3\,\mathrm{mH} = 10^6\,\mu\mathrm{H}$$

（2）线性电感元件和非线性电感元件

一般电感元件的磁链和电流的大小为代数关系,如 $\psi = i + 1$ 等,其韦安特性就不是经过原点的直线,称为非线性电感。

线性电感元件的图形符号和韦安特性曲线如图 1.20(a)所示,非线性电感元件的图形符号和韦安特性曲线如图 1.20(b)所示。在以后的讨论中,若无特别说明,所说的电感元件均指线性电感元件。

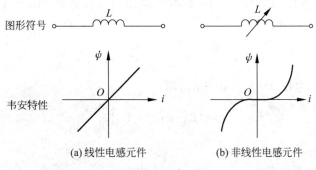

图 1.20　电感元件

## 2. 电容元件

（1）电容的定义

电容元件是表征电场储能的一种理想元件。

（2）线性电容元件和非线性电容元件

常用的线性电容是一个二端元件,沿电压方向在极板上聚集等量的正负电荷,每一块极板的电荷量与电压的大小成正比。

$q$-$u$ 平面上的电荷、电压关系称为库伏特性曲线,线性电容元件的库伏特性曲线是经过原点的一条直线。其斜率即为电荷与电压的比值,为正常数,称为电容量或电容,记作

$$C = \frac{q}{u} \qquad (1.20)$$

在国际单位制(SI)中,电容单位为法拉,简称法,符号为 F。法拉的单位太大,通常用微法($\mu$F)和皮法(pF)。换算关系如下:

$$1\mathrm{F} = 10^6\,\mu\mathrm{F} = 10^{12}\,\mathrm{pF}$$

一般的电容元件,每块极板上的电荷量与极板间电压的大小成代数关系,其库伏特性曲线不是经过原点的直线,称为非线性电容元件。

线性电容元件的图形符号和库伏特性曲线如图 1.21(a)所示,非线性电容元件的图形符号和库伏特性曲线如图 1.21(b)所示。在以后的讨论中,若无特别说明,所说的电容元件均指线性电容元件。

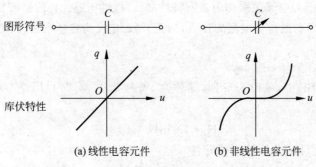

图 1.21  电容元件

### 1.5.2  电感元件和电容元件的连接方式

**1. 电感元件的连接方式**

(1) 电感元件的串联

图 1.22(a)为电感 $L_1$、$L_2$ 与 $L_3$ 相串联的电路,图 1.22(b)为它的等效电路,注意:串联电路中交流电流处处相同,并且有

$$u_1 = L_1 \frac{\mathrm{d}i}{\mathrm{d}t} \quad u_2 = L_2 \frac{\mathrm{d}i}{\mathrm{d}t} \quad u_3 = L_3 \frac{\mathrm{d}i}{\mathrm{d}t}$$

在图 1.22(a)中,电压 $u = u_1 + u_2 + u_3$,即

$$u = (L_1 + L_2 + L_3) \frac{\mathrm{d}i}{\mathrm{d}t}$$

又由图 1.22(b)得

$$u = L \frac{\mathrm{d}i}{\mathrm{d}t}$$

因为图 1.22(a)和图 1.22(b)等效,所以有

$$L = L_1 + L_2 + L_3 \tag{1.21}$$

(2) 电感元件的并联

图 1.23(a)为电感 $L_1$、$L_2$ 与 $L_3$ 相并联的电路,图 1.23(b)为它的等效图。图中假设电流的增量为 $\mathrm{d}i$,方向与电压 $u$ 为关联参考方向,注意到并联电路中各支路电压是相等的,在图 1.23(a)中,有

$$u = L_1 \frac{\mathrm{d}i_1}{\mathrm{d}t} \quad u = L_2 \frac{\mathrm{d}i_2}{\mathrm{d}t} \quad u = L_3 \frac{\mathrm{d}i_3}{\mathrm{d}t}$$

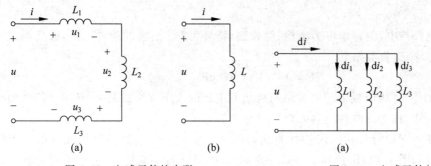

图 1.22  电感元件的串联          图 1.23  电感元件的并联

即

$$\mathrm{d}i_1 = \frac{1}{L_1}u\,\mathrm{d}t \quad \mathrm{d}i_2 = \frac{1}{L_2}u\,\mathrm{d}t \quad \mathrm{d}i_3 = \frac{1}{L_3}u\,\mathrm{d}t$$

由 KCL 得

$$\mathrm{d}i = \mathrm{d}i_1 + \mathrm{d}i_2 + \mathrm{d}i_3 = \left(\frac{1}{L_1} + \frac{1}{L_2} + \frac{1}{L_3}\right)u\,\mathrm{d}t$$

由图 1.23(b)得

$$u = L\frac{\mathrm{d}i}{\mathrm{d}t}$$

由于图 1.23(a)与图 1.23(b)等效,其电压与电流必然相等,因而有

$$\left(\frac{1}{L_1} + \frac{1}{L_2} + \frac{1}{L_3}\right)u\,\mathrm{d}t = \frac{1}{L}u\,\mathrm{d}t$$

即

$$\frac{1}{L} = \frac{1}{L_1} + \frac{1}{L_2} + \frac{1}{L_3} \tag{1.22}$$

**2. 电容元件的连接方式**

(1) 电容元件的并联

使用实际的电容器时,当电容量不够时可将几个电容器并联使用,即为电容元件的并联。

图 1.24(a)所示为三个电容并联,图 1.24(b)所示为图 1.24(a)的等效电路。设端口交流电压为 $u$,则每个电容的电压都为 $u$,每个电容所充的电量分别为 $q_1$、$q_2$ 和 $q_3$,所以总的充电量 $q$ 为

$$q = q_1 + q_2 + q_3 = C_1u + C_2u + C_3u = (C_1 + C_2 + C_3)u$$

故得并联的等效电容为

$$C = \frac{q}{u} = C_1 + C_2 + C_3 \tag{1.23}$$

(2) 电容元件的串联

若单个电容耐压不够,可以将几个电容串联使用。

图 1.25(a)所示为三个电容串联,图 1.25(b)所示为图 1.25(a)的等效电路。根据电荷守恒定理,每个电容极板的电量相等,都为 $q$,每个电容的电压分别为 $u_1$、$u_2$ 和 $u_3$,总电压 $u$ 为

$$u = u_1 + u_2 + u_3 = \frac{q}{C_1} + \frac{q}{C_2} + \frac{q}{C_3} = \left(\frac{1}{C_1} + \frac{1}{C_2} + \frac{1}{C_3}\right)q$$

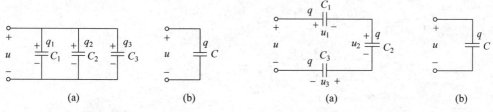

图 1.24　电容元件的并联　　　　图 1.25　电容元件的串联

故得串联的等效电容为

$$C = \frac{q}{u} = \frac{1}{\dfrac{1}{C_1} + \dfrac{1}{C_2} + \dfrac{1}{C_3}}$$

从而可得

$$\frac{1}{C} = \frac{1}{C_1} + \frac{1}{C_2} + \frac{1}{C_3} \tag{1.24}$$

同时由于

$$C_1 u_1 = C_2 u_2 = C_3 u_3 = q$$

因此

$$u_1 : u_2 : u_3 = \frac{1}{C_1} : \frac{1}{C_2} : \frac{1}{C_3}$$

即串联电容的电压与电容量成反比,即大电容分得小电压,而小电容分得大电压。

当电容量和耐压都不够时,可以将几个电容串、并联组合使用。

【例 1.6】　三个 $4\mu\mathrm{F}$、耐压 220V 的电容器连接在一起,如图 1.26 所示,求等效电容是多少? 为保证电容器不被击穿,电路的端电压应为多少?

**解**：$C_2$ 与 $C_3$ 并联,等效电容为

$$C_{23} = C_2 + C_3 = 4 + 4 = 8(\mu\mathrm{F})$$

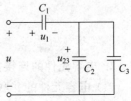

图 1.26　例 1.6 电路图

$C_1$ 与 $C_{23}$ 串联,等效电容为

$$C = \frac{1}{\frac{1}{C_1} + \frac{1}{C_{23}}} = \frac{C_1 C_{23}}{C_1 + C_{23}} = \frac{4 \times 8}{4 + 8} \approx 2.67(\mu\mathrm{F})$$

因为 $C_1$ 与 $C_{23}$ 串联,且 $C_1 < C_{23}$,所以 $u_1 > u_{23}$,应保证 $u_1$ 不超过 220V,则

$$\frac{u_1}{u_{23}} = \frac{C_{23}}{C_1} = \frac{8}{4} = 2$$

$$u_{23} = \frac{1}{2} u_1 = \frac{1}{2} \times 220 = 110(\mathrm{V})$$

故端口电压不能超过

$$u = u_1 + u_{23} = 220 + 110 = 330(\mathrm{V})$$

### 1.5.3　电感元件和电容元件的电流与电压关系

**1. 电感元件的电流与电压关系**

电感元件的电流变化时,其自感磁链也随之变化,由电磁感应定理可知,在元件两端会产生自感电压。若选择 $u$、$i$ 的参考方向都和 $\psi_\mathrm{L}$ 关联,如图 1.27 所示,则 $u$ 和 $i$ 的参考方向也彼此关联。

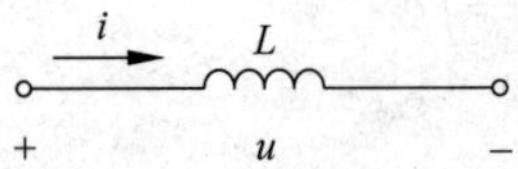

图 1.27　线性电感元件

此时,自感磁链为

$$\psi_\mathrm{L} = Li \tag{1.25}$$

自感电压为

$$u = \frac{\mathrm{d}\psi_\mathrm{L}}{\mathrm{d}t} = \frac{\mathrm{d}(Li)}{\mathrm{d}t} \tag{1.26}$$

即

$$u = L \frac{\mathrm{d}i}{\mathrm{d}t} \tag{1.27}$$

这就是关联参考方向下电感元件的电流与电压的关系。

由式(1.27)可知,任何时刻,线性电感元件上的电压与其电流的变化率成正比。只有当通过元件的电流变化时,其两端才会有电压。电流变化越快,自感电压越大。当电流不随时间变

化时,则自感电压为零,这时电感元件相当于短路。

**2. 电容元件的电流与电压关系**

当电容元件极板间电压 $u$ 变化时,极板上的电荷也随之改变,电容中就有电荷的转移,于是该电路中出现了电流。

如图 1.28 所示的电容元件,选择电流的参考方向指向正极板,即与电压 $u$ 的参考方向关联。设在极短时间 $dt$ 内,每个极板上的电荷量改变了 $dq$,则电路中的电流为

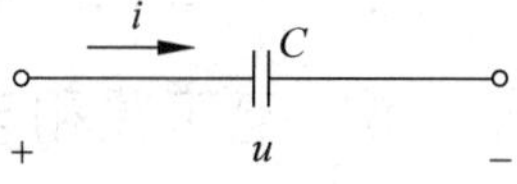

图 1.28  线性电容元件

$$i = \frac{dq}{dt}$$

把 $C = \dfrac{dq}{du}$ 代入上式,得

$$i = C\frac{du}{dt} \tag{1.28}$$

式(1.28)就是关联参考方向下电容元件的电压、电流关系。

式(1.28)指出,任何时刻,线性电容的电流与该时刻电压的变化率成正比。只有当极板上的电荷量发生变化时,极板间的电压才发生变化,电容电路中才出现电流。当电压不随时间变化时,则电流为零,这时电容元件相当于开路,故电容元件有隔直作用。

### 1.5.4  电感元件和电容元件的功率和储能

**1. 电感元件的功率和储能**

在电压与电流选用关联参考方向时,电感吸收的功率为

$$p = ui = iL\frac{di}{dt} \tag{1.29}$$

当 $p>0$ 时,电感实际吸收功率;当 $p<0$ 时,电感实际发出功率。

电感是一个储存磁场能的元件。当流过电感的电流 $i$ 增大时,磁链增大,它所储存的磁场能也变大。但如果电流减小到零,则所储存的磁场能将全部释放出来。故电感元件本身并不消耗电能,是一个储能元件。当流过电感元件的电流为 $i$ 时,它所储存的磁场能为

$$W_{\mathrm{L}} = \frac{1}{2}Li^2 \tag{1.30}$$

式(1.30)表明,电感元件在某一时刻的储能只决定于该时刻的电流值,而与电流的过去状态无关。

**2. 电容元件的功率和储能**

电容元件上电压、电流选取关联参考方向时,其吸收的功率为

$$p = ui = uC\frac{du}{dt} \tag{1.31}$$

电容也是一个储能元件,能量储存在电容的电场之中,当电容的端电压为 $u$ 时,它所储存的电场能为

$$W_{\mathrm{C}} = \frac{1}{2}Cu^2 \tag{1.32}$$

式(1.32)表明,电容元件在某一时刻的储能只决定于该时刻的电压值,而与电压的过去状态无关。

## 思考与练习

**1.5.1**　在图 1.22 所示电路中,已知 $L_1=1\mu H$, $L_2=2\mu H$, $L_3=3\mu H$,求总电感 $L$。

**1.5.2**　在图 1.24 所示电路中,已知 $C_1=1\mu F$, $C_2=2\mu F$, $C_3=3\mu F$,求总电容 $C$。

## 1.6　电压源和电流源

电路中的耗能器件或装置有电流流动时,会不断消耗能量,电路中必须有提供能量的器件或装置——电源。常用的直流电源有干电池、蓄电池、直流发电机、直流稳压电源和直流稳流电源等。常用的交流电源有电力系统提供的正弦交流电源、交流稳压电源和产生多种波形的各种信号发生器等。为了得到各种实际电源的电路模型,本节介绍独立电源。电源中能够独立向外提供电能的电源,称为独立电源。独立电源包括电压源和电流源。

### 1.6.1　理想电压源

**1. 理想电压源的特点**

理想电压源简称电压源。其特点是:它两端的电压是一个定值 $U_S$ 或是一定时间函数 $U_S(t)$,它与流过它的电流无关;而流过它的电流由与之相连接的外电路共同确定。

理想电压源在电路中的图形符号如图 1.29(a)所示,其中 $U_S$ 为电压源的电压值,"+""−"是其参考方向。

**2. 理想直流电压源**

如果电压源的电压是定值,则称之为直流电压源,图 1.29(b)是直流电压源的外特性。它表示电压源的 VCR 特性曲线,在任一时刻,它是平面上平行于电流轴的一条直线。当电压源的电压为零($U_S=0$)时,其特性曲线与电流轴重合,此时电压源相当于短路。

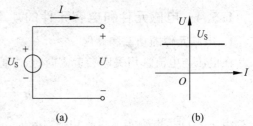

图 1.29　电压源模型及直流电压源的外特性

**3. 理想交流电压源**

电压随时间变化的电压源,称为时变电压源。电压随时间周期性变化且平均值为零的时变电压源,称为交流电压源。

电压源的电压与电流采用关联参考方向时,其吸收功率为 $p=ui$。当 $p>0$ 时,电压源实际吸收功率;当 $p<0$ 时,电压源实际发出功率。也就是说,随着电压源工作状态的不同,它既可以发出功率,也可以吸收功率。

### 1.6.2　实际电压源

理想电压源实际上是不存在的,无论是干电池还是发电机,在对外提供功率的同时,不可避免地存在内部功率损耗。也就是说,实际电源是存在内阻的。以干电池为例,带上负载后,端电压将低于定值电压,负载电流越大,端电压越低,这样,电池就不具有定值的特点,视电池内阻具有分压的作用。因此,实际电压源可以用一个理想电压源 $U_S$ 和内阻 $R_S$ 相串联的模型来表示,如图 1.30(a)中的点划线框内所示,图中 $R_L$ 为负载,即电源的外电路。有关系式为

$$U=U_S-IR_S \tag{1.33}$$

式(1.33)说明,在接通负载后,实际电压源的端电压 $U$ 是低于理想电压源的电压 $U_S$。实

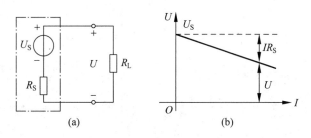

图 1.30  实际电压源模型及其外特性

际电压源的内阻越小,其特性越接近于理想电压源。工程中常用的稳压电源以及大型电网在工作时的输出电压基本不随外电路变化,都可近似看作理想电压源。

### 1.6.3  理想电流源

#### 1. 理想电流源的特点

理想电流源简称电流源。其特点是:它向外输出的电流是定值或是一定的时间函数,而与它的端电压无关,它的端电压由与之相连接的外电路确定。

理想电流源在电路中的图形符号如图 1.31(a)所示,其中 $I_S$ 为电流源输出的电流,箭头标出了它的参考方向,$U$ 为端电压。

#### 2. 理想直流电流源

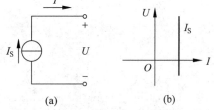

如果电流源的电流是定值,则称之为直流电流源,图 1.31(b)是直流电流源的外特性。它表示电流源的 VCR 特性曲线,在任一时刻,它是平行于电压轴的一条直线,其横坐标为理想电流源的电流 $I_S$。当电流源的电流为零($I_S=0$)时,其特性曲线与电压轴重合,相当于开路,即电流为零的电流源相当于开路。

图 1.31  电流源模型及直流电流源的外特性

电流源作为一个电路元件,当然也有吸收功率与发出功率之分,吸收功率与发出功率的计算与分析和电压源一样。

### 1.6.4  实际电流源

与理想电压源一样,理想电流源实际上也是不存在的,只是实际电流源在一定条件下的理想化近似模型。

在日常生活中,常常看到手表、计算器等采用太阳能电池作为电源,这些太阳能电池是用硅、砷化镓材料制成的半导体器件。它与干电池不同,当受到太阳光照射时,将激发产生电流,该电流是与入射光强度成正比的,基本上不受外电路影响,因此像太阳能电池这类电源,在电路中可以用电流源模型来表示。实际上,由于内电导的存在,电流源中的电流并不能全部输出,有一部分将从内部分流掉。因此,实际电流源可用一个理想电流源与内电导 $G_S$ 相并联的电路模型来表示。图 1.32(a)中的点划线框内所示为一实际电流源的电路模型,明显可见,该实际电流源输出到外电路中的电流 $I$ 小于电流源 $I_S$,有关系式为

$$I = I_S - G_S U \tag{1.34}$$

其外特性如图 1.32(b)所示。

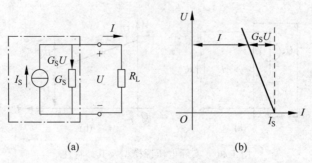

图 1.32　实际电流源模型及其外特性

【例 1.7】　计算图 1.33 电路中 4Ω 电阻和 10V 电压源的功率。

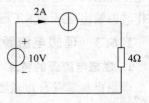

图 1.33　例 1.7 电路图

解：该电路的电流为 2A,电阻吸收的功率为

$$P_1 = 4 \times 2^2 = 16(\text{W})$$

电压源发出的功率为

$$P_2 = 10 \times 2 = 20(\text{W})$$

【例 1.8】　图 1.34(a)中,已知: $U_{S1} = 3\text{V}, U_{S2} = 6\text{V}, R_1 = 5\Omega, R_2 = 2\Omega, R_3 = 24\Omega, R_4 = 20\Omega$,求电流 $I_3$。

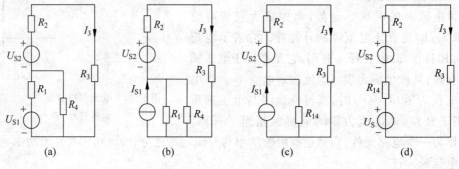

图 1.34　例 1.8 电路图

解：将图 1.34(a)中的 $U_{S1}$ 和 $R_1$ 变换为电流源模型,如图 1.34(b)所示电路,在图 1.34(a)、图 1.34(b)中,有

$$I_{S1} = \frac{U_{S1}}{R_1} = \frac{3}{5} = 0.6(\text{A})$$

将图 1.34(b)中的并联电阻 $R_1$ 和 $R_4$ 用等效电阻 $R_{14}$ 代替,变为图 1.34(c), $R_{14}$ 的大小为

$$R_{14} = \frac{R_1 R_4}{R_1 + R_4} = \frac{5 \times 20}{5 + 20} = 4(\Omega)$$

将 $I_{S1}$ 和 $R_{14}$ 变换为电压源模型,如图 1.34(d)所示电路,则有

$$U_S = R_{14} I_{S1} = 4 \times 0.6 = 2.4(\text{V})$$

可根据闭合电路的欧姆定律求出流过 $R_3$ 的电流为

$$I_3 = \frac{U_S + U_{S2}}{R_{14} + R_2 + R_3} = \frac{2.4 + 6}{4 + 2 + 24} = 0.28(\text{A})$$

## 思考与练习

1.6.1 试画出实际电压源和实际电流源的电路模型。

1.6.2 在图 1.35 所示电路中,求各电源的功率,说明是吸收功率还是发出功率?

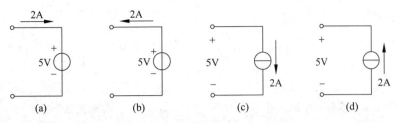

图 1.35 思考与练习 1.6.2 电路图

## 1.7 电路的工作状态

电路在不同工作条件下会处于不同的工作状态,也有不同的特点,根据电源和负载连接的不同情况,可分为有载、开路和短路三种工作状态。

### 1.7.1 电路的有载状态

把开关 S 合上,接通电源和负载 $R_L$,电路中产生了电流 $I$,电路处于有载状态。如图 1.36 所示。

电路器件和电气设备所能承受的电压和电流有一定的限度,其工作电压、电流、功率都有一个规定的正常时使用的数值,这一数值称为设备的额定值。电器设备工作在额定值的情况时称为额定工作状态。电气设备工作在额定工作状态时,既安全可靠又能充分发挥其作用,因此应尽可能使其工作在这种状态。额定工作状态有时也称为满载,设备超过额定值工作时,称为过载。如果长时间过载,会缩短设备的使用寿命,甚至损坏电气设备。

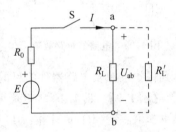

图 1.36 电路的有载状态

电气设备的额定值常标在铭牌上或写在说明书中。额定电压、额定电流、额定功率和额定电阻分别用 $U_N$、$I_N$、$P_N$ 和 $R_N$ 表示。习惯上,电气开关标注 $U_N$ 和 $I_N$;而电烙铁、电炉等标注 $U_N$ 和 $P_N$;一般金属膜电阻和线绕电阻则标注 $P_N$ 和 $R_N$;而电机转移的铸铁调速电阻则标 $I_N$ 和 $R_N$。

使用时,电压、电流、功率的实际值并不一定等于额定值。对于白炽灯、电阻炉等设备,只要在额定电压下使用,其电流和功率都将会达到额定值。但是对于电动机、变压器等设备,在额定电压下工作时,其实际电流和功率不一定与额定值相一致,有可能出现欠载或超载的情况,因为它们的实际值和设备的机械负荷与电负荷的大小有关系,这在使用时必须加以注意。

### 1.7.2 电路的开路状态

图 1.37 所示为实际电压源对负载供电,当开关 S 未接通时,电源与负载未构成闭合电路,即电路处于开路状态。开路状态也称为空载或断路状态。在这种状态下,电源不接负载,换句话说,此时电流对电源来说,负载电阻为无穷大。这时负载电流 $I=0$。电源端电压 $U$ 称为开路电压,用 $U_{oc}$ 表示。内阻的电压降为零,其开路电压即为电源电压($U_{oc}=U_S$)。这时电源空载,不输出功率。

图 1.38 所示为实际电流源对负载供电,当开关 S 未接通时,负载电流 $I=0$。电源端电压 $U$ 称为开路电压,也用 $U_{oc}$ 表示。根据 $U_{oc}=I_S/G_S$,因为实际电流源的内电导 $G_S$ 一般都比较小,其开路电压 $U_{oc}$ 将很大,会损坏电源设备,所以电流源不应处于开路状态。

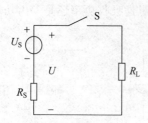

图 1.37　实际电压源开路

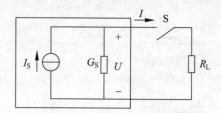

图 1.38　实际电流源开路图

### 1.7.3　电路的短路状态

短路是指电路的某两点由于某种原因而短接在一起的现象。在短路故障中,最严重的是电源短路,如图 1.39 所示。此时,外电路对电源来说电阻值为零,电路中的电流不再流过负载电阻 $R_L$,而是通过短路导线 ab 直接流回电源。在电流的回路中仅有阻值 $R_S$,所以,在电源定值电动势的作用下将产生极大的电流,此电流被称为短路电流,用 $I_{sc}$ 表示。此时负载两端的电压为零,电源也不输出功率,电源所产生的电能全部被内阻 $R_S$ 消耗并转换成热能,使得电源的温度迅速上升以致被损坏,并可能引起电气火灾。所以,在实际工作中应经常检查电气设备和线路的绝缘情况,尽量防止短路事故的发生。此外,通常还在电路中接入熔断器或自动断路器等保护装置,以便在发生短路时能迅速切除故障,达到保护电源及电路器件的目的。

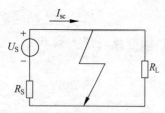

图 1.39　电路的短路故障

【例 1.9】　图 1.40 所示是含有电源和负载的闭合电路,电压 $U=10\text{V}$,内阻 $R_0=0.6\Omega$,负载电阻 $R_L=9.4\Omega$,试计算:(1)电路中的电流 $I$;(2)负载 $R_L$ 上的电压;(3)负载吸收功率、电源产生功率和内阻消耗功率;(4)若负载发生短路时计算短路电流 $I_{sc}$。

**解:**(1)电路中的电流为

$$I=\frac{U}{R_0+R_L}=\frac{10}{0.6+9.4}=1\text{(A)}$$

(2)负载 $R_L$ 上的电压为

$$U=R_L I=9.4\times1=9.4\text{(V)}$$

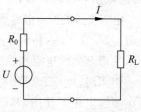

图 1.40　例 1.9 电路图

(3)负载吸收功率为

$$P_L=UI=9.4\times1=9.4\text{(W)}$$

电源产生功率为

$$P_U=UI=10\times1=10\text{(W)}$$

内阻消耗功率为

$$P=R_0 I^2=0.6\times1^2=0.6\text{(W)}$$

(4)若负载发生短路时,短路电流为

$$I_{sc}=\frac{U}{R_0}=\frac{10}{0.6}\approx16.7\text{(A)}$$

## 思考与练习

1.7.1 什么是电路的开路状态、短路状态、过载状态、满载状态和空载状态？

1.7.2 什么是开路电压、短路电流和设备的额定值？

1.7.3 一只额定值为 5W、500Ω 的电阻，求额定电流 $I_N$ 和额定电压 $U_N$。

1.7.4 独立电压源能否短路？独立电流源能否开路？

## 1.8 基尔霍夫定律

前面介绍了电阻元件、电源元件，了解了元件性质对其电压和电流所形成的约束；电路作为一些元件互联的整体，还有其互联的规律。

基尔霍夫定律就阐明了任意电路中各处电压和电流的内在关系，它包含以下两个定律。

(1) 研究电路中各节点电流之间联系的规律，称为基尔霍夫电流定律。

(2) 研究各回路电压之间联系的规律，称为基尔霍夫电压定律。

### 1.8.1 名词解释

(1) 二端元件：凡具有两个端钮可与外部电路相连接的元件称为二端元件。电阻元件、电感元件、电容元件、电压源和电流源均为二端元件。图 1.41 所示的电路中含有 5 个二端元件，即 $U_{S1}$、$U_{S2}$、$R_1$、$R_2$ 和 $R_3$。

(2) 支路：电路中具有两个端钮且通过同一电流的分支，该分支上至少有一个元件，这个分支称为支路。图 1.41 中 abc、adc、aec 均为支路，ae 则不是支路。支路 abc、adc 中有电源称为有源支路；支路 aec 中没有电源称为无源支路。

(3) 节点：在电路中三条或三条以上支路的连接点称为节点。图 1.41 中 a 点和 c 点都是节点，b 点、d 点、e 点不是节点。

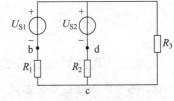

图 1.41 电路名词解释用图

(4) 回路：由支路构成的闭合路径称为回路。图 1.41 中 adcba、aecda、aecba 都是回路。

(5) 网孔：内部不含支路的回路称为网孔。图 1.41 中 adcba、aecda 都是网孔，aecba 不是网孔。

(6) 网络：网络就是电路，但一般把较复杂的电路称为网络。

### 1.8.2 基尔霍夫电流定律

**1. 基尔霍夫电流定律定义**

基尔霍夫电流定律简称 KCL。KCL 的内容是：电路的任一瞬间，连接任一节点的各支路电流的代数和为零。其数学表达式为

$$\sum I = 0 (直流) \quad 或 \quad \sum i = 0 \quad （交流） \tag{1.35}$$

图 1.42 所示为电路中的任意节点，它所连接的五条支路电流的参考方向如图所示。当列写 KCL 方程时，若规定流出（指参考方向）节点的电流为正，则流入该节点的电流为负，可得方程：

$$-i_1 + i_2 - i_3 + i_4 - i_5 = 0 \tag{1.36}$$

根据 KCL 对节点所列的以电流为变量的方程称为节点电流方程。

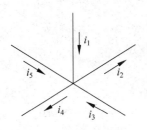

图 1.42 对节点用 KCL

若将带负号的项移到方程右边,则式(1.36)可变为

$$i_2 + i_4 = i_1 + i_3 + i_5 \qquad (1.37)$$

方程的左边表示流出该节点的总电流,方程的右边表示流入该节点的总电流。KCL 也可以表述为:任一时刻,对于电路中的任意节点,流入该节点电流的和等于流出该节点电流的和。

从本质上讲,基尔霍夫电流定律是电流连续性原理在电路中的体现。

**2. 基尔霍夫电流定律的应用**

基尔霍夫电流定律不仅适用于节点,也适用于任意一个闭合面,节点可以看成半径为零的闭合面。图 1.43 所示电路中,若一个网络有三个端点与外部相连,则对于闭合面 $S$ 而言有

$$i_a + i_b + i_c = 0 \qquad (1.38)$$

若两个网络之间只有一条连接线,如图 1.44 所示,则该连接线上的电流 $i$ 必为零。这说明了两个网络之间输送电能,只有一根导线是不行的,至少要有两根导线,只有这样才能形成回路。

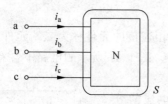

图 1.43  三短网络用 KCL

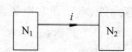

图 1.44  两个网络间只连一条连接线

### 1.8.3  基尔霍夫电压定律

**1. 基尔霍夫电压定律的定义**

基尔霍夫电压定律简称 KVL,KVL 的内容是:任一时刻,在电路中任取一个回路,沿回路绕行一周各支路电压的代数和等于零。其数学表达式为

$$\sum U = 0 \,(\text{直流}) \quad \text{或} \quad \sum u = 0 \,(\text{交流}) \qquad (1.39)$$

图 1.45 为电路中任意取出的一个回路,组成该回路的四条支路的电压分别用 $U_{ab}$、$U_{bc}$、$U_{cd}$ 和 $U_{da}$ 表示。当列写 KVL 方程时,要先选取回路方向,即电压降落的方向。若支路电压与该方向一致取正,否则取负,可得方程:

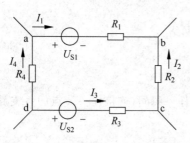

图 1.45  KVL 图示与应用

$$U_{ab} + U_{bc} + U_{cd} + U_{da} = 0 \qquad (1.40)$$

又因为

$$U_{ab} = U_{S1} + I_1 R_1$$
$$U_{bc} = -I_2 R_2$$
$$U_{cd} = -I_3 R_3 - U_{S2}$$
$$U_{da} = I_4 R_4$$

将上述四式带入式(1.40)整理得

$$I_1 R_1 - I_2 R_2 - I_3 R_3 + I_4 R_4 = -U_{S1} + U_{S2} \qquad (1.41)$$

写成一般形式为

$$\sum IR = \sum U_S \qquad (1.42)$$

根据 KVL 对回路所列的以电压为变量的方程称为回路电压方程。

式(1.42)表明,对于电阻电路,KVL 的另一种表述是:在任一时刻,在任一闭合电路中,所有电阻电压的代数和等于所有电压源电压的代数和。采用式(1.41)来列方程时,若流过电阻的电流参考方向与绕行方向一致,则该电阻电压前面取"+"号,反之取"-"号;若电压源方向与绕行方向相反,则该电压源取"+"号,反之取"-"号。

**2. 基尔霍夫电压定律的应用**

KVL 不仅适用于闭合回路,还可以推广到广义回路,如图 1.46 所示。在 ad 处开路,如果将开路电压 $U_{ad}$ 添上,就形成一个回路。

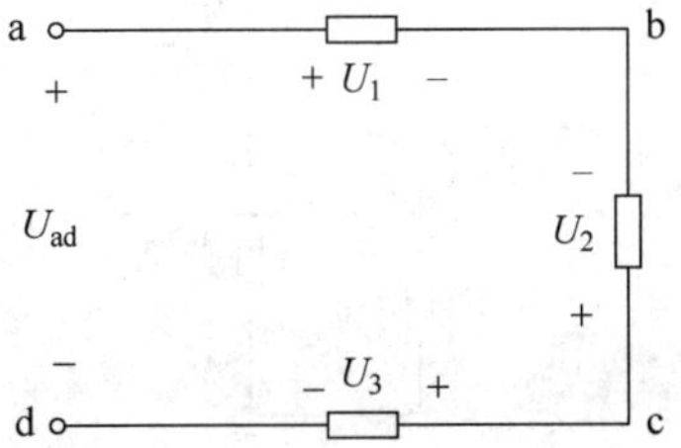

沿 abcda 绕行一周,列出回路电压方程:

$$U_1 - U_2 + U_3 - U_{ad} = 0 \qquad (1.43)$$

整理得

$$U_{ad} = U_1 - U_2 + U_3 \qquad (1.44)$$

图 1.46 KVL 的推广与应用

有了 KVL 这个推论,就可以很方便地求电路中任意两点间电压。

**【例 1.10】** 在图 1.42 所示电路中,已知 $i_1 = 2A$,$i_2 = -1A$,$i_3 = -5A$,$i_4 = 3A$,求电流 $i_5$。

**解:** 因为

$$-i_1 + i_2 - i_3 + i_4 - i_5 = 0$$

所以

$$i_5 = -i_1 + i_2 - i_3 + i_4$$

由已知得

$$i_5 = -2 + (-1) - (-5) + 3 = 5(A)$$

**【例 1.11】** 电路如图 1.47(a)所示,试求 $U_1$、$U_2$ 和 $U_3$。

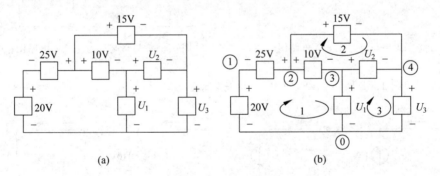

图 1.47 例 1.11 电路图

**解:** 假设三个网孔选取的参考方向如图 1.47(b)所示,对网孔 1 应用 KVL,有

$$-25 + 10 + U_1 - 20 = 0$$

$$U_1 = 25 + 20 - 10 = 35(V)$$

对网孔 2 应用 KVL,有

$$15 - U_2 - 10 = 0$$

$$U_2 = 5V$$

对网孔 3 应用 KVL,有

$$U_3 = U_1 - U_2 = 35 - 5 = 30(V)$$

## 思考与练习

1.8.1　什么是二端元件、支路、节点、回路、网孔和网络？

1.8.2　如图 1.48 所示电路，试求电流 $I_1$、$I_2$、$I_3$。

1.8.3　如图 1.49 所示电路，试求电流 $I_1$、$I_2$。

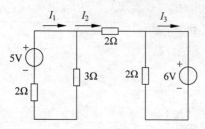
图 1.48　思考与练习 1.8.2 电路图

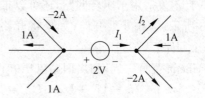
图 1.49　思考与练习 1.8.3 电路图

1.8.4　如图 1.50 所示电路，已知 $I_a=3A$，$I_b=1A$，$U_{ab}=1V$，试求 $I_1$、$I_2$、$I_3$ 及 $U_{bc}$、$U_{ca}$。

1.8.5　如图 1.51 所示电路，试求电压 $U_{ab}$。

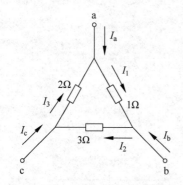
图 1.50　思考与练习 1.8.4 电路图

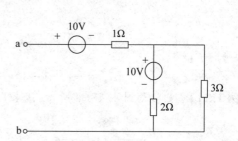
图 1.51　思考与练习 1.8.5 电路图

1.8.6　如图 1.52 所示电路，列出 $U$、$I$ 关系式。

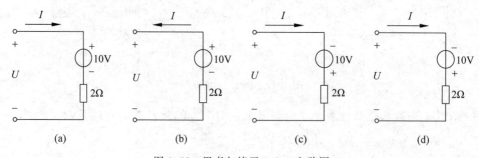

(a)　　　　　　　(b)　　　　　　　(c)　　　　　　　(d)

图 1.52　思考与练习 1.8.6 电路图

## 本章小结

1. 电路的研究对象是电路模型，电路模型是将实际电路结构抽象化为理想电路元件的组合。

2. 电压、电流、电位和电功率是电路分析中常用的物理量。在分析电路中，因很难事先知道电压、电流的实际方向,只有先标明电流、电压的参考方向,才能对电路进行计算,算得的电压、电流的正、负号才有意义;在标明参考方向下,功率为正时,表明该部分电路吸收功率,功率为负时,表明该部分电路发出功率。

3. 欧姆定律仅适用于电阻电路,在电压、电流为关联参考方向下,$U=IR$;在电压、电流为非关联参考方向下,$U=-IR$。

4. 电感元件是表征磁场储能的一种理想元件。电容元件是表征电场储能的一种理想元件。在电路应用中,经常将电感或电容进行串联或并联使用。

5. 理想电压源和理想电流源是忽略实际电源内阻损耗的理想情况。实际电源与理想电源的本质区别在于前者的外特性受内阻或内电导的影响,而后者无此问题。

6. 电路有有载、开路和短路三种工作状态。

7. 基尔霍夫定律(KCL):电路的任一瞬间,连接的任一节点的各支路电流的代数和为零。它不仅适用于节点,也适用于任意一个闭合面,其数学表达式为

$$\sum I=0(直流) \quad 或 \quad \sum i=0(交流)$$

基尔霍夫电压定律(KVL):任一时刻,在电路中任取一个回路,沿回路绕行一周各支路电压的代数和等于零。它适用于电路中任一闭合回路,其数学表达式为

$$\sum U=0(直流) \quad 或 \quad \sum u=0(交流)$$

## 习题

1.1 电路如图 1.53 所示。

(1) 已知元件流过 1A 的电流,电流的实际方向为由 a 到 b,试为该电流假设参考方向,并写出相应的表示式。

(2) a 点为高电位,b 点为低电位,电压的实际方向为由 a 指向 b,试为该 2V 的电压假设参考方向,并写出相应的表示式。

1.2 在图 1.54 中,电压 $U_1=20V$,$U_2=10V$,方向如图所示,求 $U_{ab}$ 和 $U_{ba}$。

图 1.53 习题 1.1 电路图

图 1.54 习题 1.2 电路图

1.3 试列出图 1.55 所示电路中 $U_{ab}$ 和电流 $I$ 的关系式。

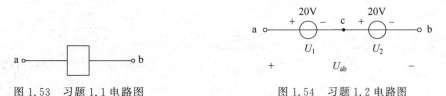

(a)

(b)

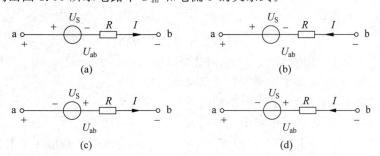

(c)

(d)

图 1.55 习题 1.3 电路图

1.4 电路中有四个元件按图 1.56 中的方式连接,每个元件上电压的参考方向如图所示,且 $U_1 = 50V$, $U_2 = -100V$, $U_3 = 100V$,求 $U_4$ 及 $U_{cd}$。

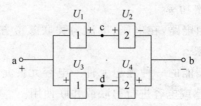

图 1.56 习题 1.4 电路图

1.5 试求出图 1.57 中各个电路在开关 S 分别断开和闭合时的电位 $V_a$、$V_b$ 和电压 $U_{ab}$。

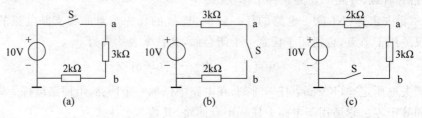

图 1.57 习题 1.5 电路图

1.6 各元件如图 1.58 所示。

(1) 在图 1.58(a)中,若元件吸收功率为 10W,求 $U$。

(2) 在图 1.58(b)中,若元件吸收功率为 10W,求 $I$。

(3) 求图 1.58(c)元件产生的功率。

(4) 在图 1.58(d)中,若该元件为电阻,求电阻值 $R$ 及吸收的功率。

1.7 求图 1.59 所示电路中 1.4V 电压源发出的功率 $P_1$ 和 0.5A 电流源发出的功率 $P_2$。

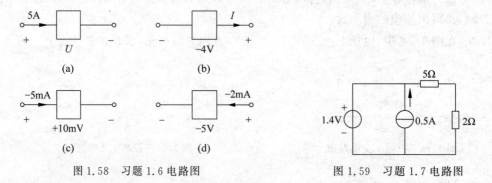

图 1.58 习题 1.6 电路图    图 1.59 习题 1.7 电路图

1.8 如图 1.60 所示,求 ab 两端的总电容。

1.9 试求出图 1.61 所示网络 ab 间的开路电压和短路电流。

1.10 试求出图 1.62 所示网络 ab 间的开路电压。

1.11 试求出图 1.63 所示电路的短路电流 $I_{ab}$。

1.12 试求出图 1.64 所示各个电路的电压 $U$ 或电流 $I$。

1.13 试求出图 1.65 所示电路中的电阻 $R$。

1.14 在图 1.66 所示电路中,已知 $I_1 = 2A$, $I_2 = 3A$,各电阻的数值在图中已注明,求 $I_5$、$R_4$、$U_S$。

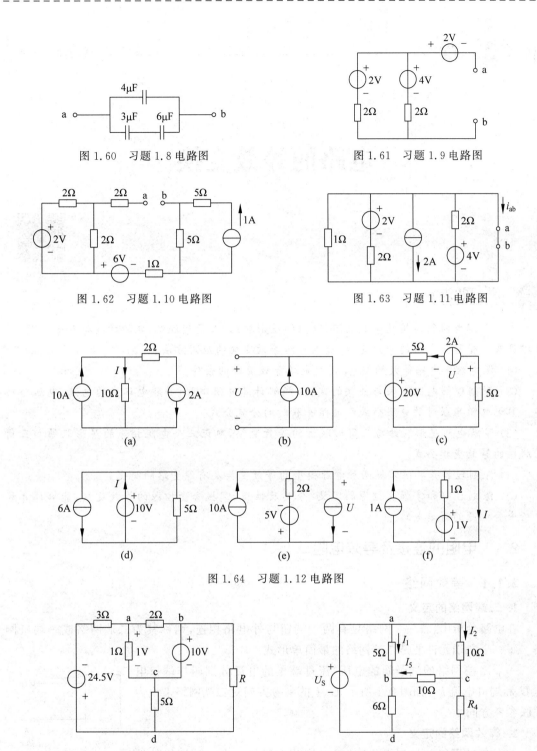

图 1.60 习题 1.8 电路图

图 1.61 习题 1.9 电路图

图 1.62 习题 1.10 电路图

图 1.63 习题 1.11 电路图

(a)    (b)    (c)

(d)    (e)    (f)

图 1.64 习题 1.12 电路图

图 1.65 习题 1.13 电路图

图 1.66 习题 1.14 电路图

# 第 2 章 —————————————————— Chapter 2

# 电路的等效变换

第 2 章微课

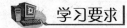 学习要求

本章介绍电阻的连接及等效电阻,电阻的星形联结、三角形联结,电源的连接及等效变换,受控源及含受控源电路的等效变换,重点介绍等效变换的应用方法。

(1) 深刻理解电路等效的概念,清楚电路等效变换的条件。

(2) 深刻理解电阻串联与并联的定义,能够计算电阻串联、并联电路中的电流、电压与功率。熟记电阻串联时的分压公式和电阻并联时的分流公式。

(3) 了解电阻星形联结与三角形联结的等效变换,熟记三个电阻相等的星形联结和三角形联结的等效变换公式。

(4) 深刻理解并熟练掌握两种电源模型的等效变换及有源支路的简化。

(5) 深刻理解和掌握受控源的定义、分类及性质,掌握含受控源的等效变换,能够计算和分析含受控源的简单电路。

## 2.1 电阻的连接及等效电阻

### 2.1.1 等效网络

#### 1. 二端网络的定义

在电路分析中,若一个网络只有两个端钮与外电路相连,则称其为二端网络或一端口网络。每一个二端元件便是二端网络的最简单形式。

一个二端网络的端子间的电压、流过端子的电流分别叫作端口电压 $U$ 和端口电流 $I$。如图 2.1 所示,$U$、$I$ 的参考方向对二端网络来说为关联参考方向。

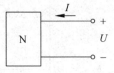

图 2.1 二端网络

#### 2. 等效网络的定义

一个二端网络的端口电压、端口电流关系和另一个二端网络的端口电压、端口电流关系相同,这两个网络称为等效网络。两个等效网络的内部结构可以相同也可以不同,但对外部而言,它们的影响完全相同,即等效网络互换后,它们的外部情况不变,故"等效"是指"对外等效"。

一个内部没有独立源(电压源或电流源)的电阻性二端网络,总可以用端口电压和端口电

流(关联方向)的比值表示,这个元件称为该网络的等效电阻或输入电阻,用 $R_{eq}$ 表示。

同样,对于三端和三端以上网络,若各对应的端口电压、端口电流关系相同,则它们也是等效的。

用结构简单的网络代替结构较复杂的网络,将使电路的分析计算简化。因此,网络的等效变换是分析计算电路的一个重要手段。

### 2.1.2 电阻的串联

**1. 电阻串联的定义**

在电路中,把两个或两个以上的电阻元件一个接一个地顺次连接起来,并且当有电流流过时,它们流过同一电流,这样的连接方式称为电阻的串联。

串联电阻可用一个等效电阻来表示,如图 2.2 所示。等效的条件是:在同一电压 $U$ 的作用下,电流 $I$ 保持不变。根据 KVL,有

$$U = U_1 + U_2 + \cdots + U_n = IR_1 + IR_2 + \cdots + IR_n = I(R_1 + R_2 + \cdots + R_n) = IR_{eq}$$

式中:

$$R_{eq} = R_1 + R_2 + \cdots + R_n = \sum_{i=1}^{n} R_i \tag{2.1}$$

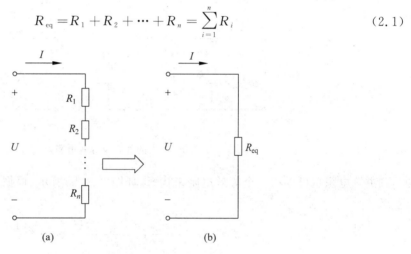

图 2.2 电阻串联及等效电路

当满足式(2.1)时,图 2.2(a)、图 2.2(b)两个电路对外电路完全等效。

电阻串联时,每个电阻上的电压分别为

$$\begin{cases} U_1 = IR_1 = \dfrac{R_1}{R_{eq}} U \\[2mm] U_2 = IR_2 = \dfrac{R_2}{R_{eq}} U \\[2mm] \vdots \\[2mm] U_n = IR_n = \dfrac{R_n}{R_{eq}} U \end{cases} \tag{2.2}$$

式(2.2)说明,在串联电路中,当外加电压一定时,各电阻端电压的大小与它的电阻值成正比。式(2.2)称为电压分配公式,简称分压公式。在应用分压公式时,应注意到各电压的参考方向。

如果将式(2.1)两边同时乘以电流 $I$,则有

$$P = UI = I^2R_1 + I^2R_2 + \cdots + I^2R_n \tag{2.3}$$

式(2.3)说明,$n$ 个电阻串联吸收的总功率等于各个电阻吸收的功率之和。

电阻串联时,每个电阻的功率与电阻的关系为

$$P_1 : P_2 : \cdots : P_n = R_1 : R_2 : \cdots : R_n \tag{2.4}$$

式(2.4)说明,电阻的功率与它的电阻值成正比。

**2. 电阻串联的应用**

电阻串联的应用很多。例如,为了扩大电压表的量程,就需要将电压表与电阻串联;当负载的额定电压低于电源电压时,可通过串联一个电阻来分压;为了调节电路中的电流,通常可在电路中串联一个变阻器。

### 2.1.3 电阻的并联

**1. 电阻并联的定义**

两个二端电阻首尾分别相连,各电阻处于同一电压下的连接方式,称为电阻的并联,如图 2.3(a)所示。

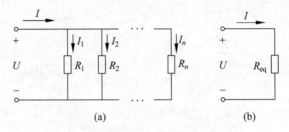

图 2.3 电阻的并联及等效电阻

并联电阻也可以用一个等效电阻来代替,如图 2.3(b)所示,根据 KCL,图 2.3(a)有下列关系:

$$I = I_1 + I_2 + \cdots + I_n = \frac{U}{R_1} + \frac{U}{R_2} + \cdots + \frac{U}{R_n}$$

$$= U\left(\frac{1}{R_1} + \frac{1}{R_2} + \cdots + \frac{1}{R_n}\right) = \frac{U}{R_{eq}} \tag{2.5}$$

其中,

$$\frac{1}{R_{eq}} = \frac{1}{R_1} + \frac{1}{R_2} + \cdots + \frac{1}{R_n} = \sum_{i=1}^{n} \frac{1}{R_i}$$

若以电导表示,并令

$$G_1 = \frac{1}{R_1}, G_2 = \frac{1}{R_2}, \cdots, G_n = \frac{1}{R_n}$$

则有

$$G_{eq} = G_1 + G_2 + \cdots + G_n = \sum_{i-1}^{n} G_i \tag{2.6}$$

式(2.6)表明,$n$ 个电阻并联,其等效电导等于各电导之和。

如果将式(2.5)两边同时乘以电压 $U$,则有

$$P = UI = \frac{U^2}{R_1} + \frac{U^2}{R_2} + \cdots + \frac{U^2}{R_n} \tag{2.7}$$

式(2.7)说明,$n$ 个电阻并联的总功率等于各个电阻吸收的功率之和。

电阻并联时,各电阻的功率与它的阻值的倒数成正比或与它的电导成正比。

$$P_1 : P_2 : \cdots : P_n = \frac{1}{R_1} : \frac{1}{R_2} : \cdots : \frac{1}{R_n} = G_1 : G_2 : \cdots : G_n \tag{2.8}$$

**2. 并联电阻的分流作用**

并联电阻有分流作用,如图 2.4 所示,可得

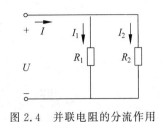

$$\begin{cases} I_1 = \dfrac{R_2}{R_1 + R_2} I \\ I_2 = \dfrac{R_1}{R_1 + R_2} I \end{cases} \tag{2.9}$$

图 2.4 并联电阻的分流作用

### 2.1.4 电阻的混联

如果一个二端网络内电阻的连接方式既有串联又有并联,则这个网络内的电阻连接称为混联。这一类电路可以用串、并联公式化简,图 2.5 就是一个电阻混联电路。

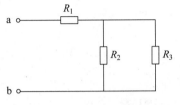

图 2.5 电阻的混联

经过化简,可得其等效电阻为

$$R_{ab} = R_1 + \frac{R_2 R_3}{R_2 + R_3} \tag{2.10}$$

在计算串、并联和混联电路的等效电阻时,关键在于识别各电阻的串、并联关系,其工作大致可分成以下几步。

(1) 几个元件是串联还是并联是根据串、并联特点来判断。串联电路所有元件流过同一电流;并联电路所有元件承受同一电压。

(2) 将所有无阻导线连接点用节点表示。

(3) 在不改变电路连接关系的前提下,可根据需要改画电路,以便更清楚地表示出各电阻的串、并联关系。

(4) 对于等电位点之间的电阻支路,必然没有电流流过,所以既可以将它看作开路,也可以将它看作短路。

(5) 采用逐步化简的方法,按照顺序简化电路,最后计算出等效电阻。

**【例 2.1】** 试求图 2.6(a)所示电路中 ab 两端的等效电阻 $R_{ab}$。

**解**:图 2.6(a)所示电路为一平衡电桥,故 e、f 为等位点,故可将 $10\Omega$ 电阻支路用一根短路线代替,电路可画为图 2.6(b)所示电路,则

$$R = 1 + \frac{1 \times 1}{1 + 1} + \frac{1 \times 1}{1 + 1} = 1 + \frac{1}{2} + \frac{1}{2} = 2(\Omega)$$

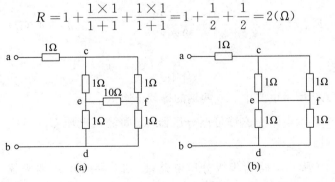

(a)　　　　　　　　　　(b)

图 2.6 例 2.1 电路图

**【例 2.2】** 试求图 2.7(a)所示电路中 ab 两端的等效电阻 $R_{ab}$。

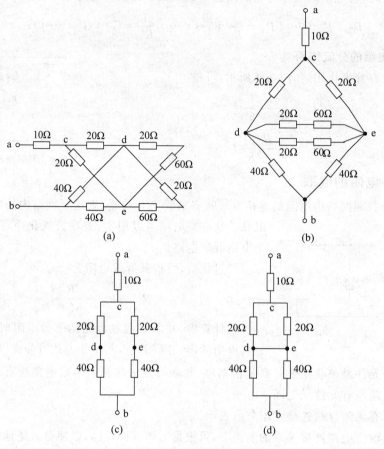

图 2.7  例 2.2 电路图

**解**：图 2.7(a)为较复杂的电路,可先改画为图 2.7(b),可见为一平衡电桥,d、e 两点为等位点,故可将 d、e 两点之间的支路断开或短接,电路可改画为图 2.7(c)或图 2.7(d)。

由图 2.7(c)可求出

$$R_{ab} = 10 + \frac{(20+40)\times(20+40)}{(20+40)+(20+40)} = 10 + 30 = 40(\Omega)$$

或由图 2.7(d)可得

$$R_{ab} = 10 + \frac{20\times20}{20+20} + \frac{40\times40}{40+40} = 10 + 10 + 20 = 40(\Omega)$$

## 思考与练习

2.1.1  求图 2.8 所示电路中 a、b 两端的等效电阻 $R_{ab}$。

2.1.2  图 2.9 所示电路为连续可调分压器,ab 间输入电压 $U_1 = 50\text{V}$,求 cd 间输出电压 $U_0$ 的可调范围。

2.1.3  图 2.10 所示电路为步级分压电路,已知 $U_1 = 100\text{V}$,要求输出电压 $U_0$ 分别为 100V、50V、10V,今限定总电阻 $R_1 + R_2 + R_3 = 100\Omega$,试计算各电阻值。

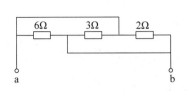
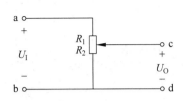
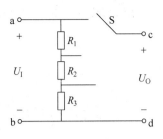

图 2.8 思考与练习 2.1.1 电路图　　图 2.9 思考与练习 2.1.2 电路图　　图 2.10 步级分压器

## 2.2 电阻的星形联结与三角形联结及等效变换

电阻的连接方式,除了串联和并联外,还有更复杂的连接,本节介绍的星形联结和三角形联结就是复杂连接中常见的情形。

### 2.2.1 电阻的星形联结

将三个电阻的一端连在一起,另一端分别与外电路的三个节点相连,就构成星形联结,又称为丫形联结,如图 2.11 所示。

### 2.2.2 电阻的三角形联结

将三个电阻分别接到三个端钮的每两个之间,称为电阻的三角形联结,又称为△形联结。如图 2.12 所示。

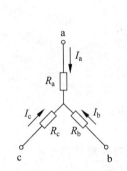
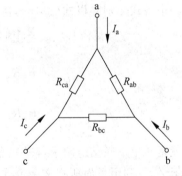

图 2.11 电阻的丫形联结　　　　图 2.12 电阻的△形联结

### 2.2.3 电阻的丫-△等效变换

这三个电阻既非串联,又非并联,不能用串联、并联化简,可以通过电阻的丫-△联结的等效变换来简化,但变换的条件必须满足:对应端 a、b、c 流入或流出的电流 $I_a$、$I_b$、$I_c$ 必须保持相等,对应端之间的电压 $U_{ab}$、$U_{bc}$、$U_{ca}$ 也必须保持相等,即等效变换后电路的外部性能保持不变。

#### 1. △形转换为丫形的等效变换

对星形联结和三角形联结的电阻,如令 a 端钮断开,那么图 2.11 中的 bc 端钮间的等效电阻应等于图 2.12 中的 bc 端钮间的等效电阻,即

$$R_b + R_c = \frac{R_{bc}(R_{ab} + R_{ca})}{R_{ab} + R_{bc} + R_{ca}} \tag{2.11}$$

同时,分别令 b、c 端钮对外断开,则另两个端钮间的等效电阻也应有

$$R_c + R_a = \frac{R_{ca}(R_{ab} + R_{bc})}{R_{ab} + R_{bc} + R_{ca}} \tag{2.12}$$

$$R_a + R_b = \frac{R_{ab}(R_{bc} + R_{ca})}{R_{ab} + R_{bc} + R_{ca}} \tag{2.13}$$

将上面三式相加,化简后可得

$$R_a + R_b + R_c = \frac{R_{ab}R_{bc} + R_{bc}R_{ca} + R_{ca}R_{ab}}{R_{ab} + R_{bc} + R_{ca}} \tag{2.14}$$

将式(2.14)分别减去式(2.11)、式(2.12)、式(2.13),得

$$\begin{cases} R_a = \dfrac{R_{ca}R_{ab}}{R_{ab} + R_{bc} + R_{ca}} \\[2mm] R_b = \dfrac{R_{ab}R_{bc}}{R_{ab} + R_{bc} + R_{ca}} \\[2mm] R_c = \dfrac{R_{bc}R_{ca}}{R_{ab} + R_{bc} + R_{ca}} \end{cases} \tag{2.15}$$

式(2.15)就是从三角形联结电阻求等效星形联结电阻的关系式。

**2. Y形转换为△形的等效变换**

如果已知星形联结电阻,那么将式(2.15)各式两两相乘再相加,化简整理得

$$R_aR_b + R_bR_c + R_cR_a = \frac{R_{ab}R_{bc}R_{ca}}{R_{ab} + R_{bc} + R_{ca}} \tag{2.16}$$

将式(2.15)中各式分别除以式(2.16),得

$$\begin{cases} R_{ab} = \dfrac{R_aR_b + R_bR_c + R_cR_a}{R_c} \\[2mm] R_{bc} = \dfrac{R_aR_b + R_bR_c + R_cR_a}{R_a} \\[2mm] R_{ca} = \dfrac{R_aR_b + R_bR_c + R_cR_a}{R_b} \end{cases} \tag{2.17}$$

式(2.17)就是从星形联结电阻求等效三角形联结电阻的关系式。

为了便于记忆,可利用下面所列文字公式:

$$星形联结电阻 = \frac{三角形联结电阻中两相邻电阻之积}{三角形联结电阻之和}$$

$$三角形联结电阻 = \frac{星形联结电阻中各电阻两两相乘之和}{星形联结中另一端钮所连电阻}$$

当 $R_{ab} = R_{bc} = R_{ca} = R_\triangle$,称为对称三角形联结电阻,则等效星形联结的电阻也是对称的,有

$$R_a = R_b = R_c = \frac{1}{3}R_\triangle$$

反之

$$R_\triangle = 3R_Y \tag{2.18}$$

由于画法不同,电阻星形联结有时又称为 T 形联结,如图 2.13(a)所示;电阻三角形联结有时又称为 ∏ 形联结,如图 2.13(b)所示。

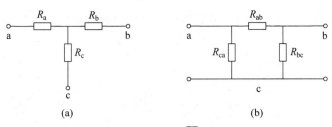

图 2.13　T 形与∏形电路

【例 2.3】　在图 2.14(a)所示电路中,已知:$U_S = 100V$,$R_1 = 100\Omega$,$R_2 = 20\Omega$,$R_3 = 80\Omega$,$R_4 = R_5 = 40\Omega$,求电流 $I$。

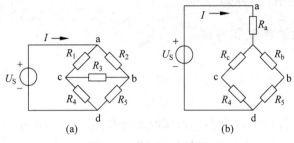

图 2.14　例 2.3 电路图

**解:**　将三角形联结电阻 $R_1$、$R_2$、$R_3$ 等效变换成星形联结电阻 $R_a$、$R_b$、$R_c$,原电路变换成图 2.14(b)所示电路,根据式(2.15)计算,得

$$R_a = \frac{R_1 R_2}{R_1 + R_2 + R_3} = \frac{100 \times 20}{100 + 20 + 80} = 10(\Omega)$$

$$R_b = \frac{R_2 R_3}{R_1 + R_2 + R_3} = \frac{20 \times 80}{100 + 20 + 80} = 8(\Omega)$$

$$R_c = \frac{R_1 R_3}{R_1 + R_2 + R_3} = \frac{100 \times 80}{100 + 20 + 80} = 40(\Omega)$$

由图 2.14(b)所示电路,可得

$$R_{ad} = R_a + \frac{(R_c + R_4)(R_b + R_5)}{R_c + R_4 + R_b + R_5} = 10 + \frac{(40 + 40)(8 + 40)}{40 + 40 + 8 + 40} = 40(\Omega)$$

$$I = \frac{U_S}{R_{ad}} = \frac{100}{40} = 2.5(A)$$

## 思考与练习

2.2.1　将图 2.15 所示电路中各三角形联结网络变换为等效的星形联结网络。

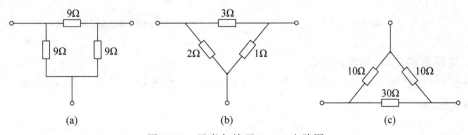

图 2.15　思考与练习 2.2.1 电路图

2.2.2 将图 2.16 所示电路中各星形联结网络变换为等效的三角形联结网络。

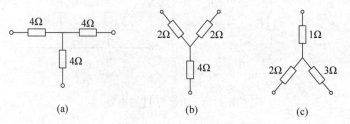

图 2.16 思考与练习 2.2.2 电路图

## 2.3 电源的连接与等效变换

### 2.3.1 电压源的串联和并联

**1. 电压源的串联**

图 2.17(a)表示两个电压源 $U_{S1}$、$U_{S2}$ 串联,在图 2.17(a)所示参考极性下,根据 KVL 有

$$U_S = U_{S1} + U_{S2}$$

即两个串联的电压源可以用一个等值的电压源来代替,这个等值电压源的电压等于原来两个电压源电压的代数和。若 $n$ 个电压源相串联,等效电压源的电压等于各电压源电压的代数和,即

$$U = \sum_{i=1}^{n} U_{Si} \tag{2.19}$$

当 $U_{Si}$ 与 $U_S$ 的参考极性相同时为正,相反时为负。图 2.17(a)的等效电路如图 2.17(b)所示。

**2. 电压源的并联**

图 2.18(a)表示两个电压源 $U_{S1}$、$U_{S2}$ 并联,可以用一个等值的电压源来代替,这个等值电压源的电压等于原来两个电压源的电压,即

$$U_S = U_{S1} = U_{S2} \tag{2.20}$$

图 2.18(a)的等效电路如图 2.18(b)所示。两个电压不相等的电压源不允许并联。

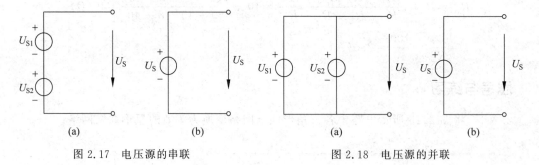

图 2.17 电压源的串联　　　　图 2.18 电压源的并联

**3. 电压源和电阻、电流源并联**

图 2.19(a)表示一个电压源和一个电阻并联的电路,在图示参考方向下,输出电压等于电压源的电压,即

$$U = U_S$$

而输出电流为

$$I = I_{\text{US}} - I_{\text{R}}$$

但电压源供出的电流是任意的,对外电路来讲,可以认为电压源仅提供了电流 $I$,如图 2.19(c)所示。

同理,电压源与电流源的并联,如图 2.19(b)所示,就其对外电路的作用而言,也可以仅由如图 2.19(c)所示的电压源来代替。

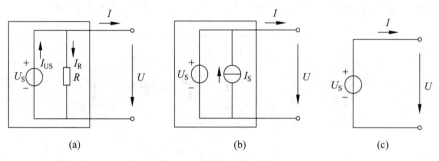

图 2.19　与电压源并联的电阻、电流源

### 2.3.2　电流源的并联和串联

**1. 电流源的并联**

图 2.20(a)表示两个电流源 $I_{\text{S1}}$、$I_{\text{S2}}$ 并联,在图示参考方向下,根据 KCL 有

$$I_{\text{S}} = I_{\text{S1}} + I_{\text{S2}}$$

即两个并联的电流源可以用一个等值电流源来代替,这个等值电流源的电流等于原来两个电流源电流的代数和。图 2.20(a)的等效电路如图 2.20(b)所示。若 $n$ 个电流源相并联,等效电流源的电流等于各电流源电流的代数和,即

$$I_{\text{S}} = \sum_{i=1}^{n} I_{\text{S}i} \qquad (2.21)$$

当 $I_{\text{S1}}$ 与 $I_{\text{S2}}$ 的参考极性相同时为正,相反时为负。

**2. 电流源的串联**

图 2.21(a)表示两个电流源 $I_{\text{S1}}$、$I_{\text{S2}}$ 串联,可以用一个等值电流源来代替,这个等值电流源的电流等于原来两个电流源的电流,即

$$I_{\text{S}} = I_{\text{S1}} = I_{\text{S2}} \qquad (2.22)$$

图 2.21(a)的等效电路如图 2.21(b)所示。两个电流不相等的电流源不允许串联。

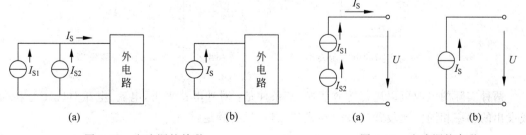

图 2.20　电流源的并联　　　　　　　图 2.21　电流源的串联

**3. 电流源和电阻、电压源并联**

图 2.22(a)表示一个电流源和一个电阻串联的电路,在图示参考方向下,输出电流等于电流源的电流,即

$$I = I_S$$

对外电路来讲,可以只用电流源 $I_S$ 来等值代替该电路,如图 2.22(c)所示。

同理,电流源与电压源的串联,如图 2.22(b)所示,就其对外电路的作用而言,电压源的存在不能改变电流源的数值,因此也可以仅由图 2.22(c)所示的电流源来代替。

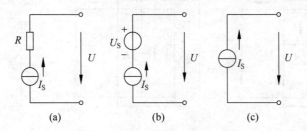

图 2.22 与电流源并联的电阻、电压源

### 2.3.3 两种实际电源模型的等效变换

**1. 实际的电压源**

一个实际的直流电压源在给电阻负载供电时,其端电压随负载电流的增大而下降,这是由实际电流源内阻引起的内阻压降造成的。实际的直流电压源可以看成由理想的电压源 $U_S$ 和电阻 $R$ 串联构成,如图 2.23 所示。在图示参考方向下,其外特性方程为

$$U = U_S - IR \tag{2.23}$$

**2. 实际的电流源**

实际的直流电流源可以看成由理想的电流源 $I_S$ 和电阻 $R$ 并联构成,如图 2.24 所示。在图示参考方向下,其外特性方程为

$$I = I_S - \frac{U}{R} = I_S - GU \tag{2.24}$$

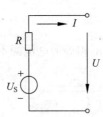

图 2.23 实际的电压源模型

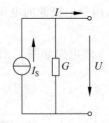

图 2.24 实际的电流源模型

两种实际的电源可以进行等效变换,其条件是:对外电路来讲,电流、电压对应相等,吸收或发出的功率相同。比较式(2.23)和式(2.24),只要满足:

$$G = \frac{1}{R} \quad I_S = GU_S \tag{2.25}$$

则式(2.23)和式(2.24)所表示的方程就完全相同,图 2.23 和图 2.24 所示电路对外完全等效。

也就是说,在满足式(2.25)的条件下,理想电压源、电阻的串联组合与理想电流源、电导的并联组合之间可互相等效变换。

但必须注意,一般情况下,两种电源模型内部的功率情况并不相同。

【例2.4】 将图2.25所示的两个电路分别化简为关于ab端的等效电源模型。

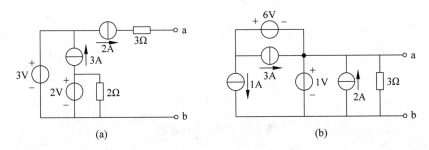

图2.25 例2.4电路图

**解**:任何元件或支路与理想电流源串联,对外等效为理想电流源;任何元件或支路与理想电压源并联,对外等效为理想电压源,按此原则对电路进行化简。

图2.25(a)电路化简过程如图2.26(a)至图2.26(d)所示。

图2.25(b)电路化简过程如图2.26(e)至图2.26(g)所示。

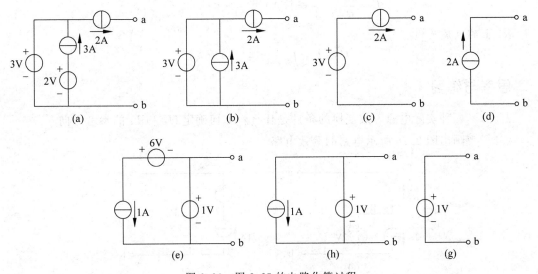

图2.26 图2.25的电路化简过程

【例2.5】 化简图2.27(a)所示电路中3Ω电阻所接的二端网络,并求3Ω电阻上的电压、电流与流过1Ω电阻上的电流。

**解**:将$I_{S1}$与$R_1$,$I_{S2}$与$R_2$看成实际电流源模型,将它们分别等效变换成实际电压源模型,得到如图2.27(b)所示电路。

$$U_{S1} = R_1 I_{S1} = 2 \times 4 = 8(V)$$
$$U_{S2} = R_2 I_{S2} = 1 \times 2 = 2(V)$$

设定端口电压方向为a正b负,则

$$U_S = U_{S1} - U_{S2} = 8 - 2 = 6(V)$$

$R_1$与$R_2$串联,则

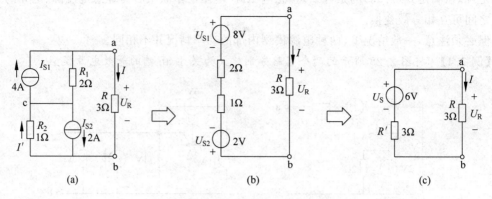

图 2.27　例 2.5 电路图

$$R' = R_1 + R_2 = 2 + 1 = 3(\Omega)$$

从而得到图 2.27(c)。

因为 $R = R' = 3\Omega$，所以

$$U_R = \frac{3}{3+3}U_S = \frac{1}{2}U_S = \frac{1}{2} \times 6 = 3(V)$$

$$I = \frac{U_R}{R} = \frac{3}{3} = 1(A)$$

$R_2$ 上的电流为

$$I' = I + I_{S2} = 1 + 2 = 3(A)$$

## 思考与练习

2.3.1　两种实际电源等效变换的条件是什么？如何确定 $U_S$ 和 $I_S$ 的参考方向？

2.3.2　画出图 2.28 所示电路的等效电路。

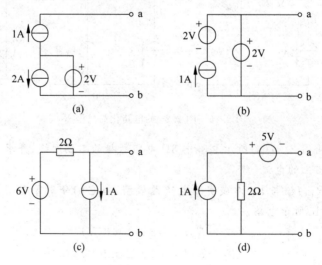

图 2.28　思考与练习 2.3.2 电路图

## 2.4 受控源电路的分析

### 2.4.1 受控源

前面介绍的电路中的电压源和电流源统称为独立源,独立源的电压或电流均不受外电路的控制而独立存在。随着电子技术的发展,在电子线路的分析中会出现电压源的电压或电流源的电流受到外电路电压或电流控制的情况,这种受控制的电源称为"受控源",为区别于独立源,受控源的符号用"菱形"表示。

受控源是四端元件,分为控制端(输入端)和受控端(输出端)两部分,受控端是电压源或电流源,控制端是电路中某两端的电压或电路中某支路的电流。按照受控端的电压或电流与控制端的电压或电流这四个电量的不同组合,得到的受控源有四种类型,即电压控制的电压源(VCVS)、电流控制的电压源(CCVS)、电压控制的电流源(VCCS)、电流控制的电流源(CCCS),如图 2.29 所示。

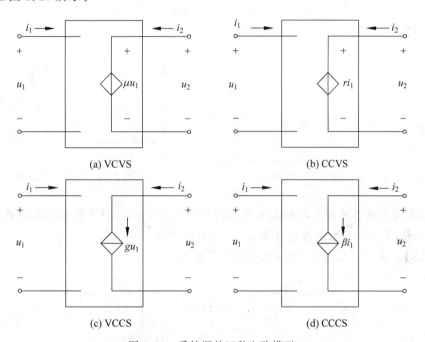

(a) VCVS       (b) CCVS

(c) VCCS       (d) CCCS

图 2.29 受控源的四种电路模型

在图 2.29 中,$u_1$ 和 $i_1$ 分别表示控制电压和控制电流;$\mu$、$r$、$g$ 和 $\beta$ 分别是有关的控制系数,其中 $\mu$ 和 $\beta$ 为无量纲常量,$r$ 和 $g$ 分别为具有电阻和电导的量纲。这些系数为常数时,被控制量和控制量成正比,这种受控源为线性受控源。

表示线性受控源输出特性的数学方程分别为

$$\text{VCVS:} \ u_2 = \mu u_1 \quad \text{CCVS:} \ u_2 = r i_1 \quad \text{VCCS:} \ i_2 = g u_1 \quad \text{CCCS:} \ i_2 = \beta i_1$$

### 2.4.2 含受控源电路的分析

在分析含受控源的电路过程中,一般可以把受控源当作独立电源来看待,同时还要考虑其非独立的特点。受控源电路的特点可以简要归纳如下。

(1) 受控电压源和电阻的串联组合与受控电流源和电阻的并联组合,可以像独立电源一样进行等效变换,但在变换过程中,必须保留控制量所在的支路。

(2) 应用网络方程法分析计算含有受控源的电路时,受控源可以按独立电源处理,但在网络方程中,要将受控源的控制量用电路变量来表示。在节点电压方程中,控制量用节点电压表示;在回路方程中,控制量用回路电流来表示。

(3) 用叠加定理求独立电源单独作用的电压、电流时,受控源要全部保留。同样,用戴维南定理求解网络的等效电阻时,受控源也要全部保留。

(4) 含受控源的二端电阻网络,其等效电阻可能为负值,等效电阻为负值,表明该网络向外部电路发出能量。

**【例 2.6】** 图 2.30 所示电路为 VCCS,已知 $I_2 = 2U_1$,电流源的 $I_S = 1A$,求电压 $U_2$。

**解:** 先求出控制电压 $U_1$,从左边电路可知

$$U_1 = 2I_S = 2 \times 1 = 2 (V)$$

则

$$I_2 = 2U_1 = 2 \times 2 = 4 (A)$$

$$U_2 = -5I_2 = -5 \times 4 = -20 (V)$$

**【例 2.7】** 将图 2.31(a)的受控电压源变换成受控电流源。

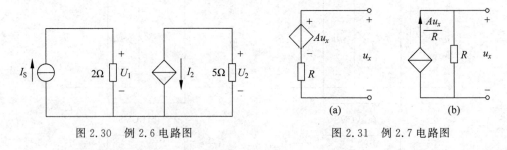

图 2.30 例 2.6 电路图 　　　　　　图 2.31 例 2.7 电路图

**解:** 因为受控电压源有串联电阻,故可采用等效变换办法,求得等效电流源参数为 $Au_x/R$,内电阻仍为 $R$,等效的受控电流源模型如图 2.31(b)所示。

**【例 2.8】** 求出图 2.32(a)所示电路的等效电阻。

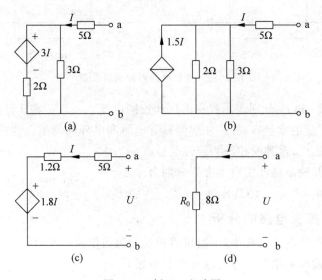

图 2.32 例 2.8 电路图

**解**：对图 2.32(a)最左边支路进行电源变换得图 2.32(b)，再将图 2.32(b)进行电源变换后得图 2.32(c)电路，图 2.32(c)电路端口加电压 $U$ 后，求端口电流 $I$ 与电压 $U$ 的关系。

$$U = (5 + 1.2)I + 1.8I = 8I$$

所以该单口网络等效电阻为

$$R_{eq} = \frac{U}{I} = 8(\Omega)$$

对于含受控源(无独立源)单口网络求等效电阻的方法可归纳为：首先在端口处外加理想电压源，电压为 $U$，从而引起端口输入电流 $I$。然后根据 KVL、KCL 及欧姆定律列写电路方程，整理后找出 $U$ 与 $I$ 的比值，从而求得等效电阻。对于较复杂的电路，可对电路进行等效简化后再求等效电阻。注意简化电路时应保留控制支路，以免造成解题的困难。

**【例 2.9】** 用电源等效变换法求出图 2.33(a)所示电路中的电压 $U$。

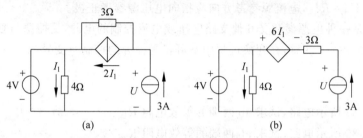

图 2.33 例 2.9 电路图

**解**：将图 2.33(a)受控电流源 $2I_1$ 与电阻 $3\Omega$ 的并联组合等效变换成受控电压源和电阻的串联组合，如图 2.33(b)所示。取顺时针方向为绕行方向，根据 KVL 得

$$6I_1 - 3 \times 3 + U - 4I_1 = 0$$

又因为

$$I_1 = \frac{4}{4} = 1(A)$$

于是得

$$U = 7(V)$$

**注意**：在图 2.33(b)中的 $4\Omega$ 电阻支路，因其与理想电压源并联，在一般的等效电路中可以舍弃，但在本例中，该支路的电流 $I_1$ 是受控源的控制量，等效变换时必须保留。

## 思考与练习

2.4.1 什么是受控源？受控源与独立电源有什么不同？

2.4.2 试求图 2.34(a)中的 $U_{ab}$ 和 $U_{S1}$，图 2.34(b)中的 $U_{ab}$ 和 $I$。

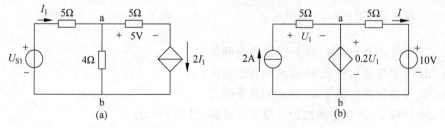

图 2.34 思考与练习 2.4.2 电路图

### 本章小结

1. 端口电压、电流关系相同的两个网络称为等效网络。等效网络互换称为等效变换。等效只是对电路的外部而言,其内部已经变化了。

2. 一个不含独立源的二端电阻性网络总可以等效为一个电阻,该电阻等于该网络在关联参考方向下端口电压和电流的比值。

3. 几个电阻串联的等效电阻等于各个电阻之和。电阻串联有分压作用。几个电阻并联的等效电导等于各个电导之和。电阻并联有分流作用。

4. 三角形联结的电阻和星形联结的电阻可以等效互换,对称情况下等效的条件为 $R_\triangle = 3R_Y$。

5. 实际电压源和实际电流源可以相互等效变换,条件是:串联组合的电阻与并联组合的电阻相等,并且 $U_S = RI_S$,电流源参考方向应指向电压源参考正极。

6. 受控源是一种电源参数受其他支路电压或电流控制的电源,受控源与独立源一样可以进行电源的等效变换。注意,在变换过程中不可将受控源的控制量变异。

### 习题

2.1 图 2.35 所示电路,试求 ab 两端的等效电阻 $R_{ab}$。

2.2 图 2.36 所示电路,试求 ab 两端的等效电阻 $R_{ab}$。

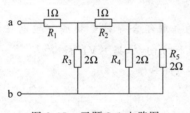
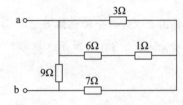

图 2.35 习题 2.1 电路图    图 2.36 习题 2.2 电路图

2.3 图 2.37 所示为一桥形电路,若已知 $I_5 = 0\text{A}, R_1 = 2\Omega, R_2 = 3\Omega, R_3 = 4\Omega, R_4 = 5\Omega$, $R_6 = 6\Omega$,试求 ab 两端的等效电阻 $R_{ab}$。

2.4 求出图 2.38 所示电路中的电流 $I$。

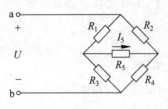
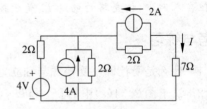

图 2.37 习题 2.3 电路图    图 2.38 习题 2.4 电路图

2.5 试等效化简出图 2.39 所示的各个网络。

2.6 试等效化简出图 2.40 所示的各个网络。

2.7 试等效化简出图 2.41 所示的各个网络。

2.8 求出图 2.42 所示电路的最简等效电路,已知 $r = 3\Omega$。

2.9 试求出图 2.43 所示各个电路的等效电阻。

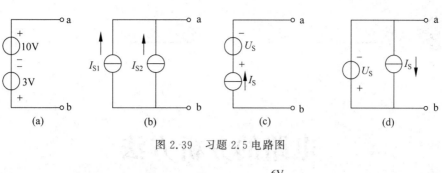

图 2.39 习题 2.5 电路图

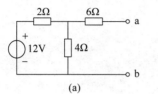 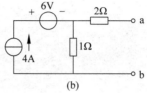

图 2.40 习题 2.6 电路图

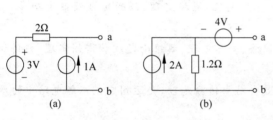 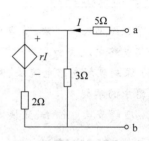

图 2.41 习题 2.7 电路图　　　　图 2.42 习题 2.8 电路图

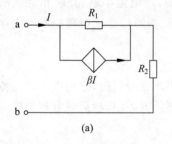 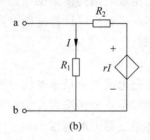 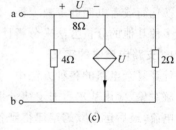

图 2.43 习题 2.9 电路图

2.10　求出图 2.44 所示电路中的 $R$ 值、电流源和受控源的功率。

2.11　图 2.45 所示电路,已知 $R_1=2\Omega$,$R_2=3\Omega$,$R_3=4\Omega$,$R_4=5\Omega$,求电流 $i$。

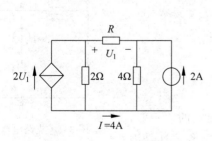 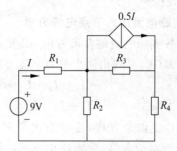

图 2.44 习题 2.10 电路图　　　　图 2.45 习题 2.11 电路图

# 第 3 章 ━━━━━━━━━━━━━━━━━━━━━ Chapter 3

# 电路的分析方法

第 3 章微课

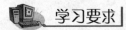 学习要求

本章介绍网孔电流法、节点电位法、叠加定理、置换定理、诺顿定理及最大功率传输定理，重点介绍支路电流法和戴维南定理。

(1) 深刻理解支路电流法、网孔电流法、叠加定理、戴维南定理和诺顿定理，熟练运用它们求解电路中的参数。

(2) 理解节点电位法、置换定理和最大功率传输定理，会运用它们求解电路中的参数。

## 3.1 支路电流法

在由多个电压源、电流源及电阻组成的结构复杂的电路中，用电阻串联、并联和混联的等效变换化简或者电源的等效变换，不一定就可以计算复杂电路，但可以运用电路的基本定律引申出多种其他的分析方法来分析计算。

**1. 支路电流法的定义**

计算复杂电路的各种方法中，支路电流法是最基本的方法。在分析时，它是以支路电流作为求解对象，应用基尔霍夫定律分别对节点和回路列写所需的方程组，然后解方程组求得各支路电流，最后运用欧姆定律得到各条支路上的电压。

设电路有 $b$ 条支路，那么将有 $b$ 个未知电流可选为变量。因而必须列出 $b$ 个独立方程，然后解出未知的支路电流。

在图 3.1 所示电路中，支路数 $b=3$，节点数 $n=2$，以支路电流 $I_1$、$I_2$、$I_3$ 为变量，共要列出 3 个独立方程。

**2. 支路电流法的节点电流方程**

指定各支路电流的参考方向，如图 3.1 所示。

根据 KCL，可列出两个节点电流方程如下。

节点 a：　　　　　$-I_1-I_2+I_3=0$　　　　(3.1)

节点 b：　　　　　$I_1+I_2-I_3=0$　　　　(3.2)

观察以上两个方程，可以看出只有一个是独立的。一般，具有 $n$ 个节点的电路，只能列出 $n-1$ 个独立的方程。这是因

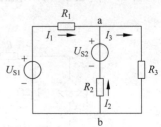

图 3.1 支路电流法

为,每条支路总是接在两个节点之间,当一个支路电流在一个节点方程中取正时,在另一个节点方程中一定取负,把 $n-1$ 个节点方程相加,所有出现两次的支路电流必然都被消去,而只留下了剩余的那个节点相连的各支路电流项,即得到了该节点的电流方程。

对应于独立方程的节点称为独立节点,具有 $n$ 个节点的电路只有 $n-1$ 个独立节点,剩余的那个节点称为非独立节点。非独立节点是任意选定的。

**3. 支路电流法的回路电压方程**

选择回路。应用 KVL 列出其余 $b-(n-1)$ 个方程,每次列出的 KVL 方程必须是独立的,与这些方程对应的回路称为独立回路。一般,在选择回路时,只要这个回路中,具有至少一条在其他已选的回路中未曾出现过的新支路,这个回路就一定是独立的。在平面电路中,一个网孔就是一个回路,网孔数就是独立回路数。因此,一般可以选取所有的网孔列出一组独立的 KVL 方程。这种以网孔为独立回路列写回路方程的方法,又称为网孔法。注意:网孔是独立回路,但回路不一定是网孔。

图 3.1 所示电路中有两个网孔。对左侧的网孔,按顺时针方向绕行,列写 KVL 方程:
$$R_1 I_1 - R_2 I_2 - U_{S1} + U_{S2} = 0 \tag{3.3}$$
同理,对右侧的网孔,按顺时针方向绕行,列写 KVL 方程:
$$R_2 I_2 + R_3 I_3 - U_{S2} = 0 \tag{3.4}$$
可以证明,对于 $m$ 个网孔的平面电路,必含有 $m$ 个独立的回路,且 $m=b-(n-1)$ 网孔是最容易选择的独立回路。

总之,对于具有 $b$ 条支路、$n$ 个节点、$m$ 个网孔的电路,应用 KCL 可以列出 $n-1$ 个独立节点的电流方程,应用 KVL 可以列出 $m$ 个网孔电压方程,而独立方程总数为 $(n-1)+m$,恰好等于支路数 $b$,所以方程组有唯一解。如图 3.1 所示,若 $R_1=5\Omega, R_2=5\Omega, R_3=15\Omega, U_{S1}=25V, U_{S2}=10V$,则可以列出下列方程组:
$$-I_1 - I_2 + I_3 = 0$$
$$5I_1 + 10 - 5I_2 - 25 = 0$$
$$5I_2 + 15I_3 - 10 = 0$$
解方程可以求得 $I_1$、$I_2$、$I_3$。

**4. 支路电流法的一般步骤**

支路电流法的一般步骤如下。

(1) 选定支路电流的参考方向,在电路图中标明,$b$ 条支路共有 $b$ 个未知变量。

(2) 根据 KCL 列出节点方程,$n$ 个节点可列 $n-1$ 个独立方程。

(3) 选定网孔绕行方向,在电路图中标明,根据 KVL 列出网孔方程,网孔数就等于独立回路数,可列 $m$ 个独立电压方程。

(4) 联立求解上述 $b$ 个独立方程,求得各支路电流。

另外,在用支路电流法分析含有理想电流源的电路时,对含有电流源的回路,应将电流源的端电压列入回路电流方程。此时,电路增加一个变量,应该补充一个相应的辅助方程,该方程可由电流源所在支路的电流为已知来引出。此外,由于理想电流源所在支路的电流为已知,在选择回路时也可以避开理想电流源支路。

**【例 3.1】** 求出图 3.2 所示电路的各支路电流。

**解**：各支路电流的参考方向已标在图 3.2 中，以节点 b 为参考节点，节点 a 的 KCL 方程为

$$I_1 + I_2 + I_3 = 0$$

以 $l_1$、$l_2$ 两个网孔为选定的独立回路，其 KVL 方程为

$$-2I_1 + 8I_3 = -14$$
$$3I_2 - 8I_3 = 2$$

以上三式联立求解，可得

$$I_1 = 3(A), \quad I_2 = -2(A), \quad I_3 = -1(A)$$

【例 3.2】 求出图 3.3 所示电路的各支路电流。

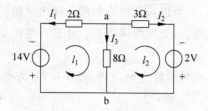

图 3.2 例 3.1 电路图

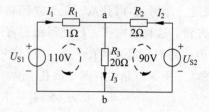

图 3.3 例 3.2 电路图

**解**：根据支路电流法列出方程

$$I_1 + I_2 - I_3 = 0$$
$$I_1 + 20I_3 = 110$$
$$2I_2 + 20I_3 = 90$$

由上式解出

$$I_1 = 10(A), \quad I_2 = -5(A), \quad I_3 = 5(A)$$

支路电流法列的方程较直观，是一种常用的求解电路的方法。但由于需列出等于支路数 $b$ 的 KCL 和 KVL 方程，对复杂电路而言存在方程数目多的缺点，因此，设法减少方程数目就成为其他网络方程法的出发点。

## 思考与练习

3.1.1 支路电流法的解题步骤是什么？

3.1.2 图 3.1 电路中，已知 $U_{S1} = 25\text{V}$，$R_1 = R_2 = 5\Omega$，$U_{S2} = 10\text{V}$，$I_3 = 15\Omega$，求各支路电流。

3.1.3 如图 3.4 所示电路中，用支路电流法求支路电流及电压值。

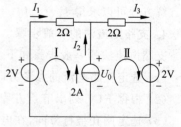

图 3.4 思考与练习 3.1.3 电路图

## 3.2 网孔电流法

用支路电流法求解各支路电流，建立方程组比较容易，如果待求支路数目较多，并且未用计算机辅助计算，解方程组就比较烦琐。如果能够找到一组既可以表示出各支路电流的关系，又少于待求支路电流数的替代变量，则通过求出替代变量，再求出各支路电流，就可以降低数学运算的难度。

### 3.2.1  网孔电流法及其分析步骤

**1. 网孔电流法的定义**

网孔电流法是以假想的网孔电流为未知量,应用 KCL 列出网孔方程,联立方程求得各网孔电流,再根据网孔电流与支路电流的关系式,求得各支路电流。

**2. 两个网孔的网孔电流方程的规律**

为了求得各支路电流,先选择一组独立回路,这里选择的是两个网孔。假想每个网孔中,都有一个网孔电流沿着网孔的边界流动,如 $I_{11}$、$I_{12}$,需要指出的是,$I_{11}$、$I_{12}$ 是假想的电流,电路中实际存在的电流还是支路电流 $I_1$、$I_2$、$I_3$。从图 3.5 中可以看出两个网孔电流与三个支路电流之间存在以下关系式:

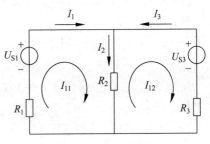

图 3.5  网孔电流法

$$\begin{cases} I_1 = I_{11} \\ I_2 = I_{11} - I_{12} \\ I_3 = -I_{12} \end{cases} \quad (3.5)$$

在图 3.5 所示电路中,选取网孔绕行方向与网孔电流参考方向一致,根据 KVL 可列网孔方程:

$$\begin{cases} I_1 R_1 - U_{S1} + I_2 R_2 = 0 \\ -I_2 R_2 + U_{S3} - I_3 R_3 = 0 \end{cases} \quad (3.6)$$

将式(3.5)代入式(3.6),整理得

$$\begin{cases} (R_1 + R_2) I_{11} - R_2 I_{12} = U_{S1} \\ -R_2 I_{11} + (R_2 + R_3) I_{12} = -U_{S3} \end{cases} \quad (3.7)$$

式(3.7)可以概括为如下形式:

$$\begin{cases} R_{11} I_{11} + R_{12} I_{12} = U_{S11} \\ R_{21} I_{11} + R_{22} I_{12} = U_{S22} \end{cases} \quad (3.8)$$

式(3.8)是具有两个网孔电路的网孔电流方程的一般形式,其有如下规律。

(1) $R_{11}$、$R_{22}$ 分别称为网孔 1、网孔 2 的自电阻之和,其值等于各网孔中所有支路的电阻之和,它们总取正值,$R_{11} = R_1 + R_2$,$R_{22} = R_2 + R_3$。

(2) $R_{12}$、$R_{21}$ 称为网孔 1、2 之间的互电阻,$R_{12} = -R_2$,$R_{21} = -R_2$,可以看出,$R_{12} = R_{21}$,其绝对值等于这两个网孔的公共支路的电阻。当两个网孔电流流过公共支路的参考方向相同时,互电阻取正号;否则取负号。

(3) $U_{S11}$、$U_{S22}$ 分别称为网孔 1、网孔 2 中所有电压源的代数和,$U_{S11} = U_{S1}$,$U_{S22} = -U_{S3}$。当电压源电压的参考方向与网孔电流方向一致时取负号,否则取正号。

**3. $m$ 个网孔的网孔电流方程的步骤**

式(3.8)可推广到具有 $m$ 个网孔电路的网孔电流方程的一般形式:

$$\begin{cases} R_{11} I_{11} + R_{12} I_{12} + \cdots + R_{1m} I_{1m} = U_{S11} \\ R_{21} I_{11} + R_{22} I_{12} + \cdots + R_{2m} I_{1m} = U_{S22} \\ \vdots \\ R_{m1} I_{11} + R_{m2} I_{12} + \cdots + R_{mm} I_{1m} = U_{Smm} \end{cases} \quad (3.9)$$

根据以上分析,可归纳网孔电流法的一般步骤如下。

(1)选定网孔电流的参考方向,标明在电路图上,并以此方向作为网孔的绕行方向。$m$ 个网孔就有 $m$ 个网孔电流。

(2)按上述规则列出网孔电流方程。

(3)联立并求解方程组,求得网孔电流。

(4)根据网孔电流与支路电流的关系式,求得各支路电流或其他需求的电量。

**【例3.3】** 用网孔法求解图3.6所示电路中的各支路电流。

**解:**网孔方程为

$$(2+1+2)I_{m1}-2I_{m2}-1I_{m3}=3-9$$
$$-2I_{m1}+(2+6+3)I_{m2}-6I_{m3}=9-6$$
$$-1I_{m1}-6I_{m2}+(3+6+1)I_{m3}=12.5-3$$

整理得

$$5I_{m1}-2I_{m2}-1I_{m3}=-6$$
$$-2I_{m1}+11I_{m2}-6I_{m3}=3$$
$$-1I_{m1}-6I_{m2}+10I_{m3}=9.5$$

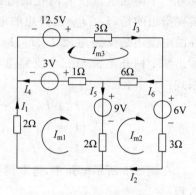

图3.6 例3.3电路图

联立求解得

$$I_{m1}=-0.5(A)\quad I_{m2}=1(A)\quad I_{m3}=1.5(A)$$

各支路电流为

$$I_1=I_{m1}=-0.5(A)\quad I_2=I_{m2}=1(A)\quad I_3=I_{m3}=1.5(A)$$
$$I_4=-I_{m1}+I_{m3}=2(A)\quad I_5=I_{m1}-I_{m2}=-1.5(A)\quad I_6=-I_{m2}+I_{m3}=0.5(A)$$

### 3.2.2 含理想电流源电路的网孔分析

理想电流源不能变换为电压源,而网孔方程的每一项均为电压,以下就以例3.4来说明含理想电流源电路的网孔分析。

**【例3.4】** 用网孔法求解图3.7所示电路中的各支路电流。

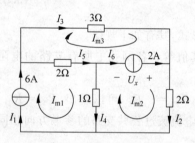

图3.7 例3.4电路图

**解:**网孔序号及网孔电流参考方向如图3.7所示,题中有两个理想电流源,其中6A的理想电流源只流过一个网孔电流,则可知 $I_{m1}=6A$。这样就不必再列网孔1的KVL方程,为了列网孔2和网孔3的KVL方程,设2A电流源的电压为 $U_x$,如图3.7所示,所得方程为

$$I_{m1}=6A$$
$$-1I_{m1}+3I_{m2}=U_x$$
$$-2I_{m1}+5I_{m3}=-U_x$$

多了未知量 $U_x$,必须再增加一个方程,由2A理想电流源支路得到补充方程:

$$I_{m2}-I_{m3}=2$$

以上四式联立解得

$$I_{m2}=3.5(A),\quad I_{m3}=1.5(A)$$

各支路电流均用网孔电流求得,即

$$I_1=6(A)\quad I_2=3.5(A)\quad I_3=1.5(A)$$
$$I_4=I_{m1}-I_{m2}=2.5(A)\quad I_5=I_{m1}-I_{m3}=4.5(A)\quad I_6=I_{m2}-I_{m3}=2(A)$$

由本例可看出,当理想电流源所在支路只流过一个网孔电流时,该网孔电流被理想电流源限定。当理想电流源所在支路流过两个网孔电流时,可用增设理想电流源电压为未知数的方法解决。

### 3.2.3 含受控源电路的网孔分析

在列写出含受控源电路的网孔方程时,可先将受控源作为独立电源处理,然后将受控源的控制量用网孔电流表示,再将受控源的作用反映在方程右端的项移到方程左边,得到含受控源电路的网孔方程。

**【例 3.5】** 用网孔法求解图 3.8 所示电路中的各支路电流,已知 $\mu=1, \alpha=1$。

**解**:标出网孔电流及序号如图 3.8 所示。

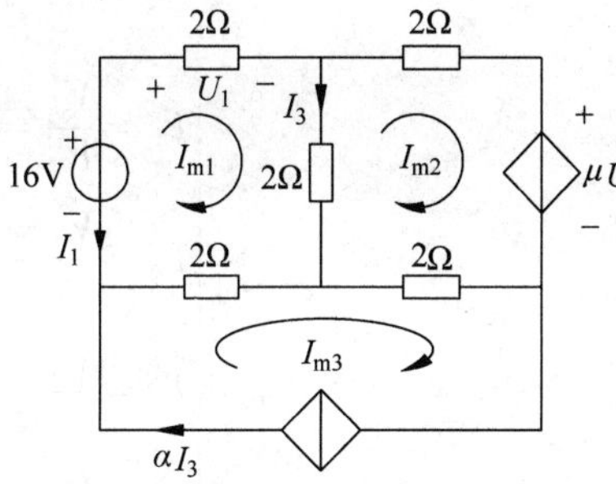

网孔 1、网孔 2 的 KVL 方程分别为

$$6I_{m1} - 2I_{m2} - 2I_{m3} = 16$$
$$-2I_{m1} + 6I_{m2} - 2I_{m3} = -\mu U_1$$

对网孔 3 满足:

$$I_{m3} = \alpha I_3$$

补充两个受控源的控制量与网孔电流关系方程:

$$U_1 = 2I_{m1}$$
$$I_3 = I_{m1} - I_{m2}$$

将 $\mu=1, \alpha=1$ 代入,联立求解得

$$I_{m1} = 4(A) \quad I_{m2} = 1(A) \quad I_{m3} = 3(A)$$

图 3.8  例 3.5 电路图

## 思考与练习

3.2.1  网孔电流方程中的自电阻、互电阻、网孔电压源的代数和的含义各指什么?它们的正、负号如何确定?

3.2.2  用网孔电流法求各支路的电流的一般步骤是什么?

## 3.3  节点电位法

### 3.3.1  节点电位法概述

**1. 节点电位法的定义**

以节点电位为求解对象的电路分析方法称为节点电位法。在任意复杂电路中总会有 $n$ 个节点,取其中一个节点作为参考点,其他各节点与参考节点之间的电压就称为该节点电位。所以,在有 $n$ 个节点的电路中,一定有 $n-1$ 个节点电位。

节点电位法是以节点电位为未知量,将各支路电流用节点电位表示,应用 KCL 列出独立节点的电流方程,联立求解方程求得各节点电位,再根据节点电位与各支路电流关系式,求得各支路电流。

**2. 两个独立节点的节点电位方程的规律**

图 3.9 所示电路有三个节点,选择 0 点为参考节点,则其余两个为独立节点,设独立节点的电位为 $V_a$、$V_b$。各支路电流在图示参考方向下与节点电位存在以下关系式:

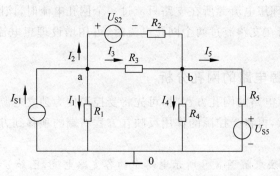

图 3.9 节点电位法图例

$$\begin{cases} I_1 = \dfrac{V_a}{R_1} = G_1 V_a \\[2mm] I_2 = \dfrac{V_a - V_b - U_{S2}}{R_2} = G_2 (V_a - V_b - U_{S2}) \\[2mm] I_3 = \dfrac{V_a - V_b}{R_3} = G_3 (V_a - V_b) \\[2mm] I_4 = \dfrac{V_b}{R_4} = G_4 V_b \\[2mm] I_5 = \dfrac{V_b - U_{S5}}{R_5} = G_5 (V_b - U_{S5}) \end{cases} \qquad (3.10)$$

对节点 a、节点 b 分别列写 KCL 方程：

$$-I_{S1} + I_1 + I_2 + I_3 = 0$$
$$-I_2 - I_3 + I_4 + I_5 = 0$$

将式(3.10)代入以上两式,可得

$$-I_{S1} + G_1 V_a + G_2 (V_a - V_b - U_{S2}) + G_3 (V_a - V_b) = 0$$
$$-G_2 (V_a - V_b - U_{S2}) - G_3 (V_a - V_b) + G_4 V_b + G_5 (V_b - U_{S5}) = 0$$

整理得：

$$\begin{cases} (G_1 + G_2 + G_3)V_a - (G_2 + G_3)V_b = I_{S1} + G_2 U_{S2} \\[2mm] -(G_2 + G_3)V_a + (G_2 + G_3 + G_4 + G_5)V_b = -G_2 U_{S2} + G_5 U_{S5} \end{cases} \qquad (3.11)$$

式(3.11)可以概括为如下形式：

$$\begin{cases} G_{aa}V_a + G_{ab}V_b = I_{Saa} \\[2mm] G_{ba}V_a + G_{bb}V_b = I_{Sbb} \end{cases} \qquad (3.12)$$

式(3.12)是具有两个独立节点的节点电位方程的一般形式,其有如下规律。

(1) $G_{aa}$、$G_{bb}$ 分别称为节点 a、b 的自导,$G_{aa}=G_1+G_2+G_3$,$G_{bb}=G_2+G_3+G_4+G_5$,其数值等于各独立节点所连接的各支路的电导之和,它们总取正值。

(2) $G_{ab}$、$G_{ba}$ 称为节点 a、b 的互导,$G_{ab}=G_{ba}=-(G_2+G_3)$,其数值等于两点间的各电导之和,它们总取负值。

(3) $I_{Saa}$、$I_{Sbb}$ 分别称为流入节点 a、b 的等效电流源的代数和,若是电压源与电阻串联的支路,则看成已变换了的电流源与电阻相并联的支路。当电流源的电流方向指向相应节点时取正号;反之,则取负号。

**3. $n$ 个独立节点的节点电位方程的步骤**

式(3.12)可推广到具有 $n$ 个节点的电路,应该有 $n-1$ 个独立节点,可写出节点电位方程的一般形式为

$$\begin{cases} G_{11}V_1 + G_{12}V_2 + \cdots + G_{1(n-1)}V_{n-1} = I_{S11} \\ G_{21}V_1 + G_{22}V_2 + \cdots + G_{2(n-1)}V_{n-1} = I_{S22} \\ \qquad\qquad\qquad \vdots \\ G_{(n-1)1}V_1 + G_{(n-2)2}V_2 + \cdots + G_{(n-1)(n-1)}V_{n-1} = I_{S(n-1)(n-1)} \end{cases} \tag{3.13}$$

根据以上分析,可归纳节点电位法的一般步骤如下。

(1) 选定参考节点 0,用"⊥"符号表示,并以独立节点的节点电位作为电路变量。

(2) 按上述规则列出方程。

(3) 联立并求解方程组,求得各节点电位。

(4) 根据节点电位与支路电流的关系式,求得各支路电流或其他需求的电量。

**【例 3.6】** 用节点法求解图 3.10 所示电路中各支路电流。

**解:** 各支路电流参考方向如图 3.10 所示,以节点 c 为参考点。

对节点 a 有 $\quad \left(\dfrac{1}{4} + \dfrac{1}{6} + \dfrac{1}{6}\right)V_a - \dfrac{1}{6}V_b = \dfrac{52}{4} - 3 = 10$

对节点 b 有 $\quad \left(\dfrac{1}{6} + \dfrac{1}{6}\right)V_b - \dfrac{1}{6}V_a = 7 + 3 = 10$

联立求解得

$$V_a = 30(\text{V}) \qquad V_b = 45(\text{V})$$

$$I_1 = \frac{1}{4} \times (52 - 30) = 5.5(\text{A})$$

$$I_2 = \frac{30}{6} = 5(\text{A})$$

$$I_3 = \frac{45}{6} = 7.5(\text{A})$$

$$I_4 = \frac{1}{6} \times (30 - 45) = 2.5(\text{A})$$

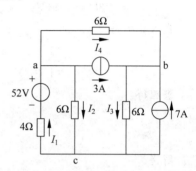

图 3.10 例 3.6 电路图

### 3.3.2 节点电位法对只含电压源支路与含受控源支路的处理

如果在电路中有只含电压源支路时,该支路电压为已知,由于该支路电流无法用支路电压

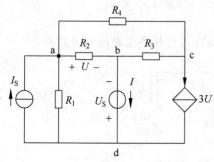

图 3.11 含独立电压源支路和
受控源支路的电路

表示,即节点电流方程无法列出,因此增加该支路电流为未知量,同时补充该支路电压与节点电位之间的关系。如图 3.11 所示,电路以 c 为参考点,节点电位为 $V_a$、$V_b$、$V_d$,增加 $I$ 为未知量,需补充方程:

$$V_d - V_b = U_S$$

也可选择与该独立源相连的一个节点,例如 d 为参考点,这样 $V_b = -U_S$,可减少一个与 b 节点相关的节点方程,这种方法对于只含一条独立电压源支路的电路显得尤为方便。

如果电路中含有受控源,在将受控源作为独立源对待的同时,要将控制量用节点电压表示。图 3.12 中受控电流源电流为

$$U = V_a - V_b$$

【例 3.7】　在图 3.12 电路中,$I_S = 12A, U_S = 5V, R_1 = R_3 = 1\Omega, R_2 = R_4 = 0.5\Omega$,求受控源功率。

**解**:设 d 为参考点,则 $V_b = -U_S = -5(V)$,受控源电流 $3U = 3(V_a - V_b) = 3(V_a + 5)$。

对节点 a 有

$$\left(\frac{1}{R_1} + \frac{1}{R_2} + \frac{1}{R_4}\right)V_a - \frac{1}{R_2}V_b - \frac{1}{R_4}V_c = I_S$$

对节点 c 有

$$\left(\frac{1}{R_3} + \frac{1}{R_4}\right)V_c - \frac{1}{R_3}V_b - \frac{1}{R_4}V_a$$
$$= -3U = -3(V_a - V_b)$$

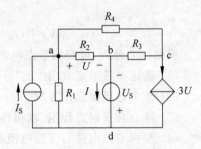

图 3.12　含独立电压源支路和受控源支路的电路

代入数据得

$$(1 + 2 + 2)V_a - 2 \times (-5) - 2V_c = 12$$
$$(1+2)V_c - 1 \times (-5) - 2V_a = -3(V_a + 5)$$

整理得

$$5V_a - 2V_c = 2$$
$$3V_c + V_a = -20$$

解得

$$V_a = -2(V), \quad V_c = -6(V), \quad U = V_a - V_b = -2 + 5 = 3(V)$$

受控源功率为

$$P = (-6) \times 3 \times 3 = -54(W)$$

受控源的功率为发出功率。

### 3.3.3　弥尔曼定理

弥尔曼定理是用来计算只含两个节点的节点电位法。若电路只有一个独立节点,如图 3.13 所示,对这个独立节点,其节点电位方程写成一般式为

$$V_a = \frac{\sum\limits_{i=1}^{n}(U_{Si}G_i + I_{Si})}{\sum\limits_{i=1}^{n}G_i} \tag{3.14}$$

式中:分子为流入节点 a 的等效电流源之和;分母为节点 a 所连接各支路的电导之和。

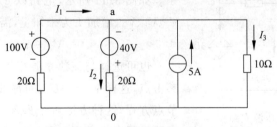

图 3.13　例 3.8 电路图

【例3.8】 用节点法求解图3.13电路中各支路电流。

**解**：根据节点电位法，以0点为参考点，只有一个独立节点a,有

$$V_a = \frac{\dfrac{100}{20} - \dfrac{40}{20} + 5}{\dfrac{1}{20} + \dfrac{1}{20} + \dfrac{1}{10}} = 40(\text{V})$$

根据各支路电流的参考方向,如图3.13所示,有

$$I_1 = \frac{100 - V_a}{20} = \frac{100 - 40}{20} = 3(\text{A})$$

$$I_2 = \frac{V_a + 40}{20} = \frac{40 + 40}{20} = 4(\text{A})$$

$$I_3 = \frac{V_a}{10} = \frac{40}{10} = 4(\text{A})$$

对节点a进行电流验证：

$$\sum I = -I_1 + I_2 - 5 + I_3 = -3 + 4 - 5 + 4 = 0(\text{A})$$

符合KCL,结果正确。

## 思考与练习

3.3.1 节点电位方程中,方程两边的各项分别表示什么意义？其正、负号如何确定？

3.3.2 用节点电位法求解图3.14电路的节点电压。

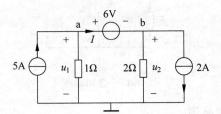

图3.14 思考与练习3.3.2电路图

## 3.4 叠加定理和齐次定理

### 3.4.1 叠加定理

#### 1. 叠加定理的定义

叠加定理是反映线性电路基本性质的一个重要定理。其基本内容是：在线性电路中,如果有两个或两个以上的独立电源(电压源或电流源)共同作用时,则任意支路的电流或电压应等于电路中各个独立电源单独作用时,在该支路上产生的电压或电流的代数和。

所谓各独立电源单独作用,是指电路中仅一个独立电源作用而其他电源都取零值(电压源短路、电流源开路)。下面通过图3.15(a)中$R_2$支路上的电流$I$为例对叠加定理加以说明。

图3.15(a)是含有两个独立电源的线性电路,根据弥尔曼定理,这个电路两个节点间的电压为

$$U_{ab} = \frac{\dfrac{U_s}{R_1} - I_s}{\dfrac{1}{R_1} + \dfrac{1}{R_2}} = \frac{R_2 U_s - R_1 R_2 I_s}{R_1 + R_2}$$

$R_2$ 支路上的电流为

$$I = \frac{U_1}{R_2} = \frac{U_s - R_1 U_s}{R_1 + R_2} = \frac{U_s}{R_1 + R_2} - \frac{R_1}{R_1 + R_2} U_s$$

在电压源 $U_s$ 单独作用时,如图 3.15(b)所示,$R_2$ 支路上的电流为

$$I' = \frac{U_s}{R_1 + R_2}$$

在电流源 $I_s$ 单独作用时,如图 3.15(c)所示,$R_2$ 支路上的电流为

$$I'' = -\frac{R_1}{R_1 + R_2} I_s$$

$R_2$ 支路上电流的代数和为

$$I' + I'' = \frac{U_s}{R_1 + R_2} - \frac{R_1}{R_1 + R_2} I_s = I \tag{3.15}$$

式(3.15)中,当 $I'$、$I''$ 的参考方向与 $I$ 的参考方向一致时计算结果取正号,相反时计算结果取负号。

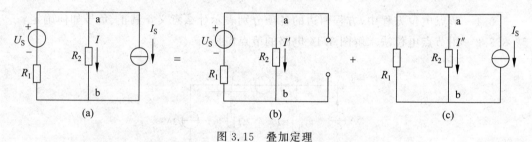

图 3.15  叠加定理

**2. 应用叠加定理的注意事项**

应用叠加定理时应注意以下几点。

(1) 叠加定理仅适用于线性电路,不能用于非线性电路。

(2) 对电流、电压叠加时要注意其参考方向。

(3) 叠加定理不能直接用来计算功率。

(4) 所谓电源单独作用,是指独立电源作用时其他独立电源取零值,取零值的电压源处用短路来代替,取零值的电流源处用开路来代替。

叠加定理不局限于独立电源逐个地单独作用后再叠加,也可以将电路中的独立电源分成几组,然后按组分别计算、叠加,这样有可能使计算简化。

**【例 3.9】**  用叠加定理求解图 3.16(a)所示电路中的电流 $I$。

**解**:电路中有两个独立电源共同作用。当电流源单独作用时,电路如图 3.16(b)所示,可得

$$I' = \frac{5}{5 \times 5} \times 1 = 0.2(A)$$

当电压源单独作用时,电路如图 3.16(c)所示,可得

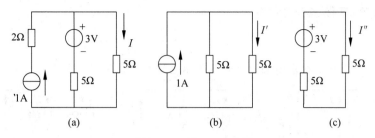

图 3.16　例 3.9 电路图

$$I'' = \frac{3}{5+5} = 0.3(\text{A})$$

叠加后得

$$I = I' + I'' = 0.2 + 0.3 = 0.5(\text{A})$$

【例 3.10】　用叠加定理求解图 3.17(a)所示电路中的电流 $I_x$。

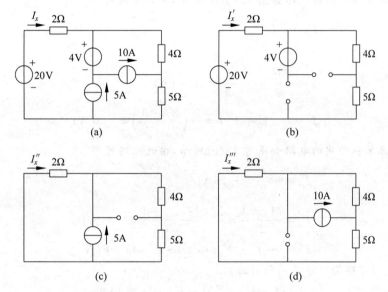

图 3.17　例 3.10 电路图

**解**：首先根据电路的特点,把电源分成三组,第一组为两个电压源,第二组为 5A 电流源,第一组为 10A 电流源,每组电源单独作用时的电路如图 3.17(b)、图 3.17(c)、图 3.17(d)所示,分别求出相应的电流后,再进行叠加。

第一组电源单独作用时,由图 3.17(b)所示,可求得

$$I'_x = \frac{20}{2+4+5} = \frac{20}{11}(\text{A})$$

第二组电源单独作用时,由图 3.17(c)所示,应用分流公式可求得

$$I''_x = -\frac{4+5}{2+(4+5)} \times 5 = -\frac{45}{11}(\text{A})$$

第三组电源单独作用时,由图 3.17(d)所示,应用分压公式可求得

$$I'''_x = \frac{4}{(2+5)+4} \times 10 = \frac{40}{11}(\text{A})$$

应用叠加定理,可得

$$I_x = I'_x + I''_x + I'''_x = \frac{20}{11} - \frac{45}{11} + \frac{40}{11} = \frac{15}{11}(\text{A})$$

【例 3.11】 用叠加定理求解图 3.18(a)所示电路中 4V 电压源发出的功率。

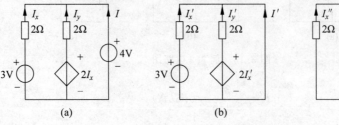

图 3.18　例 3.11 电路图

**解**：功率不可叠加,但可用叠加定理求 4V 电压源支路的电流 $I$,再由 $I$ 求电压源的功率。

3V 电压源单独作用的电路如图 3.18(b)所示,由此电路得

$$I'_x = \frac{3}{2}(\text{A})$$

$$I'_y = \frac{2I'_x}{2} = \frac{2 \times \frac{3}{2}}{2} = \frac{3}{2}(\text{A})$$

$$I' = -(I'_x + I'_y) = -\left(\frac{3}{2} + \frac{3}{2}\right) = -3(\text{A})$$

4V 电压源单独作用的电路如图 3.18(c)所示,由此电路可得

$$I''_x = -\frac{4}{2} = -2(\text{A})$$

$$I''_y = \frac{2I''_x - 4}{2} = \frac{2 \times (-2) - 4}{2} = -4(\text{A})$$

$$I'' = -(I''_x + I''_y) = -(-2-4) = 6(\text{A})$$

由叠加定理可得两电源共同作用时,

$$I = I' + I'' = -3 + 6 = 3(\text{A})$$

4V 电压源发出的功率为

$$P = UI = 4 \times 3 = 12(\text{W})$$

### 3.4.2　齐次定理

线性电路中当所有的电压源的电压和所有电流源的电流都增大或缩小 $k$ 倍时,电路中的所有支路的电压和电流也将同时增大或缩小 $k$ 倍,这就是齐次定理。

【例 3.12】 求解图 3.19 梯形电路中各支路电流。

**解**：设 $I_5 = 1\text{A}$,则

$$U'_{bc} = (R_5 + R_6)I'_5 = (2 + 20) \times 1 = 22(\text{V})$$

$$I'_4 = \frac{U'_{bc}}{R_4} = \frac{22}{20} = 1.1(\text{A})$$

$$I'_3 = I'_4 + I'_5 = 1.1 + 1 = 2.1(\text{A})$$

$$U'_{ad} = R_3 I'_3 + U_{bc} = 2 \times 2.1 + 22 = 26.2(\text{V})$$

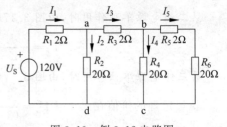

图 3.19　例 3.12 电路图

$$I'_2 = \frac{U'_{ad}}{R_2} = \frac{26.2}{20} = 1.31(\text{A})$$

$$I'_1 = I'_2 + I'_3 = 1.31 + 2.1 = 3.41(\text{A})$$

$$U'_S = R_1 I'_1 + U'_{ad} = 2 \times 3.41 + 26.2 = 33.02(\text{V})$$

若 $U'_S = 33.02\text{V}$，则各支路电流如上，而 $U = 120\text{V}$ 相当于激励增加了 $k = \dfrac{120}{33.02} = 3.63$ 倍，因而

$$I_1 = kI'_1 = 3.63 \times 3.41 \approx 12.38(\text{A})$$

$$I_2 = kI'_2 = 3.63 \times 1.31 \approx 4.76(\text{A})$$

$$I_3 = kI'_3 = 3.63 \times 2.1 \approx 7.62(\text{A})$$

$$I_4 = kI'_4 = 3.63 \times 1.1 \approx 3.99(\text{A})$$

$$I_5 = kI'_5 = 3.63 \times 1 = 3.63(\text{A})$$

## 思考与练习

3.4.1　什么是叠加定理？

3.4.2　用叠加定理求解图 3.20 中电压 $U$，已知 $U_{S1} = 5\text{V}$，$U_{S2} = 10\text{V}$。

3.4.3　电路如图 3.21 所示，已知 $r = 2\Omega$，试用叠加定理求电流 $I$ 和电压 $U$。

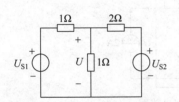
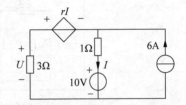

图 3.20　思考与练习 3.4.2 电路图　　　　图 3.21　思考与练习 3.4.3 电路图

## 3.5　替代定理

替代定理：如果网络 N 由一个电阻单口网络 $N_R$ 和一个任意单口网络 $N_L$ 连接而成（见图 3.22(a)），则

(1) 如果端口电压 $u$ 有唯一解，则可用电压为 $u$ 的电压源来替代单口网络 $N_L$，只要替代后的网络仍有唯一解，就不会影响单口网络 $N_R$ 内的电压和电流，如图 3.22(b)所示。

(2) 如果端口电流 $i$ 有唯一解，则可用电流为 $i$ 的电流源来替代单口网络 $N_L$，只要替代后的网络仍有唯一解，则不会影响单口网络 $N_R$ 内的电压和电流，如图 3.22(c)所示。

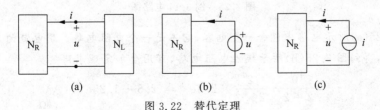

图 3.22　替代定理

替代定理的价值在于：一旦网络中某支路电压或电流成为已知量时，则可用一个独立源来替代该支路或单口网络 $N_L$，从而简化电路的分析和计算。替代定理对单口网络 $N_L$ 并无特

殊要求,它可以是非线性和非电阻性的单口。

【例 3.13】 试求解图 3.23 所示电路在 $I=2A$ 时,20V 电压源发出的功率。

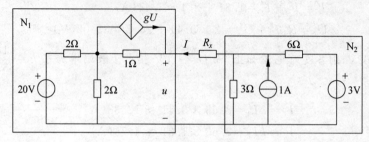

图 3.23　例 3.13 电路图

**解**:用 2A 电流源替代图 3.23 所示电路中的电阻 $R_x$ 和单口网络 $N_2$,得到图 3.24。
列出网络方程:

$$4I_1 - 2\times 2 = -20(V)$$

求得

$$I_1 = -4(A)$$

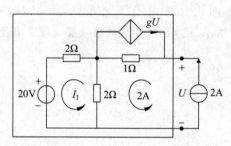

图 3.24　例 3.13 求解电路图

20V 电压源的功率为

$$P = UI_1 = 20\times(-4) = -80(W)$$

【例 3.14】 在图 3.25(a)所示电路中,已知电容电流 $i_c = 2.5e^{-t}A$,用替代定理求 $i_1$ 和 $i_2$。

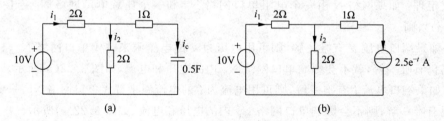

图 3.25　例 3.14 电路图

**解**:图 3.25(a)所示电路中包含一个电容,它不是一个电阻电路。用电流为 $2.5e^{-t}A$ 的电流源替代电容,得到图 3.25(b)所示线性电阻电路,可用叠加定理求得

$$i_1 = \frac{10}{2+2} + \frac{2}{2\times 2}\times 2.5e^{-t} = (2.5 + 1.25e^{-t})(A)$$

$$i_2 = \frac{10}{2+2} - \frac{2}{2\times 2}\times 2.5e^{-t} = (2.5 - 1.25e^{-t})(A)$$

【例 3.15】 在图 3.26(a)所示电路中,已知 $g=2S$,试求电流 $I$。

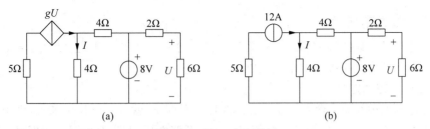

图 3.26 例 3.15 电路图

**解**：先用分压公式求受控源控制变量 $U$ 为

$$U = \frac{6}{2+6} \times 8 = 6(\mathrm{V})$$

用电流为 $gU=12\mathrm{A}$ 的电流源替代受控电流源，得到图 3.26(b)，该电路不含受控电源，易于用叠加定理(或其他网络分析方法)求解，求得电流为

$$I = \frac{4}{4+4} \times 12 + \frac{8}{4+4} = 7(\mathrm{A})$$

## 思考与练习

已知图 3.27(a) 电路中，$i_2 = 0.5\mathrm{A}$，$U_\mathrm{L} = 5\mathrm{V}$，若用 5V 电压源代替电阻 $R_\mathrm{L}$，得到图 3.27(b)，用此电路计算的电流 $i_2$ 是否仍为 0.5A? 为什么?

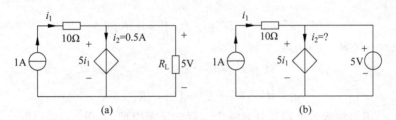

图 3.27 思考与练习电路图

## 3.6 戴维南定理和诺顿定理

### 3.6.1 二端网络

根据网络内部是否含有独立电源，二端网络又可分为有源二端网络和无源二端网络，分别用 $N_\mathrm{S}$ 与 $N_\mathrm{O}$ 表示，如图 3.28 所示。

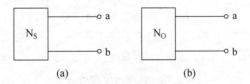

图 3.28 二端网络的表示符号

一个有源二端网络，不论它的结构如何，当与外电路相连时，它就会像电源一样向外电路供给电能，因此，这个有源二端网络可以变换成一个等效电源。一个电源可以用两种电路模型表示：一种是理想电压源和电阻串联的实际电压源模型；另一种是理想电流源和电阻并联的实际电流源模型。由两种等效电源模型得出戴维南定理和诺顿定理。

### 3.6.2　戴维南定理

戴维南定理是描述线性有源二端网络外部特性的一个基本定理,它特别适合于分析计算线性网络某一部分或某条支路的电流或电压。

**1. 戴维南定理的定义**

戴维南定理的内容是:含有独立电源的线性二端网络,就其对外作用来讲,可用一个实际的电压源模型来代替,该电压源的电压等于网络的开路电压,其串联内阻等于网络内部独立电源全部取零之后该网络的等效电阻。

**2. 戴维南定理的证明**

下面是戴维南定理的一般证明。

在图 3.29(a)所示电路中,线性有源二端网络 A 通过端子 a、b 与负载相连,设端口处的电压、电流分别为 $U$、$I$。将负载用一个电流为 $I$ 的电流源代替,如图 3.29(b)所示,网络端口的电压、电流仍分别为 $U$、$I$。

图 3.29(c)所示电路是有源二端网络 A 内部的独立电源单独作用,外部电流源不作用的情况,这时有源二端网络处于开路状态。令有源二端网络开路电压为 $U_{oc}$,于是有

$$I' = 0, \quad U' = U_{oc}$$

图 3.29(d)所示电路是外部电流源单独作用,有源二端网络 A 内部的独立电源不作用的情况。即有源二端网络变成了一个无源二端网络 P,对外部来说,它可以用一个等效电阻 $R_{eq}$来代替,这时有

$$I'' = I \cdot \quad U'' = -R_{eq}I'' = -R_{eq}I$$

将图 3.29(c)和图 3.29(d)叠加得

$$\begin{cases} I = I' + I'' = I'' \\ U = U' + U'' = U_{oc} - R_{eq}I \end{cases} \tag{3.16}$$

由式(3.16)得出的等效电路正好是一个实际电压源模型,如图 3.29(e)所示。

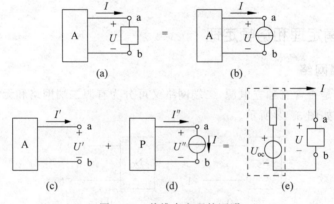

图 3.29　戴维南定理的证明

从以上的论证可知,图 3.29(a)和图 3.29(e)对外部电路来说是等效的。

**3. 戴维南定理等效内阻的计算方法**

戴维南定理在应用时,对负载并无特殊要求,它可以是线性的,也可以是非线性的;可以是有源的,也可以是无源的;可以是一个元件,也可以是一个网络。在选定某一部分有源二端网络为内部电路时,可以用任何一种求解线性网络的方法求得其开路电压。等效内阻的计算

方法有以下三种。

(1) 设网络内所有电源为零,用电阻串联、并联、混联、星形变换、三角形变换的方法化简,求得等效电阻。

(2) 把网络内所有的电源取零值,在端口处施以电压 $U$,计算或测量输入端口的电流 $I$,用 $R_{eq}=U/I$ 求得等效电阻。

(3) 若电路允许,可以用实验的方法测得其开路电压和短路电流,然后用 $R_{eq}=U/I$ 计算等效电阻。

给定一个线性有源二端网络,接在它两端的负载电阻不同,从网络传输给负载的功率也不同。当外接电阻等于二端网络的戴维南等效内阻时,外接电阻获得的功率最大,这时称为负载和电源的匹配。

**【例3.16】** 用戴维南定理求解图 3.30(a)所示电路中 $R$ 上的电流 $I$。

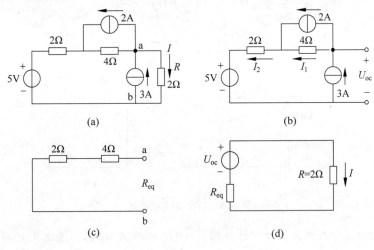

图 3.30 例 3.16 电路图

**解**:将待求支路作为外电路,其余电路作为有源二端网络(内电路),在图 3.30(b)中求开路电压 $U_{oc}$。

$$I_1 = 3 - 2 = 1(A)$$
$$I_2 = 3A$$
$$U_{oc} = 1 \times 4 + 3 \times 2 + 6 = 16(V)$$

当把内电路的独立电源取零时,得到相应的无源二端网络,如图 3.30(c)所示,其等效电阻为

$$R_{eq} = 6\Omega$$

画出戴维南等效电路如图 3.30(d)所示,最后求得

$$I = \frac{U_{oc}}{R_{eq}+R} = \frac{16}{6+2} = 2(A)$$

**4. 应用戴维南定理求解电路的步骤**

应用戴维南定理求解电路的步骤归纳如下。

(1) 将待求支路从原电路中移开,求余下的有源二端网络 $N_S$ 的开路电压 $U_{oc}$。

(2) 将有源二端网络 $N_S$ 变换为无源二端网络 $N_O$,即将理想电压源短路、理想电流源开路,内阻保留,求出该无源二端网络 $N_O$ 的等效电阻 $R_{eq}$。

（3）将待求支路接入理想电压源 $U_{oc}$ 与电阻 $R_{eq}$ 串联的等效电压源，再求解所需的电流或电压。

**5. 应用戴维南定理的注意事项**

应用戴维南定理时还要注意以下几点。

（1）戴维南定理只适用于线性电路的等效，不适用于非线性电路的等效，但对负载不作限制。

（2）在一般情况下，应用戴维南定理分析电路，要画出三个电路，即求 $U_{oc}$ 电路、$R_{eq}$ 电路和戴维南等效电路，并注意电路变量的标注。

【**例 3.17**】　求解图 3.31(a)所示单口网络的戴维南等效电路。

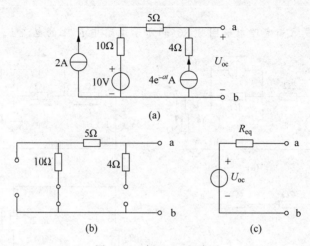

图 3.31　例 3.17 电路图

**解**：在图 3.31(a)上标出单口网络开路电压 $U_{oc}$ 的参考方向，用叠加定理求得 $U_{oc}$ 为

$$U_{oc} = 10 \times 2 + 10 + 15 \times 4e^{-at}$$

$$= (30 + 60e^{-at})(\text{V})$$

将单口网络内的 2A 电流源和 $4e^{-at}$ A 电流源分别用开路代替，10V 电压源用短路代替，得到图 3.31(b)所示电路，由此求得戴维南等效电阻为

$$R_{eq} = 10 + 5 = 15(\Omega)$$

根据所设 $U_{oc}$ 的参考方向，得到图 3.31(c)所示戴维南等效电路，其 $U_{oc}$ 和 $R_{eq}$ 的值如上两式所示。

【**例 3.18**】　在图 3.32(a)所示电路中，当 $R$ 分别为 $1\Omega$、$3\Omega$、$5\Omega$ 时，求解相应 $R$ 支路上的电流。

**解**：求电阻 $R$ 以左单口网络的戴维南等效电路，由图 3.32(b)经电源的等效变换可知，开路电压为

$$U_{o1} = \left(\frac{12}{2} + \frac{8}{2} + 4\right) \times \frac{2 \times 2}{2 + 2} + 6 = 20(\text{V})$$

注意到图 3.32(b)中，因为电路端口开路，所以端口电流为零。由于此电路中无受控源，去掉电源后电阻串、并联简化求得

$$R_{eq} = \frac{2 \times 2}{2 + 2} = 1(\Omega)$$

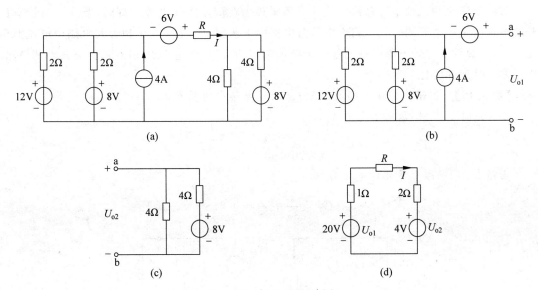

图 3.32 例 3.18 电路图

图 3.32(c)是电阻 $R$ 以右的单口网络,由此电路可求得开路电压为

$$U_{o2} = \frac{4}{4+4} \times 8 = 4(\text{V})$$

$$R_{eq} = 2\Omega$$

再将上述戴维南等效电路与电阻 $R$ 相接得图 3.32(d)所示电路,由此可求得

$R = 1\Omega$ 时 $\qquad I = \dfrac{20-4}{1+1+2} = 4(\text{A})$

$R = 3\Omega$ 时 $\qquad I = \dfrac{20-4}{1+2+3} \approx 2.67(\text{A})$

$R = 5\Omega$ 时 $\qquad I = \dfrac{20-4}{1+2+5} = 2(\text{A})$

### 3.6.3 诺顿定理

诺顿定理指出,对于任一含独立源、线性电阻及受控源的二端线性网络(图 3.33),对其外部而言,总可以用一个电流源和一个电阻的并联组合等效替换,这个电流源的电流等于该网络的短路电流,而电阻等于该网络内所有独立源不作用时网络的等效电阻,如图 3.34 所示,这个电流源与电阻的并联组合称为诺顿等效电路。

根据两种实际电源模型的等效变换,可以方便地证明诺顿定理。

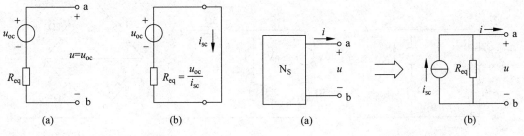

图 3.33 开路短路法求 $R_{eq}$

图 3.34 诺顿等效电路

戴维南定理和诺顿定理总称为等效电源定理。在应用等效电源定理时,要注意所计算的开路电压与短路电流的方向与戴维南等效电路中电压源电压 $U_{oc}$ 及诺顿等效电路中电流源电流 $i_{sc}$ 的一致性。等效电源定理的基础是叠加定理,所以只适用于线性网络,但对其外部电路,则不限线性或非线性。

**【例 3.19】** 用诺顿定理求解图 3.35(a)所示电路中的电流 $I$。

**解:** 由图 3.35(b)求短路电流 $I_{sc}$ 为

$$I_{sc} = \frac{14}{20} + \frac{9}{5} = 2.5(A)$$

由图 3.35(c)求得等效内电导为

$$G_o = \frac{1}{20} + \frac{1}{5} = 0.25S$$

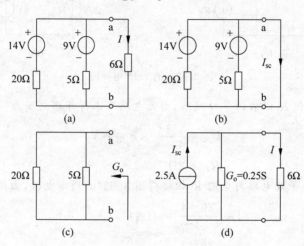

图 3.35 例 3.19 电路图

画出 ab 以左电路的诺顿等效电路并连接 6Ω 电阻得图 3.35(d)所示电路,由分流公式可得

$$I = 2.5 \times \frac{\frac{1}{0.25}}{\frac{1}{0.25} + 6} = 2.5 \times \frac{4}{4+6} = 1(A)$$

## 思考与练习

3.6.1 试求图 3.36 所示电路的戴维南等效电路和诺顿等效电路。

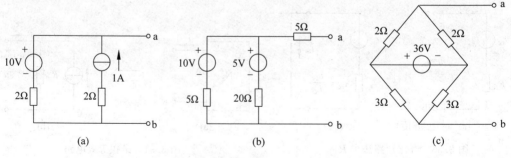

图 3.36 思考与练习 3.6.1 电路图

3.6.2 一个有源二端网络的开路电压为 $10\,\mathrm{V}$,短路电流为 $2\,\mathrm{A}$,试画出戴维南和诺顿等效电路。

## 3.7 最大功率传输定理

本节介绍戴维南定理的一个重要应用。在测量、电子和信息工程的电子设备设计中,常常遇到电阻负载如何从电路获得最大功率的问题。这类问题可以抽象为图 3.37 所示的电路模型来分析。

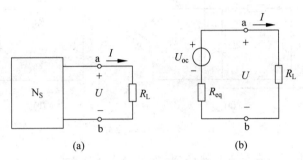

图 3.37 最大功率传输定理图解说明

图 3.37(a)所示电路表示线性有源二端网络 $\mathrm{N_S}$ 向负载 $R_\mathrm{L}$ 传输功率,设 $\mathrm{N_S}$ 可以用戴维南等效电路替代,如图 3.37(b)所示。

图 3.37(b)所示电路中,流经负载 $R_\mathrm{L}$ 的电流为

$$I = \frac{U_\mathrm{oc}}{R_\mathrm{eq} + R_\mathrm{L}}$$

负载所获得的功率为

$$P = I^2 R_\mathrm{L} = \left(\frac{U_\mathrm{oc}}{R_\mathrm{eq} + R_\mathrm{L}}\right)^2 R_\mathrm{L} = f(R_\mathrm{L})$$

由此可见,负载得到的功率是关于可变负载 $R_\mathrm{L}$ 的非线性函数。要使 $P$ 最大,应使 $\dfrac{\mathrm{d}P}{\mathrm{d}R_\mathrm{L}} = 0$,由此得出 $P$ 为最大值时 $R_\mathrm{L}$ 的数值为

$$\frac{\mathrm{d}P}{\mathrm{d}R_\mathrm{L}} = U_\mathrm{oc}^2 \left[\frac{(R_\mathrm{eq} + R_\mathrm{L})^2 - 2(R_\mathrm{eq} + R_\mathrm{L})R_\mathrm{L}}{(R_\mathrm{eq} + R_\mathrm{L})^4}\right] = \frac{U_\mathrm{oc}^2 (R_\mathrm{eq}^2 - R_\mathrm{L}^2)}{(R_\mathrm{eq} + R_\mathrm{L})^4} = 0$$

因此

$$R_\mathrm{eq} = R_\mathrm{L} \tag{3.17}$$

所以,式(3.17)即为负载 $R_\mathrm{L}$ 从有源二端网络中获得最大功率的条件。

此时,负载获得的最大功率为

$$P_\mathrm{max} = \frac{U_\mathrm{oc}^2 R_\mathrm{eq}}{(2R_\mathrm{eq})^2} = \frac{U_\mathrm{oc}^2}{4R_\mathrm{eq}} \tag{3.18}$$

归纳以上结果可得结论:线性有源二端网络 $\mathrm{N_S}$ 向负载 $R_\mathrm{L}$ 传输功率时,当 $R_\mathrm{eq} = R_\mathrm{L}$ 时,负载 $R_\mathrm{L}$ 才能获得最大功率,其最大功率为 $P_\mathrm{max} = \dfrac{U_\mathrm{oc}^2}{4R_\mathrm{eq}}$,这就是最大功率传输定理。电路的这种工作状态称为负载与有源二端网络的"匹配"。

"匹配"时电路传输的效率为

$$\eta = \frac{I^2 R_\mathrm{L}}{I^2 (R_\mathrm{eq} + R_\mathrm{L})} = \frac{R_\mathrm{L}}{2R_\mathrm{L}} = 50\%$$

可以看出,在负载获得最大功率时,传输效率却很低,有一半的功率消耗在电源内部,这种情况在电力系统中是不允许的,电力系统要求高效率地传输电功率,因此应使 $R_L$ 远大于 $R_{eq}$。而在无线电技术和通信系统中,传输的功率较小,效率属次要问题,通常要求负载工作在匹配条件下,以获得最大功率。

【例3.20】 电路如图3.38(a)所示,试求:(1)$R_L$ 为何值时获得最大功率? (2)$R_L$ 获得的最大功率;(3)10V 电压源的功率传输效率。

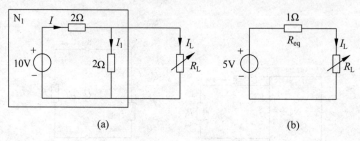

图3.38 例3.20电路图

**解**:(1)断开负载 $R_L$,求得单口网络 $N_1$ 的戴维南等效电路参数为

$$U_{oc} = \frac{2}{2+2} \times 10 = 5(V)$$

$$R_{eq} = \frac{2 \times 2}{2+2} = 1(\Omega)$$

如图3.38(b)所示,由此可知,当 $R_L = R_{eq} = 1\Omega$ 时可获得最大功率。

(2)由式(3.18)求得 $R_L$ 获得的最大功率为

$$P_{max} = \frac{U_{oc}^2}{4R_{eq}} = \frac{25}{4 \times 1} = 6.25(W)$$

(3)先计算10V电压源发出功率。当 $R_L = 1\Omega$ 时,有

$$I_L = \frac{U_{oc}}{R_{eq} + R_L} = \frac{5}{2} = 2.5(A)$$

$$U_L = R_L I_L = 1 \times 2.5 = 2.5(V)$$

$$I = I_1 + I_L = \frac{2.5}{2} + 2.5 = 3.75(A)$$

$$P = 10 \times 3.75 = 37.5(W)$$

10V电压源发出37.5W功率,电阻 $R_L$ 吸收功率6.25W,其功率传输效率为

$$\eta = \frac{6.25}{37.5} \approx 16.7\%$$

## 思考与练习

3.7.1 当负载 $R_L$ 固定不变,问单口网络的输出电阻 $R_{eq}$ 为何值时,$R_L$ 可获得最大功率?

3.7.2 试求解图3.39所示单口网络输出最大功率的条件。

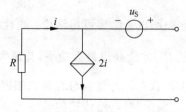

图3.39 思考与练习3.7.2电路图

## 本章小结

1. 支路电流法是基尔霍夫定律的直接应用,其基本步骤是:首先选定电流的参考方向,以 $b$ 个支路电流为未知数,列 $n-1$ 个节点电流方程和 $m$ 个网孔电压方程,联立 $b=n-1+m$ 个方程求得支路电流。

2. 节点电位法是在电路中选择参考节点,以 $n-1$ 个节点电位为未知数,列 $n-1$ 个节点电流方程联立求得,再由节点电位与支路电流关系,求得支路电流。

3. 叠加定理适用于有唯一解的任何线性电阻电路。它允许用分别计算每个独立电源产生的电压或电流,然后用相加的方法,求得含多个独立电源线性电阻电路的电压或电流。当独立电源不作用时,理想电压源短路,理想电流源开路,内阻要保留。

4. 替代定理是已知电路中某条支路或某个单口网络的端电压或电流时,可用量值相同的电压源或电流源来替代该支路或单口网络,而不影响电路其余部分的电压或电流,只要电路在用独立电源替代前或替代后均存在唯一解。

5. 戴维南定理是指外加电流源有唯一解的任何含源线性电阻单口网络,可以等效为一个电压为 $U_{oc}$ 的电压源和电阻 $R_{eq}$ 的串联。$R_{eq}$ 是单口网络内全部独立电源置零时的等效电阻,即网络内部独立电源不起作用时从端口上看进去的等效电阻。

6. 诺顿定理是指外加电压源有唯一解的任何含源线性电阻单口网络,可以等效为一个电流为 $i_{sc}$ 的电流源和电阻 $R_{eq}$ 的并联。$R_{eq}$ 是单口网络内全部独立电源置零时的等效电阻,即网络内部独立电源不起作用时从端口上看进去的等效电阻。

7. 只要用网络分析的任何方法,分别计算出 $U_{oc}$、$I_{sc}$ 和 $R_{eq}$,就能得到戴维南、诺顿等效电路。用戴维南、诺顿等效电路代替含源线性电阻单口网络,不会影响网络其余部分的电压和电流。

8. 最大功率传输定理是指输出电阻 $R_{eq}$ 大于零的任何含源线性电阻单口网络,向负载传输最大功率的条件是 $R_{eq}=R_L$,负载得到的最大功率是

$$P_{max} = \frac{U_{oc}^2}{4R_{eq}}$$

式中:$U_{oc}$ 是含源单口的开路电压;$R_{eq}$ 是网络内部独立电源不起作用时从端口看进去的等效电阻。

## 习题

3.1 试用支路电流法求解图 3.40 所示电路中各支路的电流。

3.2 试用支路电流法求解图 3.41 所示电路中各支路的电流。

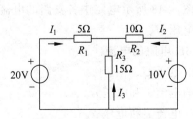

图 3.40 习题 3.1 电路图

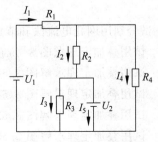

图 3.41 习题 3.2 电路图

3.3 试用网孔电流法求解图 3.42 所示电路中两电阻支路的电流 $I_1$ 和 $I_2$。

3.4 试用网孔电流法求解图 3.43 所示电路中各支路的电流。

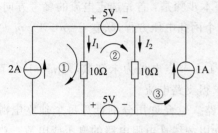
图 3.42 习题 3.3 电路图

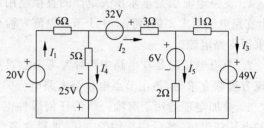
图 3.43 习题 3.4 电路图

3.5 试用网孔电流法求解图 3.44 所示电路中各支路的电流。

3.6 试用节点电位法求解图 3.45 所示电路中的电压 $U_{ab}$。

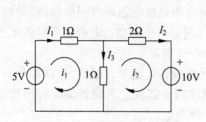
图 3.44 习题 3.5 电路图

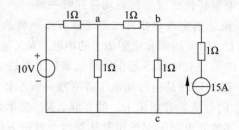
图 3.45 习题 3.6 电路图

3.7 试分别列出用支路电流法、网孔电流法、节点电位法求解图 3.46 所示电路的方程组。

3.8 试用节点电位法求解图 3.47 所示电路中各支路的电流。

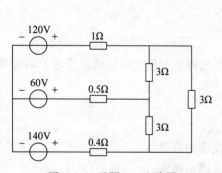
图 3.46 习题 3.7 电路图

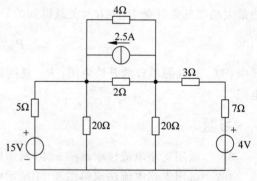
图 3.47 习题 3.8 电路图

3.9 试分别用网孔电流法和节点电位法求解图 3.48 所示电路中各支路的电流和电压。

3.10 试用叠加定理求图 3.49 所示电路中的电压 $U$。

3.11 试用叠加定理求解图 3.50 所示电路中 6Ω 电阻的电流。

3.12 试用叠加定理求解图 3.51 所示电路中的电压 $U$。

3.13 试用叠加定理求解图 3.52 所示电路中的电流 $i$ 和电压 $u$。

3.14 试用叠加定理求解图 3.53 所示电路中的电流 $i$ 和电压 $u$。

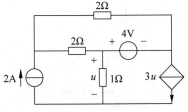

图 3.48 习题 3.9 电路图

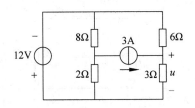

图 3.49 习题 3.10 电路图

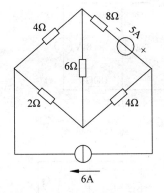

图 3.50 习题 3.11 电路图

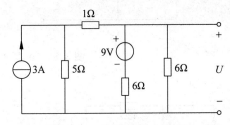

图 3.51 习题 3.12 电路图

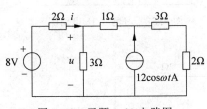

图 3.52 习题 3.13 电路图

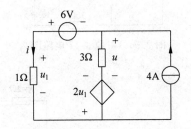

图 3.53 习题 3.14 电路图

3.15 电路如图 3.54 所示,已知 $R_1=R_2=R_3=R_5=R_6=1\Omega,R_4=3\Omega,U_S=10V,I_S=1A$,已知 $I_3=2.2A$,试计算其余各支路的电流。

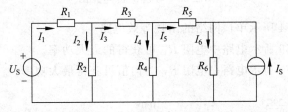

图 3.54 习题 3.15 电路图

3.16 求解图 3.55 所示单口网络的戴维南等效电路。

3.17 试用戴维南定理求解图 3.56 所示电路中的电压 $U$。

3.18 试用戴维南定理求解图 3.57 所示电路中的电流 $I$。

3.19 试用戴维南定理求解图 3.58 所示电路中的电流 $I$。若 $R=10\Omega$ 时,电流 $i$ 又为何值?

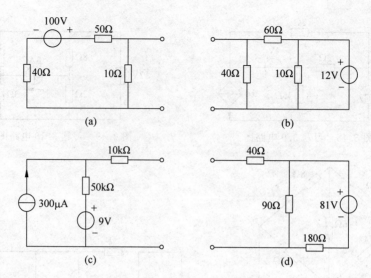

图 3.55 习题 3.16 电路图

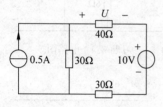

图 3.56 习题 3.17 电路图

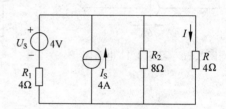

图 3.57 习题 3.18 电路图

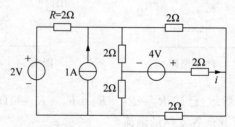

图 3.58 习题 3.19 电路图

3.20 求解图 3.54 所示单口网络的诺顿等效电路。

3.21 求解图 3.59 所示电路中电阻 $R_L$ 可获得的最大功率。

3.22 求解图 3.60 所示电路中电阻 $R_L$ 为何值可获得最大功率。

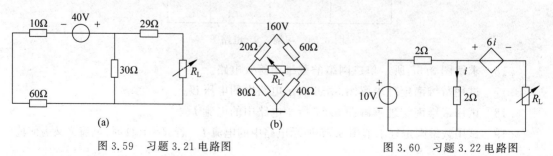

图 3.59 习题 3.21 电路图          图 3.60 习题 3.22 电路图

# 正弦交流电路

第 4 章微课

学习要求

本章介绍正弦交流电的基本概念,正弦量的三要素,用相量表示正弦量及相量形式的欧姆定律和基尔霍夫定律,电路的功率分配情况,重点介绍交流电路的分析方法,讨论由线性元件构成的复阻抗、复导纳电路在正弦交流电激励下的分析方法和特点。

(1)理解正弦量的三要素、正弦量的相位差、有效值、有功功率、无功功率和视在功率等基本概念。

(2)掌握正弦量的相量表示方法、基本定律及元件上伏安关系的相量形式,学会用相量法对交流电路进行分析和计算。

(3)熟练掌握复阻抗、复导纳电路的分析方法和特点,准确地画出电压、电流的相量图,并根据相量图求解出电路的物理量,了解交流电路中功率分配情况。

前 3 章介绍了在直流电源作用下对电路的分析方法,比起直流电能,由于交流(正弦交流电)电能较容易生产,且便于大容量传送等优点,使其无论在工业、农业、交通等领域还是在人们的日常生活中都得以更广泛地应用。本章将给大家介绍正弦交流电及在正弦交流电作用下对电路的分析方法等有关知识。

## 4.1 正弦交流电(正弦量)的基本概念

交流电是指大小和方向都随时间变化而变化的电流、电压的统称。

大小和方向随时间变化而按正弦规律做周期性变化的电流(电压)称为正弦交流电流(正弦交流电压)。正弦交流电流和正弦交流电压统称为正弦量。

### 4.1.1 正弦量的周期、频率、瞬时值和最大值

**1. 周期**

按正弦规律变化的交流电具有周期性,循环每一次变化所需的时间称为正弦交流电的周期,用 $T$ 表示,单位为秒,符号为 s,且 $1s=10^3 ms=10^6 \mu s$。在图 4.1 中,$T=20ms$。

**2. 频率**

正弦交流电每秒钟完成的周期个数称为交流电的频率,用 $f$ 表示,单位为赫兹,符号为 Hz,且

$$1\,\mathrm{Hz}=10^{-3}\,\mathrm{kHz}=10^{-6}\,\mathrm{MHz}$$

$f$ 与 $T$ 的关系如下：

$$f=\frac{1}{T}\quad\text{或}\quad T=\frac{1}{f}$$

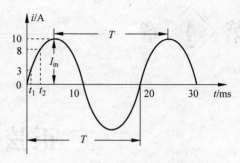

图 4.1　正弦交流电流的周期、瞬时值及最大值

例如，我国电力工业的标准频率为 50Hz（工频），其周期为 0.02s，人耳能听到的音频信号频率为 20Hz～20kHz，手机通信的频率高达几百兆以上。

**3. 瞬时值**

正弦量在变化过程中某一时刻对应的电流或电压值，用小写字母 $i$ 或 $u$ 表示。如图 4.1 所示，当 $t$ 取不同时刻，如 $t_1=2\mathrm{ms}$ 和 $t_2=4\mathrm{ms}$ 时，对应不同的瞬时电流值分别为 $i_1=3\mathrm{A}$ 和 $i_2=8\mathrm{A}$。

**4. 最大值（振幅）**

正弦量在一周期内出现的最大瞬时值（绝对值），最大电流值记为 $I_\mathrm{m}$，最大电压值记为 $U_\mathrm{m}$，在图 4.1 中，$I_\mathrm{m}=10\mathrm{A}$。

### 4.1.2　正弦量的三要素

在交流电路中，由于正弦量的大小和方向是随时间变化而变化的物理量，因此一个正弦量必须要从大小、方向、随时间变化的规律、变化的快慢及变化的起点几方面来描述。正弦量的一般表达式如下：

正弦电流　　　　　　　　　　$i(t)=I_\mathrm{m}\sin(\omega t+\varphi_\mathrm{i})$　　　　　　　　　　（4.1）

正弦电压　　　　　　　　　　$u(t)=U_\mathrm{m}\sin(\omega t+\varphi_\mathrm{u})$　　　　　　　　　　（4.2）

由此可见，确定一个正弦量必须具备三个要素，即最大值（振幅）$I_\mathrm{m}$ 或 $U_\mathrm{m}$、角频率 $\omega$ 和初相 $\varphi$。如果这三个要素确定以后，一个正弦量便完全可以确定下来了。我们把最大值、角频率、初相称为正弦量的三要素。为了书写方便，有时将式（4.1）、式（4.2）中的 $i(t)$、$u(t)$ 写成 $i$、$u$。

（1）最大值：正弦量瞬时峰值，用来描述正弦量大小的物理量。

（2）角频率 $\omega$（角速度）：描述正弦量变化快慢的物理量，其定义为在单位时间内正弦量所经历的电角度（不是机械角度）。即

$$\omega=\frac{\alpha}{t}\tag{4.3}$$

角频率的单位为弧度/秒，符号为 rad/s。

在一个周期 $T$ 内，正弦量经历的电角度为 $2\pi$，角频率为

$$\omega=\frac{2\pi}{T}=2\pi f\tag{4.4}$$

由式（4.4）可知，电流正弦量和电压正弦量的表达式可写为

正弦电流　　　　　　　　　　$i=I_\mathrm{m}\sin(2\pi ft+\varphi_\mathrm{i})$　　　　　　　　　　（4.5）

正弦电压　　　　　　　　　　$u=U_\mathrm{m}\sin(2\pi ft+\varphi_\mathrm{u})$　　　　　　　　　　（4.6）

（3）相位与初相：式（4.1）、式（4.2）中，$\omega t+\varphi$ 是正弦量任一时刻 $t$ 的电角度，正弦量的瞬时值大小、方向及变化的趋势均与之有关，将这一物理量称为正弦量的相位。在起始时刻，即 $t=0$ 时的相位为正弦量的初相 $\varphi$，由 $\varphi$ 来确定正弦量的起始位置。若 $\varphi=0$，则说明

正弦量的起点正好从 $t=0$ 时刻开始；若 $\varphi<0$，则说明正弦量的起点比 $t=0$ 提前,起点在轴（以时间 $t=0$ 为界）左边；若 $\varphi>0$，则说明正弦量的起点比 $t=0$ 滞后,此时,起点在轴的右边。因为正弦量具有周期性,为了不引起混乱,我们规定 $\varphi$ 的取值范围为 $-\pi\leqslant\varphi\leqslant\pi$。

图 4.2(a)、图 4.2(b)、图 4.2(c)分别是 $\varphi=0$, $\varphi=\dfrac{\pi}{6}$, $\varphi=-\dfrac{\pi}{6}$ 时电压的波形图。

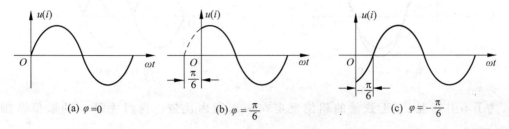

(a) $\varphi=0$     (b) $\varphi=\dfrac{\pi}{6}$     (c) $\varphi=-\dfrac{\pi}{6}$

图 4.2 三种不同初相位时的正弦电压波形图

【**例 4.1**】 已知 $u(t)=250\sin(314t+90°)$(V),试确定该正弦电压的三要素,求出其频率、周期及当 $t=1/600$s 时瞬时值为多少？画出波形图。

**解:** 由正弦量一般表达式 $u(t)=U_m\sin(\omega t+\varphi_u)$ 可知,正弦量的最大值 $U_m=250$V,由 $\omega t=2\pi ft=314t=100\times\pi t$ 得出：角频率 $\omega=100\pi$rad/s,初相 $\varphi=90°$,频率 $f=50$Hz,周期 $T=\dfrac{1}{f}=0.02$s。

当 $t=1/600$s 时,有

$$u(1/600)=250\sin(100\pi\times1/600+\pi/2)$$
$$=250\sin\frac{2\pi}{3}=125\sqrt{3}\,(\text{V})$$

波形如图 4.3 所示。

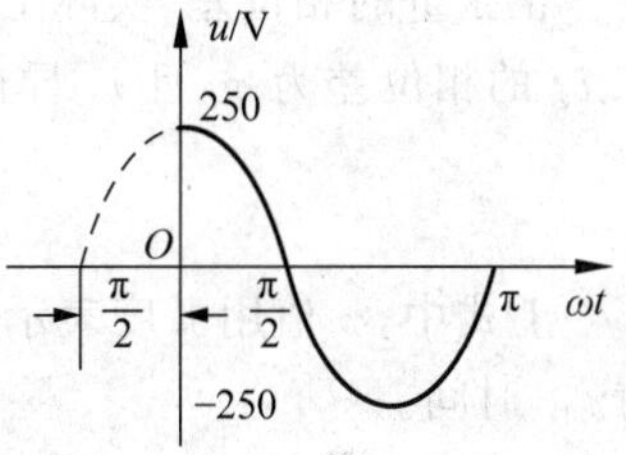

图 4.3 例 4.1 图

(4) 相位差：设有两个同频率的正弦量为

$$i=I_m\sin(\omega t+\varphi_i),\quad u=U_m\sin(\omega t+\varphi_u)$$

则它们的相位之差 $\varphi=(\omega t+\varphi_i)-(\omega t+\varphi_u)=\varphi_i-\varphi_u$,称为两正弦量的相位差。

虽然正弦量的相位是随时间变化的,但同频率正弦量的相位差 $\varphi=\varphi_i-\varphi_u$ 是不变的,它只与两正弦量的初相有关。

① 若 $\varphi=\varphi_i-\varphi_u>0$,则 $\varphi_i>\varphi_u$,说明相位上电流导前电压(或电压滞后电流),如图 4.4 所示。

② 若 $\varphi=\varphi_i-\varphi_u<0$,则 $\varphi_i<\varphi_u$,说明相位上电流滞后电压(或电压导前电流),如图 4.5 所示。

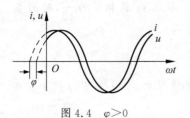

图 4.4 $\varphi>0$

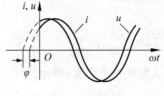

图 4.5 $\varphi<0$

③ 若 $\varphi=\varphi_i-\varphi_u=0$，则 $\varphi_i=\varphi_u$，电流与电压同相，此时两正弦量同时达零值或峰值，如图 4.6 所示。

④ 若 $\varphi=\varphi_i-\varphi_u=\pi$ 时，两正弦量为反相，如图 4.7 所示。

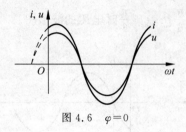

图 4.6 $\varphi=0$

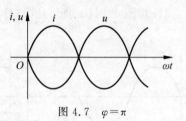

图 4.7 $\varphi=\pi$

为了不引起混乱，正弦量的相位规定在一周期内比较。我们规定 $\varphi$ 的取值范围为 $-\pi\leqslant\varphi\leqslant\pi$。

在正弦交流电路中，正弦量作用(激励)下，在同一电路中产生的电流、电压的频率是相同的，因此我们只需考虑它们之间的相位差，并不在意其初相。利用正弦量之间的相位差，较方便地求出各正弦量的初相。方法是选定一个正弦量为参考量，并令其初相为零，其他正弦量的初相根据它们与参考量之间的相位差推出，但要注意，同一电路中只能选一个正弦量作为参考量，否则将造成混乱。

正弦量的相位差，实际上也是它们到达峰值或过零值的时间差，可根据式(4.4)求出。设 $i_1$、$i_2$ 的相位差为 $\varphi$，且 $i_1$ 导前 $i_2$，频率为 $f$，周期为 $T$，则它们的时间差为

$$t_{12}=\frac{\varphi}{\omega}=\frac{\varphi}{2\pi f}=\frac{\varphi T}{2\pi}\tag{4.7}$$

上式中，$\varphi$ 值用弧度表示，且在 $-\pi\leqslant\varphi\leqslant\pi$ 范围内。$t_{12}$ 表示 $i_1$ 达最大值、过零值比 $i_2$ 提前 $t_{12}$ 时间。

【例 4.2】 已知 $u=U_m\sin\left(100\pi t+\frac{\pi}{6}\right)$，$i_1=I_{m1}\sin\left(100\pi t-\frac{\pi}{4}\right)$，$i_2=I_{m2}\sin\left(100\pi t+\frac{\pi}{3}\right)$，试求：(1)它们之间的相位差及时间差。(2)若以电压为参考量，重写它们的表达式。

**解**：(1) $u$ 与 $i_1$ 相位差 $\varphi_{u1}=\frac{\pi}{6}-\left(-\frac{\pi}{4}\right)=\frac{5\pi}{12}>0$，即 $u$ 导前 $i_1$ 的相位为 $\frac{5\pi}{12}$，时间差 $t_{u1}=\frac{\varphi}{2\pi f}=\frac{5\pi}{12}\times\frac{1}{100\pi}=\frac{1}{240}$(s)。

$u$ 与 $i_2$ 相位差 $\varphi_{u2}=\frac{\pi}{6}-\frac{\pi}{3}=-\frac{\pi}{6}<0$，即 $u$ 滞后 $i_2$ 的相位为 $\frac{\pi}{6}$，时间差 $t_{u2}=\frac{\varphi}{2\pi f}=\frac{\pi}{6}\times\frac{1}{100\pi}=\frac{1}{600}$(s)。

$i_1$ 与 $i_2$ 相位差 $\varphi_{12}=-\frac{\pi}{4}-\frac{\pi}{3}=-\frac{7\pi}{12}<0$，即 $i_1$ 滞后 $i_2$ 的相位为 $\frac{7\pi}{12}$，时间差 $t_{u2}=\frac{\varphi}{2\pi f}=\frac{7\pi}{12}\times\frac{1}{100\pi}=\frac{7}{1200}$(s)。

(2) 若以电压为参考量，设 $\varphi_u=0$，$i_1$ 与 $i_2$ 的初相为 $\varphi_1$、$\varphi_2$，因为 $\varphi_{u1}=\varphi_u-\varphi_1=\frac{5\pi}{12}$，所以 $\varphi_1=-\frac{5\pi}{12}$，同理可求得 $\varphi_2=\frac{\pi}{6}$。

将 $\varphi_u$、$\varphi_1$、$\varphi_2$ 代入已知的表达式得

$$u = U_m \sin(100\pi t + 0)$$

$$i_1 = I_{m1}\sin\left(100\pi t - \frac{5\pi}{12}\right)$$

$$i_2 = I_{m2}\sin\left(100\pi t + \frac{\pi}{6}\right)$$

本章讨论的都是同频率正弦量之间的相位差,对于频率不同的正弦量,因其相位差是随时间变化的变量,而不是一个常数,在此不做介绍。

### 4.1.3　正弦量的有效值

#### 1. 有效值的定义

前面介绍中我们可以看出,正弦量的大小可用瞬时值和最大值来描述,但这两个值在工程上很难计量,而且也不能实际反映正弦量对电路作用的能量转换效果,因此我们引入一个新的物理量,即正弦量的有效值,用大写字母 $I$(电流有效值)、$U$(电压有效值)表示。

若正弦电流 $i$ 通过电阻 $R$ 在一周期内所产生的热量 $Q_交$ 和直流电流 $I$ 通过同一电阻 $R$ 在同等的时间内所产生的热量 $Q_直$ 相等,则这个直流电流 $I$ 称为交流电的有效值。

我们以正弦量的一个周期 $T$ 为时间段,$I$ 经过 $R$ 时产生的热量 $Q_直 = I^2RT$。

$i$ 经过 $R$ 时,在 $dt$ 内产生的热量 $dq = i^2 R dt$,在 $T$ 内产生的热量为

$$Q_交 = \int_0^T i^2 R\, dt$$

由于产生的热量相等,即 $Q_直 = Q_交$,有

$$I^2RT = \int_0^T i^2 R\, dt$$

$$I = \sqrt{\frac{1}{T}\int_0^T i^2\, dt} \tag{4.8}$$

$I$ 即为正弦量电流的有效值,仅取正值。同理,我们也可以求出正弦电压的有效值为

$$U = \sqrt{\frac{1}{T}\int_0^T u^2\, dt}$$

#### 2. 正弦量的有效值

将正弦电流 $i = I_m \sin\omega t$ 代入式(4.8),则

$$I = \sqrt{\frac{1}{T}\int_0^T I_m^2 \sin^2\omega t\, dt} = \sqrt{\frac{I_m^2}{2T}(T-0)} = \frac{I_m}{\sqrt{2}} = 0.707 I_m \tag{4.9}$$

同理可得正弦电压的有效值为

$$U = \frac{U_m}{\sqrt{2}} = 0.707 U_m \tag{4.10}$$

由此可见,正弦量的有效值为其最大值的 $\frac{1}{\sqrt{2}}$ 倍。有效值可替代最大值作为正弦量的一个要素,即将式(4.9)、式(4.10)代入式(4.1)、式(4.2)可得到正弦量另一形式表达式:

$$i = \sqrt{2}\, I \sin(\omega t + \varphi_i) \tag{4.11}$$

$$u = \sqrt{2}\, U \sin(\omega t + \varphi_u) \tag{4.12}$$

引入正弦量有效值后,在工程上常用的交流电流表、电压表均用有效值来计量,电器的额

定值、铭牌值也用有效值来标注。例如,我们常用的 220V 交流电压指的就是有效值。

## 思考与练习

4.1.1　什么是正弦量的三要素?最大值与有效值有何不同?写出它们的关系。

4.1.2　正弦电流 $i(t_1)=1A, i(t_2)=-2A$ 各代表什么意思?

4.1.3　已知 $u=14.14\sin(100t-60°)(V)$,则 $U_m=$ _____, $U=$ _____, $\omega=$ _____, $\varphi_u=$ _____, $f=$ _____, $T=$ _____。

4.1.4　已知一工频电流的最大值为 10A, $I(0)=5A$,确定该电流的表达式。

## 4.2　相量表示法

前面我们介绍了正弦量的两种表示方法,即用表达式和波形图都可以表示一个正弦量,但这两种方法对于正弦量的计算不方便。本节将介绍另一种表示正弦量的表示方法——相量表示法。介绍相量法之前,我们先复习一下中学的复数知识。

### 4.2.1　复数

**1. 复数的四种表示形式**

(1) 代数形式　　　　　　　$F=a+bj$ 　　　　　　　　　(4.13)

(2) 三角函数形式　　　　　$F=r\cos\theta+jr\sin\theta$ 　　　　(4.14)

(3) 指数形式　　　　　　　$F=re^{j\theta}$ 　　　　　　　　(4.15)

(4) 极坐标形式　　　　　　$F=r\underline{/\theta}$ 　　　　　　(4.16)

式中:$F$ 表示复数;$a$ 为复数的实部;$b$ 为复数的虚部;$r$ 为复数的模;$\theta$ 为幅角。

**2. 复数的四则运算**

(1) 复数的加减法

设两个复数分别为　　　　$F_1=a_1+b_1j, \quad F_2=a_2+b_2j$

则

$$F_1 \pm F_2=(a_1 \pm a_2)+j(b_1 \pm b_2) \tag{4.17}$$

(2) 复数的乘除法

将复数做乘法、除法时,要先将复数化成指数或极坐标形式再运算,即

$$F_1 \cdot F_2=r_1r_2e^{j(\theta_1+\theta_2)}=r_1r_2\underline{/\theta_1+\theta_2} \tag{4.18}$$

$$\frac{F_1}{F_2}=\frac{r_1}{r_2}e^{j(\theta_1-\theta_2)}=\frac{r_1}{r_2}\underline{/\theta_1-\theta_2} \tag{4.19}$$

### 4.2.2　正弦量的相量表示

**1. 正弦量的相量式子表示**

上面我们讨论了复数的有关知识,其目的是将复数与正弦量之间联系起来。

现在我们来考察这样一个复数:

$$F=|F|e^{j\theta}$$

其中 $\theta=\omega t+\varphi$,则

$$F=|F|e^{j(\omega t+\varphi)}=|F|\cos(\omega t+\varphi)+j|F|\sin(\omega t+\varphi)$$

显然该复数的虚部为

$$Im(F)=|F|\sin(\omega t+\varphi)$$

所以正弦量可以用上述形式的复数指数函数来描述,使正弦量与其虚部一一对应起来。如以正弦电流 $i = I_m \sin(\omega t + \varphi_i)$ 为例,有

$$i = \text{Im}[I_m e^{j(\omega t + \varphi_i)}] = \text{Im}[I_m e^{j\omega t} \cdot e^{j\varphi_i}] \qquad (4.20)$$

从上式可以看出:复指数函数中的 $e^{j\omega t}$ 是一个表示正弦量频率的因子(称为旋转因子),而 $I_m e^{j\varphi_i}$ 是以一个正弦量的幅值为模,以初相为辐角的一个复常数,这个复常数定义为正弦量的相量,记为 $\dot{I}_m$,即

$$\dot{I}_m = I_m e^{j\varphi_i} = I_m \underline{/\varphi_i} \qquad (4.21)$$

字母 $I_m$ 上的小圆点是用来表示相量,并与最大值区分,也与一般的复数区分。式(4.21)称为正弦电流的最大值相量。同理,$u = U_m \sin(\omega t + \varphi_u)$ 的最大值相量为

$$\dot{U}_m = U_m \underline{/\varphi_u} \qquad (4.22)$$

而正弦量的电流、电压有效值相量分别为

$$\dot{I} = I \underline{/\varphi_i} \qquad (4.23)$$

$$\dot{U} = U \underline{/\varphi_u} \qquad (4.24)$$

**2. 正弦量的相量图表示**

相量是一个复数,可以在复平面内用一矢量来表示,如图 4.8 所示,这种图称为相量图。因为图中的物理量为电流,图 4.8 中的图形称为电流相量图。规定矢量的模为相量对应于正弦量的幅值 $I_m$,矢量与实轴正向的夹角为对应正弦量的初相 $\varphi_i$,矢量以对应正弦量的角频率 $\omega$ 速度逆时针方向匀速旋转,则该矢量在虚轴上的投影即可以表示正弦电流 $i(t) = I_m \sin(\omega t + \varphi_i)$。

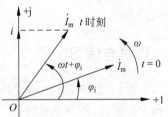

图 4.8 电流相量图

从相量表达式中我们注意到,用相量形式来表示正弦量时,只能反映其幅值和初相,并不能反映正弦量的频率。其实相量法只是为了方便计算正弦量而引入的计算工具,这是有实际意义的,因为在线性电路中,如果激励是正弦量,则电路中各支路的响应电流和电压都是正弦量。如果电路有多个激励且都是同一频率的正弦量,则根据线性叠加性质,电路中全部响应的电流和电压都是同一频率的正弦量。所以,我们对正弦量的计算就不必去关心其频率,只要知道正弦量的幅值和初相即可。于是可以将式(4.20)中用来表示正弦量频率的旋转因子 $e^{j\omega t}$ 省去,而在相量图中,相量则不必旋转。

在以后论述中,如果不特别说明,同一相量图上的正弦量视为同频率相量,且为有效值相量。在实际应用中,我们不必按照以上步骤去变换,直接根据正弦量的幅值和幅角便可写出相量表达式;反之,从相量表达式直接写出对应的正弦量时,则要知道正弦量的频率。

**【例 4.3】** 已知 $\dot{I} = 5 \underline{/\frac{\pi}{4}} \text{A}$,$\dot{U}_m = 380 \underline{/-120°} \text{V}$,如果两个正弦量的频率都为 $50 \text{Hz}$,分别写出它们的代数表达式。

**解:** 将已知条件分别代入正弦量的一般表达式,得

$$i = I_m \sin(\omega t + \varphi_i) = 5\sqrt{2} \sin(314t + 45°)(\text{A})$$

$$u = U_m \sin(\omega t + \varphi_u) = 380 \sin(314t - 120°)(\text{V})$$

### 4.2.3　正弦量的计算

为了方便计算,将正弦量用相量来表示,这样计算将变得简单。

【例4.4】　已知 $i_1 = 8\sqrt{2}\sin(\omega t + 30°)(\mathrm{A})$, $i_2 = 6\sqrt{2}\sin(\omega t - 60°)(\mathrm{A})$,求 $i_1 + i_2$。

解：由 $\dot{I}_1 = 8\underline{/30°}$, $\dot{I}_2 = 6\underline{/-60°}$,得

$$i = i_1 + i_2 = \dot{I}_1 + \dot{I}_2 = 8\underline{/30°} + 6\underline{/-60°} = (4\sqrt{3} + \mathrm{j}4) + (3 - \mathrm{j}3\sqrt{3}) = 10\underline{/-6.8°}(\mathrm{A})$$

所以
$$i = 10\sqrt{2}\sin(\omega t - 6.8°)(\mathrm{A})$$

用相量图表示如图4.9所示。

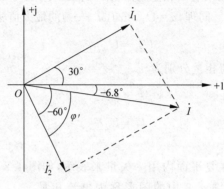

图4.9　例4.4图

## 思考与练习

4.2.1　已知 $i = 10\sin(314t + 75°)(\mathrm{A})$, $u = 220\sqrt{2}\sin(314t - 150°)(\mathrm{V})$,用相量形式表示这两个正弦量,画出相量图。

4.2.2　$\dot{I}_1 = 2\underline{/-\dfrac{\pi}{4}}\mathrm{A}$, $\dot{I}_2 = 2\underline{/\dfrac{\pi}{4}}\mathrm{A}$,分别写出它们的表达式,并求 $\dot{I} = \dot{I}_1 + \dot{I}_2$、$i$ 的表达式,画出相量图(设角频率为 $\omega$)。

### 4.3　电路定律的相量形式

#### 4.3.1　KCL、KVL的相量表示

正弦量激励的交流电路中的各支路电流和电压都是同频率的正弦量,所以可以用相量法将 KCL、KVL 转换为相量形式。

对电路中的任意一个节点,根据 KCL 有
$$\sum i = i_1 + i_2 + \cdots + i_n = 0$$

所以所有支路电流都是同频率的正弦量,其相量形式为
$$\sum \dot{I} = \dot{I}_1 + \dot{I}_2 + \cdots + \dot{I}_n = 0 \tag{4.25}$$

同理,对电路任一闭合回路,根据 KVL 有
$$\sum u = u_1 + u_2 + \cdots + u_n = 0$$

$$\sum \dot{U} = \dot{U}_1 + \dot{U}_2 + \cdots + \dot{U}_n = 0 \tag{4.26}$$

有了相量形式的 KCL、KVL,对我们今后分析和计算正弦交流电路是很有帮助的。

值得注意的是,对于各电压、电流的有效值 KVL、KCL 均不成立。

### 4.3.2  电阻、电感、电容元件伏安关系的相量形式

#### 1. 电阻元件

(1) 电阻的伏安关系

在图 4.10 中,在 $u$ 和 $i$ 为关联方向下,设流过 $R$ 的电流 $i_R = \sqrt{2} I_R \sin(\omega t + \varphi_i)$,$\dot{I}_R = I_R \underline{/\varphi_i}$,则在 $R$ 上产生的电压为

$$u_R = i_R R = \sqrt{2} R I_R \sin(\omega t + \varphi_i) = \sqrt{2} U_R \sin(\omega t + \varphi_u)$$

$$\dot{U}_R = U_R \underline{/\varphi_u} = I_R R \underline{/\varphi_i} = R\dot{I}_R \tag{4.27}$$

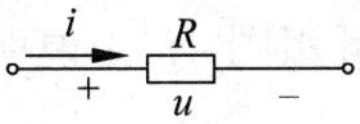

上式为相量形式的欧姆定律,由上式可知,在 $R$ 上 $u_R$ 与 $i_R$ 的关系如下。

图 4.10  $R$ 上的伏安关系

有效值关系为 $\qquad U_R = I_R R \quad$ 或 $\quad I_R = \dfrac{U_R}{R}$

相位关系为 $\qquad \varphi_u = \varphi_i$

(2) 电阻的波形图和相量图

$R$ 上 $i_R$ 与 $u_R$ 的波形图如图 4.11(a)所示,相量图如图 4.11(b)所示。

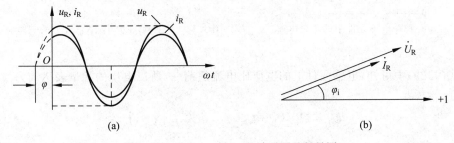

(a)            (b)

图 4.11  $R$ 上 $u_R$ 与 $i_R$ 的波形图及相量图

【例 4.5】 作出 $u_A = 220\sin\omega t$ (V)、$u_B = 220\sin(\omega t - 120°)$ (V) 和 $u_C = 220\sin(\omega t + 120°)$ (V)的相量图。

**解:** 由最大值和有效值的关系可知 3 个电压的有效值均为 220V,初相分别为 $\varphi_A = 0$、$\varphi_B = -120°$、$\varphi_C = 120°$。选 $U_A$ 为参考相量,$U_B$ 顺时针旋转 120°,$U_C$ 逆时针旋转 120°,作出如图 4.12 所示的相量图。

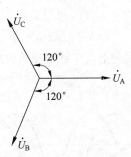

图 4.12  例 4.5 图

#### 2. 电感元件

(1) 电感的伏安关系

在图 4.13 中,在 $u_L$ 和 $i_L$ 关联方向下,设流过 $L$ 上的电流为

$$i_L = \sqrt{2} I_L \sin(\omega t + \varphi_i), \qquad \dot{I}_L = I_L \underline{/\varphi_i}$$

则在 $L$ 中产生的电压为

$$u_L = L \frac{\mathrm{d}i_L}{\mathrm{d}t} = \sqrt{2}\,\omega L \cdot I_L \sin\left(\omega t + \varphi_i + \frac{\pi}{2}\right) = \sqrt{2} U_L \sin(\omega t + \varphi_L)$$

由上式可知,在 $L$ 上 $u_L$ 与 $i_L$ 的关系如下。

有效值关系为
$$U_L = \omega L \cdot I_L = X_L I_L \tag{4.28}$$

相位关系为
$$\varphi_u = \varphi_i + \frac{\pi}{2} \tag{4.29}$$

（2）感抗

式(4.28)中，$X_L = \omega L = 2\pi f L$ 称为电感的阻抗，具有电阻量纲，单位为欧姆，用来描述电感元件对电流阻碍作用的一个物理量。当电压为定值时，$X_L$ 越大，电路中的电流越小。

感抗 $X_L = \omega L = 2\pi f L$ 与电源频率(或角频率)及电感成正比。电源的频率越高，电流变化也越快，电感内产生的自感电动势越大，对电流的阻碍也越大，所以感抗越大。反之，频率越低，感抗越小，对直流电而言，因为 $f = 0$，感抗为零，电感线圈可视为短路线。所以电感具有通直流，阻交流的特性。

（3）电感的波形图和相量图

在电压及电感量一定的条件下，电源频率、感抗及电流有效值的关系可用图 4.14 说明。

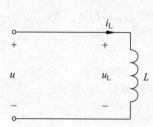

图 4.13　电感元件中的正弦电流

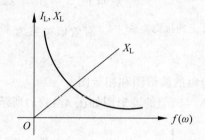

图 4.14　电感元件中 $I_L$、$X_L$ 与 $f$ 的关系

从式(4.29)中可知，电感元件上的电压比电流超前 $\frac{\pi}{2}$，所以电压的相量表达式为

$$\dot{U}_L = U_L \underline{/\varphi_u} = U_L \underline{/\varphi_i} \cdot \underline{/\frac{\pi}{2}} = jX_L \cdot \dot{I}_L \tag{4.30}$$

式(4.30)为 $L$ 上电压与电流的相量关系。它包含电感元件上电压与电流的有效值关系，$U_L = I_L X_L$，相位关系 $\dot{U}_L$ 超前 $\dot{I}_L$ 90°。

图 4.15(a)给出了 $\varphi_i = 0$ 时电感元件上电流与电压的波形图，图 4.15(b)、图 4.15(c)则分别为电流任意初相角时的量相模型图和相量图。

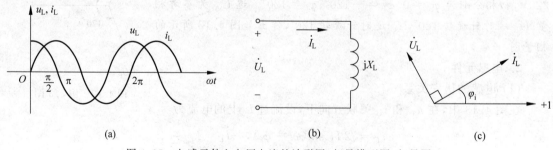

　　　　(a)　　　　　　　　　　　　　　(b)　　　　　　　　　(c)

图 4.15　电感元件上电压电流的波形图、相量模型图、相量图

## 3. 电容元件

（1）电容的伏安关系

图 4.16 中，$u_C$ 和 $i_C$ 为关联方向下，假设加在电容器 $C$ 上的电压为

$$u_C = \sqrt{2}U_C\sin(\omega t + \varphi_u), \quad \dot{U} = U\underline{/\varphi_u}$$

则在 $C$ 上电流为

$$i_C = C\frac{\mathrm{d}u_C}{\mathrm{d}t} = \sqrt{2}\omega C \cdot U_C\sin\left(\omega t + \varphi_u + \frac{\pi}{2}\right) = \sqrt{2}I_C\sin(\omega t + \varphi_i)$$

式中:

$$I_C = \omega C \cdot U_C = \frac{U_C}{\dfrac{1}{\omega C}} = \frac{U_C}{X_C} \tag{4.31}$$

$$\varphi_i = \varphi_u + \frac{\pi}{2} \tag{4.32}$$

电流的相量形式:

$$\dot{I}_C = I_C\underline{/\varphi_i} = \omega C \cdot U_C\underline{/\varphi_u} \cdot \underline{\left/\frac{\pi}{2}\right.} = \mathrm{j}\omega C \cdot \dot{U}_C \tag{4.33}$$

或

$$\dot{U}_C = -\mathrm{j}\frac{1}{\omega C}\dot{I}_C = -\mathrm{j}X_C\dot{I}_C$$

式(4.31)为电容器上电压与电流的有效值关系。

式(4.32)为电容器上电压与电流的相位关系。

式(4.33)为电容元件上电流与电压的相量关系式。

(2) 容抗

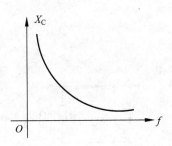

图 4.16  频率与容抗的关系

式(4.31)中,$X_C = \dfrac{1}{\omega C} = \dfrac{1}{2\pi f}$ 称为容抗,具有电阻的量纲,单位为欧姆,用来表示电容器在充放电过程中对电流的一种阻碍作用。在一定电压下,容抗越大,电路的电流越小。容抗的大小决定于电容器的容量和电源的频率,并和它们成反比关系。在 $C$ 为定值时,电源的频率 $f$ 升高,则容抗减小;反之,容抗增加。在直流电路中,$f = 0$,则 $X_C$ 趋于无穷大。所以电容器在直流电路中处于开路状态,电容具有隔直流、通交流的特性。图 4.16 给出了 $C$ 一定时,电源频率与容抗的关系。

(3) 电容的波形图和相量图

从式(4.32)可看出,电容器上电流超前电压 90°,图 4.17(a)给出了 $\varphi_u = 0$ 时,电容器上电流与电压的波形图,图 4.17(b)、图 4.17(c)则分别为电压任意初相角时的相量模型图和相量图。

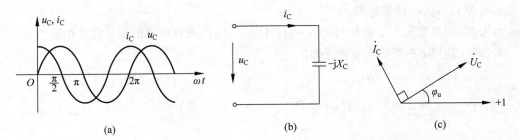

图 4.17  电容元件上电压与电流的波形图、相量模型图、相量图

【例 4.6】 在图 4.18 中,已知 $R=1\text{k}\Omega$,$u=220\sqrt{2}\sin\left(314t+\dfrac{\pi}{3}\right)$(V)。

(1) 求流过 $R$ 的电流 $i$、$I$、$\dot{I}$,并画出相量图。

(2) 将电阻改成 $L=318\text{mH}$,求 $i$、$I$、$\dot{I}$,并画出相量图。

**解**:(1) 因为电阻上电压与电流有效值的欧姆定律成立,而相位相同,频率相同,所以

$$I=\frac{U}{R}=\frac{220}{1}=0.22\text{(A)}, \quad \varphi_{\text{i}}=\varphi_{\text{u}}=\frac{\pi}{3}$$

$$i=0.22\sqrt{2}\sin\left(314t+\frac{\pi}{3}\right)\text{(A)}, \quad \dot{I}=0.22\underline{\Big|\frac{\pi}{3}}\text{A}$$

相量图如图 4.19 所示。

(2) 如将 $R$ 改成 $L=318\text{mH}$,根据已知的频率可求出其感抗及电流分别为

$$X_{\text{L}}=\omega L=314\times0.318\approx100\text{(}\Omega\text{)}$$

$$I=\frac{U}{X_{\text{L}}}=\frac{220}{100}=2.2\text{(A)}, \quad \varphi_{\text{i}}=\varphi_{\text{u}}-\frac{\pi}{2}=-\frac{\pi}{6}$$

$$\dot{I}=2.2\underline{\Big|-\frac{\pi}{6}}\text{A}, \quad i=2.2\sqrt{2}\sin\left(314t-\frac{\pi}{6}\right)\text{(A)}$$

相量图如图 4.20 所示。

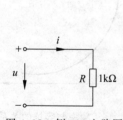

图 4.18 例 4.6 电路图

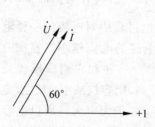

图 4.19 例 4.6 相量图(1)

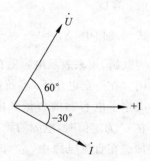

图 4.20 例 4.6 相量图(2)

## 思考与练习

4.3.1 将电压 $u=10\sqrt{2}\sin\left(1000t+\dfrac{\pi}{6}\right)$(V)分别加在 $R$、$L$、$C$ 元件上,画出在各元件上产生的电流 $i_{\text{R}}$、$i_{\text{L}}$、$i_{\text{C}}$ 的波形图。

4.3.2 如果题 4.3.1 中 $R=1\Omega$,$L=1\text{mH}$,$C=1\mu\text{F}$,求各电流的相量式及相量图。

4.3.3 判别下列表达式是否正确?

(1) $I=I_1+I_2$　　　　(2) $i=i_1+i_2$　　　　(3) $\dot{I}=\dot{I}_1+\dot{I}_2$　　　　(4) $I_{\text{m}}=I_{1\text{m}}+I_{2\text{m}}$

(5) $\dot{U}_{\text{m}}=U\underline{\big|\varphi_{\text{m}}}$　　　(6) $\dot{U}=U_{\text{m}}\underline{\big|\varphi_{\text{m}}}$　　　(7) $\dot{I}_{\text{m}}=\sqrt{2}I\underline{\big|\varphi_{\text{i}}}$　　　(8) $i=\sqrt{2}I_{\text{m}}\sin\omega t$

## 4.4　复阻抗和复导纳

### 4.4.1　电阻、电感、电容串联电路

**1. RL 串联电路**

（1）RL 串联电路中电压电流的相量关系

任何一个线圈，都存在一定的内电阻，当其内电阻不能忽略时，便可用一个电阻元件与一个理想的电感元件串联来等效，如图 4.21 所示。

当在电路两端加上正弦电压 $\dot{U} = U\underline{/\varphi_\mathrm{u}}$ 时，在电压、电流为关联方向下，设在电路中产生的电流为 $\dot{I} = I\underline{/\varphi_\mathrm{i}}$，则在电阻 $R$ 及电感 $L$ 上的电压分别为

$$\dot{U}_\mathrm{R} = R\dot{I} = RI\underline{/\varphi_\mathrm{i}} \quad \dot{U}_\mathrm{L} = \mathrm{j}\omega L\dot{I} = \mathrm{j}\omega L I\underline{/\varphi_\mathrm{i}}$$

因为电流电压均为同频率正弦量，根据 KVL 有

$$\dot{U} = \dot{U}_\mathrm{R} + \dot{U}_\mathrm{L} = (R + \mathrm{j}\omega L)\dot{I} = Z\dot{I} \tag{4.34}$$

式（4.34）为 RL 串联电路中，电压电流的相量关系。

（2）复阻抗

$Z = R + \mathrm{j}\omega L = R + \mathrm{j}X_\mathrm{L}$ 称为电路的复阻抗。复阻抗是在关联方向下，端电压相量与电流相量之比。要注意的是，复阻抗不是正弦量，因此只用大写字母 $Z$ 表示而不加黑点，单位为欧姆（Ω），$Z$ 的实部 $R$ 为电路的电阻，其虚部 $X_\mathrm{L}$ 为电感的感抗。复阻抗的极坐标形式为

$$Z = |Z|\underline{/\varphi} = \sqrt{R^2 + X_\mathrm{L}^2} \cdot \arctan\frac{X_\mathrm{L}}{R} \tag{4.35}$$

式中：$|Z|$ 是复阻抗的模，它反映了 RL 电路对正弦电流的限制能力，其值只与电路的元件参数和电源的频率有关，而与电流电压无关；$\varphi$ 为复阻抗的幅角，称为阻抗角。它表明了在关联方向下电路的端电压超前电流的相位角。

（3）电压三角形和阻抗三角形

如以电流 $\dot{I}$ 为参量（为了方便分析设 $\varphi_\mathrm{i} = 0$），将端电压、电阻及电感上的电压相量绘成如图 4.22 所示的三角形，称为电压三角形，其边长与电压的有效值成比例，如将各边长除以电流的有效值，得到一个和电压三角形相似的阻抗三角形，如图 4.23 所示，由于阻抗三角形的三条边不是表示正弦量，因此它们不是矢量。

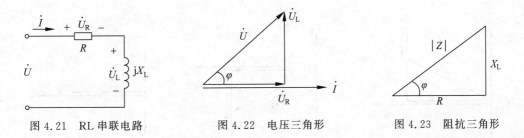

图 4.21　RL 串联电路　　　　图 4.22　电压三角形　　　　图 4.23　阻抗三角形

$\dot{U} = Z \cdot \dot{I} = |Z|\dot{I}\underline{/\varphi}$ 是 RL 电路相量形式的欧姆定律，它表明了端电压及总电流的有效值关系和相位关系。因为 $\varphi > 0$，所以端电压总是超前总电流 $\varphi$。

**2. RLC 串联电路**

在电子线路中，电感元件常与电容元件串联使用，此时可将它们用 RLC 串联电路来等效，

如图 4.24 所示。在端电压 $\dot{U}$ 的作用下,设电流和电压为关联方向时电路中的电流为 $\dot{I} = I \underline{/\varphi_i}$,
则在各元件上的电压分别是

$$\dot{U}_R = R\dot{I} = RI \underline{/\varphi_i}$$

$$\dot{U}_L = jX_L\dot{I} = j\omega LI \underline{/\varphi_i}$$

$$\dot{U}_C = -jX_C = -j\frac{I}{\omega C} \underline{/\varphi_i}$$

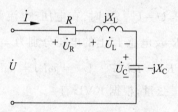

图 4.24　RLC 串联电路

因各电压的频率相同,根据 KVL 有

$$\dot{U} = \dot{U}_R + \dot{U}_L + \dot{U}_C = [R + j(X_L - X_C)] \cdot \dot{I}$$

$$= \left[ R + j\left(\omega L - \frac{1}{\omega C}\right) \right] \cdot \dot{I}$$

$$= (R + jX)\dot{I}$$

$$= Z\dot{I}$$

即
$$\dot{U} = Z\dot{I} = |Z|\dot{I}\underline{/\varphi} \tag{4.36}$$

式中:$Z$ 为电路的复阻抗;模 $|Z| = \sqrt{R^2 + X^2} = \sqrt{R^2 + \left(\omega L - \dfrac{1}{\omega C}\right)^2}$;幅角 $\varphi = \arctan\dfrac{X_L - X_C}{R}$,
其中 $X$ 称为电抗,其值可正可负。下面讨论电路的三种情况。

(1) 电感性电路 $X_L > X_C$

当 $X_L > X_C$ 时,$X > 0$,则 $\varphi > 0$,以电流为参考量,给出各元件上电压相量如图 4.25(a)所示,由图可知,此时电路的端电压超前总电流,电路呈现电感性质。

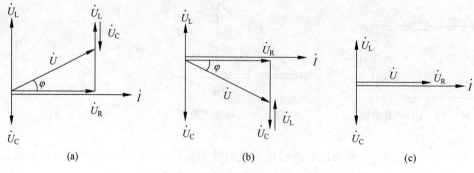

图 4.25　RLC 电路电压三角形

（2）电容性电路 $X_{\mathrm{L}} < X_{\mathrm{C}}$

当 $X_{\mathrm{L}} < X_{\mathrm{C}}$ 时，$X < 0$，则 $\varphi < 0$，以电流为参考量，各元件的电压相量如图 4.25(b) 所示，由图可知，此时电路的端电压滞后总电流，电路呈现电容性质。

（3）电阻性电路 $X_{\mathrm{L}} = X_{\mathrm{C}}$

当 $X_{\mathrm{L}} = X_{\mathrm{C}}$ 时，$\varphi = 0$，此时端电压与总电流同相位，如图 4.25(c) 所示。

如将图 4.25 所示的三边同时用电流的有效值来除，便可得出各阻抗三角形，如图 4.26 所示。

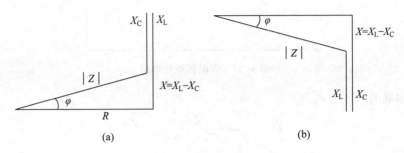

图 4.26　RLC 电路阻抗三角形

【例 4.7】　在 RLC 串联电路中，已知 $R = 30\,\Omega$，$L = 382\,\mathrm{mH}$，$C = 40\,\mu\mathrm{F}$，两端电源电压 $u = 100\sqrt{2}\sin(314t + 30°)\ (\mathrm{V})$，试求 $Z$、$\dot{I}$、$\dot{U}_{\mathrm{R}}$、$\dot{U}_{\mathrm{L}}$、$\dot{U}_{\mathrm{C}}$，并作相量图。

**解：** 取电流和电压为关联方向有

$$Z = R + \mathrm{j}(X_{\mathrm{L}} - X_{\mathrm{C}}) = 30 + \mathrm{j}\left(314 \times 0.382 - \frac{10^{6}}{314 \times 40}\right) = 30 + \mathrm{j}(120 - 80) = 50\underline{/53.1°}$$

$$\dot{U} = 100\underline{/30°}\ (\mathrm{V})$$

所以

$$\dot{I} = \frac{\dot{U}}{Z} = \frac{100\underline{/30°}}{50\underline{/53.1°}} = 2\underline{/-23.1°}\ (\mathrm{A})$$

$$\dot{U}_{\mathrm{R}} = R\dot{I} = 30 \times 2\underline{/-23.1°} = 60\underline{/-23.1°}\ (\mathrm{V})$$

$$\dot{U}_{\mathrm{L}} = \mathrm{j}X_{\mathrm{L}}\dot{I} = 120\underline{/90°} \times 2\underline{/-23.1°} = 240\underline{/66.9°}\ (\mathrm{V})$$

$$\dot{U}_{\mathrm{C}} = -\mathrm{j}X_{\mathrm{C}}\dot{I} = 80\underline{/-90°} \times 2\underline{/-23.1°} = 160\underline{/-113.1°}\ (\mathrm{V})$$

相量图如图 4.27 所示。

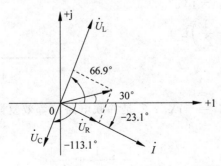

图 4.27　例 4.7 相量图

### 3. 复阻抗串联电路

多阻抗串联电路如图 4.28 所示,在关联方向下,已知各阻抗分别为 $Z_1,Z_2,\cdots,Z_n$,则各阻抗上的电压分别为 $\dot{U}_1,\dot{U}_2,\cdots,\dot{U}_n$,总电压为

$$\dot{U}=\dot{U}_1+\dot{U}_2+\cdots+\dot{U}_n=\dot{I}(Z_1+Z_2+\cdots+Z_n)=\dot{I}Z$$

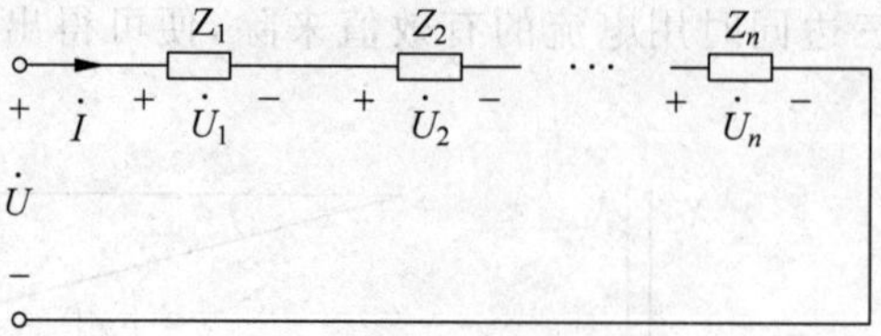

图 4.28　多阻抗串联电路

复阻抗串联的分压公式为

$$\dot{U}_n=\frac{Z_n}{Z_1+Z_2+\cdots+Z_n}\dot{U}$$

式中:$Z$ 为串联电路的等效复阻抗,设 $Z_1=R_1+\mathrm{j}X_1,Z_2=R+\mathrm{j}X_2,Z_n=R+\mathrm{j}X_n$,则

$$Z=(R_1+R_2+\cdots+R_n)+\mathrm{j}(X_1+X_2+\cdots+X_n)$$

式中:$R=R_1\mid R_2\mid\cdots\mid R_n$ 为串联电路的等效电阻;$X-X_1+X_2+\cdots+X_n$ 为串联电路的等效电抗。

$Z$ 的极坐标形式为

$$Z=|Z|\underline{/\varphi}$$

$$|Z|=\sqrt{R^2+X^2}\quad(电路的等效阻抗)$$

$$\varphi=\arctan\frac{X}{R}\quad(电路的等效阻抗角)$$

注意:$|Z|\neq|Z_1|+|Z_2|+\cdots+|Z_n|$。

### 4.4.2　RLC 并联电路与复导纳

如将电阻元件、电感元件及电容元件并联时,如图 4.29 所示,设电路的端电压为 $\dot{U}$,在总电流和总电压为关联方向下,各支路电流 $\dot{I}_1$、$\dot{I}_2$、$\dot{I}_3$ 与总电流 $\dot{I}$ 的关系为

$$\begin{aligned}\dot{I}&=\dot{I}_1+\dot{I}_2+\dot{I}_3\\&=\left(\frac{1}{R}+\frac{1}{\mathrm{j}X_L}+\frac{1}{-\mathrm{j}X_C}\right)\dot{U}\\&=\left(\frac{1}{Z_1}+\frac{1}{Z_2}+\frac{1}{Z_3}\right)\dot{U}\\&=\frac{\dot{U}}{Z}\end{aligned}$$

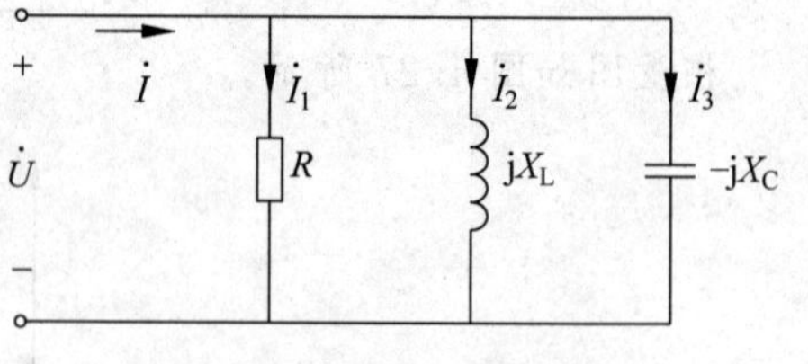

图 4.29　RLC 并联电路

式中:$Z_1=R$;$Z_2=\mathrm{j}X_L$;$Z_3=-\mathrm{j}X_C$;$Z$ 是并联电路的等效复阻抗。$Z$ 与 $Z_1$、$Z_2$、$Z_3$ 的关系为

$$\frac{1}{Z}=\frac{1}{Z_1}+\frac{1}{Z_2}+\frac{1}{Z_3}$$

如有 $n$ 条支路并联,则等效复阻抗 $Z$ 与各支路复阻抗的关系为

$$\frac{1}{Z} = \frac{1}{Z_1} + \frac{1}{Z_2} + \cdots + \frac{1}{Z_n}$$

显然,用复阻抗来分析并联电路显得不方便,现介绍一种分析计算多支路并联的方法叫作导纳法。

**1. 复导纳 $Y$**

(1) 复导纳

复阻抗 $Z$ 的倒数叫作复导纳:

$$Y = \frac{1}{Z} \qquad (4.37)$$

复导纳的国际单位为西门子,简称西,符号为 S。设 $Z = R + jX$,则

$$Y = \frac{1}{Z} = \frac{1}{R + jX} = \frac{R - jX}{R^2 + X^2} = \frac{R}{|Z|^2} + j\frac{-X}{|Z|^2} = G + jB \qquad (4.38)$$

式(4.38)中,复导纳 $Y$ 的实部称为电导 $G$:

$$G = \frac{R}{R^2 + X^2}$$

复导纳 $Y$ 的虚部称为电纳 $B$:

$$B = \frac{-X}{R^2 + X^2} = \frac{X_C - X_L}{R^2 + X^2}$$

$G$ 和 $B$ 的单位均为西(S)。

复导纳的极坐标形式为

$$Y = G + jB = |Y| \underline{/\varphi_Y}$$

复导纳 $Y$ 的模 $|Z|$ 称为导纳:

$$|Y| = \sqrt{G^2 + B^2} \qquad (4.39)$$

复导纳 $Y$ 的幅角 $\varphi_Y$ 称为导纳角:

$$\varphi_Y = \arctan\frac{B}{G} \qquad (4.40)$$

(2) 导纳三角形

$|Z|$、$G$、$B$ 同样可以组成导纳三角形,如图 4.30 所示。

(3) 电阻、电感和电容的复导纳

将 $Z = |Z| \underline{/\varphi}$ 代入式(4.37)得

$$Y = \frac{1}{Z} = \frac{1}{|Z| \underline{/\varphi}} = \frac{1}{|Z|} \underline{/-\varphi} = |Y| \underline{/\varphi_Y}$$

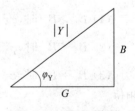

图 4.30 导纳三角形

$$|Y| = \frac{1}{|Z|}, \qquad \varphi_Y = -\varphi = -(\varphi_u - \varphi_i) = \varphi_i - \varphi_u$$

对于图 4.29 中 $R$、$L$、$C$ 的单个元件,它们的导纳分别为

$$Y_R = \frac{1}{Z_1} = \frac{1}{R} = G$$

$$Y_L = \frac{1}{Z_2} = -j\frac{1}{X_L} = -j\frac{1}{\omega L} = -jB_L$$

$$Y_C = \frac{1}{Z_3} = j\frac{1}{X_C} = j\omega C = jB_C$$

由此可知，$\varphi_Y$ 描述的是并联电路中总电流与端电压的相位差。

电阻的复导纳实部电导 $G = \frac{1}{R}$，虚部电纳 $B$ 为零。

电感的复导纳实部电导 $G$ 为零，虚部电纳 $B = -j\frac{1}{\omega L} = -jB_L$，也称为感纳。

电容的复导纳实部电导 $G$ 为零，虚部电纳 $B = j\omega C = jB_C$，也称为容纳。

在电流和电压为关联方向下用复导纳表示的欧姆定律为

$$\dot{I} = \dot{U}Y \quad \text{或} \quad \dot{U} = \frac{\dot{I}}{Y}$$

**2. 用导纳法分析并联电路**

对于图 4.29 所示的并联电路，我们现在用复导纳来分析，将变得简单一些。

由 $\dot{I}_1 = Y_1\dot{U}, \dot{I}_2 = Y_2\dot{U}, \dot{I}_3 = Y_3\dot{U}$ 得

$$\begin{aligned} \dot{I} &= \dot{I}_1 + \dot{I}_2 + \dot{I}_3 \\ &= (Y_1 + Y_2 + Y_3)\dot{U} \\ &= \left[\frac{1}{R} + j(B_C - B_L)\right]\dot{U} \\ &= (G + jB)\dot{U} \\ &= Y\dot{U} \end{aligned}$$

式中：

$$G = \frac{1}{R}, \quad B = B_C - B_L = j\left(\omega C - \frac{1}{\omega L}\right)$$

$$Y = |Y| \underline{/\varphi_Y} = \sqrt{G^2 + B^2}\, \arctan\frac{B}{G} = \sqrt{G^2 + B^2}\, \arctan\frac{\omega C - \dfrac{1}{\omega L}}{\dfrac{1}{R}}$$

下面分三种情况讨论导纳角 $\varphi_Y$，端电压一定时：

(1) $B_C > B_L$ 时，$\varphi_Y > 0(\varphi < 0)$，$I_C > I_L$，此时电路呈电容性，端电压 $\dot{U}$ 滞后总电流 $\dot{I}$。

(2) $B_C < B_L$ 时，$\varphi_Y < 0(\varphi > 0)$，$I_C < I_L$，此时电路呈电感性，端电压 $\dot{U}$ 超前总电流 $\dot{I}$。

(3) $B_C = B_L$ 时，$\varphi_Y = 0(\varphi = 0)$，$I_C = I_L$，此时电路呈电阻性，端电压 $\dot{U}$ 与总电流 $\dot{I}$ 同相位。

图 4.31 画出 $B_C > B_L$ 时的电流三角形(以 $\dot{U}$ 为参考量，且令 $\varphi_u = 0$)。

**3. 复导纳并联电路**

多复导纳并联电路如图 4.32 所示，假如各支路复电纳为 $Y_1, Y_2, \cdots, Y_n$，端电压为 $\dot{U}$，则有

$$Y = Y_1 + Y_2 + \cdots + Y_n = (G_1 + G_2 + \cdots + G_n) + j(B_1 + B_2 + \cdots + B_n)$$

$$= G + jB = |Y| \underline{/\varphi_Y}$$

$$\dot{I}=\dot{I}_1+\dot{I}_2+\cdots+\dot{I}_n=\dot{U}Y$$

$$Y=|Y|\ \underline{/\varphi_Y}=\sqrt{G^2+B^2}\ \mathrm{arctan}\frac{B}{G}$$

复导纳并联电路的分流公式为

$$\dot{I}_n=\frac{Y_n}{Y_1+Y_2+\cdots+Y_n}\dot{I}$$

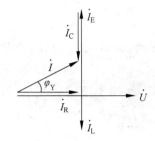

图 4.31　电流三角形

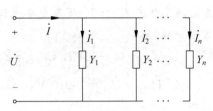

图 4.32　多复导纳并联电路

## 思考与练习

4.4.1　试分析 RLC 串联电路中，电路的性质与电源频率的关系。

4.4.2　RLC 串联电路中，判别下列式子是否正确？

(1) $u=u_R+u_L+u_C$　　　(2) $U=U_R+U_L+U_C$　　　(3) $\dot{U}=\dot{U}_R+\dot{U}_L-\dot{U}_C$

(4) $U=\sqrt{U_R^2+U_L^2+U_C^2}$　　(5) $I=\dfrac{U}{Z}$　　　　(6) $Z=\sqrt{R^2+(X_L-X_C)^2}$

4.4.3　已知 $Z=R+\mathrm{j}X$，其复导纳 $Y=G+\mathrm{j}B$ 的电导 $G$ 和电纳 $B$ 各为多少？

## 4.5　用相量法分析正弦交流电路

由线性元件(电阻、电感、电容)组成的交流电路，在正弦交流电源的作用下，同一电路中产生电流和电压均与电源的频率相同，于是我们在前面介绍的电路基本定律和电路分析方法都适用于正弦交流电路，即欧姆定律、基尔霍夫定律、网孔法、节点电压法、戴维南定理等都适用于正弦交流电路，而且我们很方便地利用相量法来对电路进行分析和计算。

在直流电路中基本定律和电路分析方法的各量为实数，而在交流电路中的各量为复数；如果把直流电路中的电阻换以复阻抗，电导换以复导纳，所有正弦量都用相量表示，那么相量法分析交流电路的方法与我们在前面对直流电路的分析方法完全一样。

### 4.5.1　网孔电流法

在图 4.33 所示电路中，电源电压 $\dot{U}_{S1}$ 和 $\dot{U}_{S2}$，电路参数 $R$、$X_L$、$X_C$ 均为已知，求各支路电流。

与直流电路分析方法一样，首先选定网孔电流 $\dot{I}_a$ 和 $\dot{I}_b$，

支路电流 $\dot{I}_1$、$\dot{I}_2$、$\dot{I}_3$，电流的参考方向如图 4.33 所示。其次，规定绕行方向与网孔电流一致，最后列出网孔方程组：

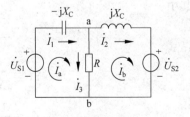

图 4.33　正弦交流电网孔法

$$Z_{11}\dot{I}_{a} + Z_{12}\dot{I}_{b} = \dot{U}_{S11}$$

$$Z_{21}\dot{I}_{a} + Z_{22}\dot{I}_{b} = \dot{U}_{S22}$$

式中：$Z_{11} = R - jX_C$；$Z_{12} = Z_{21} = -R$；$Z_{22} = R + jX_L$；$\dot{U}_{S11} = \dot{U}_{S1}$；$\dot{U}_{S22} = -\dot{U}_{S2}$。

解方程组求出 $\dot{I}_{a}$ 和 $\dot{I}_{b}$，然后求出各支路电流：$\dot{I}_{1} = \dot{I}_{a}$，$\dot{I}_{2} = \dot{I}_{b}$，$\dot{I}_{3} = \dot{I}_{a} - \dot{I}_{b}$。

**【例 4.8】** 在图 4.33 所示电路中，已知：$\dot{U}_{S1} = 100\underline{/0°}\text{V}$，$\dot{U}_{S2} = 100\underline{/90°}\text{V}$，$R = 5\Omega$，$X_L = 5\Omega$，$X_C = 2\Omega$，求各支路电流。

**解：** 选定网孔电流 $\dot{I}_{a}$ 和 $\dot{I}_{b}$ 及各支路电流 $\dot{I}_{1}$、$\dot{I}_{2}$、$\dot{I}_{3}$ 方向，如图 4.33 所示，绕行方向与网孔电流方向一致，则

$$Z_{11} = (5 - j2)\Omega, \quad Z_{12} = Z_{21} = -5\Omega, \quad Z_{22} = (5 + j5)\Omega$$

$$\dot{U}_{S11} = \dot{U}_{S1} = 100\underline{/0°}\text{V}, \quad \dot{U}_{S22} = \dot{U}_{S2} = -100\underline{/90°}\text{V}$$

代入方程组得

$$(5 - j2)\dot{I}_{a} - 5\dot{I}_{b} = 100\underline{/0°}$$

$$-5\dot{I}_{a} + (5 + j5)\dot{I}_{b} = -100\underline{/90°}$$

由上式解得

$$\dot{I}_{a} = 27.8\underline{/-56.3°}\text{A}, \quad \dot{I}_{b} = 32.3\underline{/-115.4°}\text{A}$$

所以

$$\dot{I}_{1} = \dot{I}_{a} = 27.8\underline{/-56.3°}\text{A}$$

$$\dot{I}_{2} = \dot{I}_{b} = 32.3\underline{/-115.4°}\text{A}$$

$$\dot{I}_{3} = \dot{I}_{a} - \dot{I}_{b} = 29.2 + j6.2 = 29.8\underline{/11.9°}(\text{A})$$

结果表明，KCL 定律对电流的有效值不成立，即 $I_1 \neq I_2 + I_3$。

### 4.5.2 节点电位法

对于图 4.33 所示电路，也可以用节点电位法求解。

设 b 节点为参考点(零电位点)，有关参量的参考方向如图 4.33 所示，列出节点电位方程如下：

$$(Y_1 + Y_2 + Y_3)\dot{U}_{ab} = \dot{U}_{S1}Y_1 + \dot{U}_{S2}Y_2$$

$$\dot{U}_{ab} = \frac{\dot{U}_{S1}Y_1 + \dot{U}_{S2}Y_2}{Y_1 + Y_2 + Y_3}$$

其中

$$Y_1 = \frac{1}{-jX_C} = \frac{1}{-j2} = j0.5 = 0.5\underline{/90°}(\text{S})$$

$$Y_2 = \frac{1}{jX_L} = \frac{1}{j5} = -j0.2 = 0.2\underline{/-90°}(\text{S})$$

$$Y_3 = \frac{1}{R} = 0.2\underline{/0°}(\text{S})$$

$$\dot{U}_{ab}=\frac{100\underline{/0^\circ}\cdot0.5\underline{/90^\circ}+100\underline{/90^\circ}\cdot0.2\underline{/-90^\circ}}{j0.5-j0.2+0.2}=\frac{20+j50}{0.2+j0.3}=149.6\underline{/11.8^\circ}(V)$$

则各支路电流为

$$\dot{I}_1=(\dot{U}_{S1}-\dot{U}_{ab})Y_1=(100\underline{/0^\circ}-149.6\underline{/11.8^\circ})\cdot0.5\underline{/90^\circ}=27.8\underline{/-56.3^\circ}(A)$$

$$\dot{I}_2=(\dot{U}_{ab}-\dot{U}_{S2})Y_2=(149.6\underline{/11.8^\circ}-100\underline{/90^\circ})\cdot0.2\underline{/-90^\circ}=32.3\underline{/115.4^\circ}(A)$$

$$\dot{I}_3=\dot{U}_{ab}Y_3=149.6\underline{/11.8^\circ}\cdot0.2\underline{/0^\circ}=28.9\underline{/11.8^\circ}(A)$$

## 4.6　正弦交流电路的功率

### 4.6.1　瞬时功率

在交流电路中,电流和电压为关联方向下,任意瞬间元件上的电压瞬时值与电流瞬时值的乘积称为该元件吸收(或释放)的瞬时功率,用小写字母 $p$ 表示为

$$p=ui \tag{4.41}$$

**1. 电阻元件上的瞬时功率 $p_R$**

设 $R$ 上电流为 $i=\sqrt{2}I\sin\omega t$,则 $R$ 上的电压为 $u=\sqrt{2}U\sin\omega t$,电阻元件的瞬时功率为

$$p_R=ui=2UI\sin^2\omega t$$

由上式可知,$p_R\geqslant0$ 说明电阻元件为恒耗能元件。图 4.34 画出了电阻元件上的瞬时功率曲线。因电流、电压的相位相同,即同为正值,或同为负值,所以它们的乘积恒为正值。其曲线在轴的上方。

**2. 电感元件的瞬时功率 $p_L$**

设流过元件 $L$ 的电流为 $i=\sqrt{2}I\sin\omega t$,则 $L$ 两端的电压为

$$u=\sqrt{2}U\sin(\omega t+90^\circ)=\sqrt{2}U\cos\omega t$$

$L$ 元件上的瞬时功率为

$$p_L=ui=\sqrt{2}U\cos\omega t\cdot\sqrt{2}I\sin\omega t=2UI\cos\omega t\cdot\sin\omega t=UI\sin2\omega t \tag{4.42}$$

式(4.42)说明,电感元件的瞬时功率 $p_L$ 也是随时间变化而变化的正弦函数,其变化的频率为电源频率的两倍,图 4.35 画出了电感元件 $L$ 的瞬时功率曲线。从该曲线上可看出,$L$ 元件在第一个 $\frac{1}{4}$ 周期和第三个 $\frac{1}{4}$ 周期内吸收功率,此时 $p_L\geqslant0$,$L$ 将电源提供的电能以电磁场的形式储存起来;在第二个 $\frac{1}{4}$ 周期及第四个 $\frac{1}{4}$ 周期释放功率,此时 $p_L\leqslant0$,$L$ 将电磁场的能量以

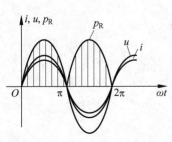

图 4.34　电阻元件上的瞬时功率

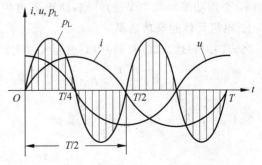

图 4.35　电感元件上的瞬时功率

电能的方式向电路提供电流,在一个周期内,$L$ 元件没有消耗能量,即一个周期内其平均功率为零。所以电感元件为不耗能元件。

**3. 电容元件的瞬时功率 $p_C$**

设流过电容器 $C$ 上的电流 $i=\sqrt{2}I\sin\omega t$,电容 $C$ 上的电压和瞬时功率分别为

$$u=\sqrt{2}U\sin(\omega t-90°)=-\sqrt{2}U\cos\omega t$$

$$p_C=ui=-2UI\sin\omega t\cdot\cos\omega t=-UI\sin2\omega t \tag{4.43}$$

式(4.43)说明,电容元件的瞬时功率 $p_C$ 也随时间变化而变化的正弦函数,其变化的频率为电源频率的两倍,图 4.36 画出了电容元件 $C$ 上的瞬时功率曲线。从曲线上可看出,$C$ 元件在第一个 $\frac{1}{4}$ 周期和第三个 $\frac{1}{4}$ 周期内释放功率,此时 $p_C\leqslant0$,$C$ 将储存在两极板间的电场能量以电流的形式向电路供电;在第二个 $\frac{1}{4}$ 周期和第四个 $\frac{1}{4}$ 周期吸收功率,此时 $p_C\geqslant0$,$C$ 将电源能量以电场的形式储存起来,在一个周期内,$C$ 元件没有消耗能量,即一个周期内其平均功率为零,所以电容元件也为不耗能元件。

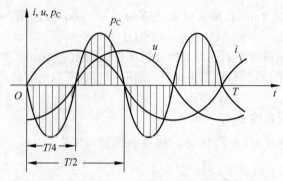

图 4.36　电容元件上的瞬时功率

### 4.6.2　有功功率、无功功率

工程上都是用瞬时功率的平均值来反映元件实际消耗电能的情况,周期性交流电路中的平均功率即为瞬时值在一个周期内的平均值,用大写字母 $P$ 来表示为

$$P=\frac{1}{T}\int_0^T p\,\mathrm{d}t \tag{4.44}$$

平均功率又称为有功功率,习惯上将"平均"或"有功"两字省去,平时我们说的功率是指有功功率(平均功率),如 20W 的灯泡,1kW 的电炉等指的是有功功率。

**1. 电阻元件的有功功率**

将式(4.41)代入式(4.44)得到电阻元件上的有功功率为

$$P_R=\frac{1}{T}\int_0^T p_R\mathrm{d}t=\frac{1}{T}\int_0^T U_R I_R(1-\cos2\omega t)\mathrm{d}t=U_R I_R$$

将 $U_R=I_R R$ 或 $I_R=\dfrac{U_R}{R}$ 代入上式得

$$P_R=U_R I_R=I_R^2 R=\frac{U_R^2}{R} \tag{4.45}$$

有功功率的单位为 W(瓦)或 kW(千瓦),$1kW=10^3W$。

【**例 4.9**】　一只额定值为 220V、100W 的灯泡误接在 380V 的交流电源上,它是否能正常工作?

**解**:灯泡可看成电阻性电路,已知 $P_R = 100W, U_R = 220V$,则等效电阻为

$$R = \frac{U_R^2}{P_R} = \frac{220^2}{100} = 484(\Omega)$$

当误接在 380V 电压时电阻的功率为

$$P'_R = \frac{U_R^2}{R} = \frac{380^2}{484} \approx 298(W)$$

因此,灯泡不能正常工作,因为电流过大会被损坏。

**2. 电感、电容元件的有功功率**

将式(4.42)、式(4.43)分别代入式(4.44),得到 $L$、$C$ 的有功功率为

$$P_L = \frac{1}{T}\int_0^T p_L dt = \frac{1}{T}\int_0^T U_L I_L \sin 2\omega t \, dt = 0$$

$$P_C = \frac{1}{T}\int_0^T p_C dt = \frac{1}{T}\int_0^T U_C I_C \sin 2\omega t \, dt = 0$$

由以上两式可看出,电感、电容元件的平均功率为零,说明这两种元件在电路中不消耗能量,只存在能量的交换。

**3. 无功功率**

$L$、$C$ 元件在交流电路中虽然不消耗功率,但它们与电源之间存在能量的交换,在 $\frac{1}{4}$ 周期内,$L$ 将电能以电磁场的形式储存起来,而此时 $C$ 将原储存的电场能向电路释放电能;到下一个 $\frac{1}{4}$ 周期内,$L$ 将储存的电磁场能对电路释放电能,而此时 $C$ 则将电能以电场的形式储存起来。这种与电源交换能量的快慢程度(或最大速率)用无功功率 $Q$ 来表示:

$$Q = UI \sin\varphi \tag{4.46}$$

$Q$ 的单位为 var(乏)。上式中 $\varphi$ 为电压与电流之间的相位差,当电压导前电流时,$Q$ 值为正,反之为负。在纯电感元件的电路中 $\varphi = \frac{\pi}{2}$,则无功功率为

$$Q_L = U_L I_L \sin\varphi = U_L I_L \sin\frac{\pi}{2} = U_L I_L = I_L^2 X_L = \frac{U_L^2}{X_L} \tag{4.47}$$

在纯电容元件的电路中,$\varphi = -\frac{\pi}{2}$,则无功功率为

$$Q_C = U_C I_C \sin\varphi = U_C I_C \sin\left(-\frac{\pi}{2}\right) = -U_C I_C = -I_C^2 X_C = -\frac{U_C^2}{X_C} \tag{4.48}$$

因电阻为耗能元件,它与电源之间无能量交换,故其无功功率为零。

### 4.6.3　电路的视在功率及功率因数

在复杂电路中,往往由多个电阻、电感及电容元件按一定的连接方法构成电路,以 RLC 串联电路为例子,讨论多元件电路中的功率分配情况(对于其他形式连接的电路其功率分配情况与串联时相同,请读者自己讨论)。

**1. 电路的视在功率**

图 4.24 所示的电路中,电路的有功功率为 $P = P_R = U_R I_R$,由图 4.25(a)中可知,$U_R =$

$U\cos\varphi$，其中 $U$ 为电路的端电压有效值，$\varphi$ 为电路中总电流与端电压的相位差，因 $I_R = I$，所以

$$P = P_R = U_R I_R = UI\cos\varphi \tag{4.49}$$

式(4.49)为电路总的消耗功率，在形式上已经与具体电阻上的电压、电流无关。我们只要知道电路的端电压、总电流及它们的相位差即可求出电路的功率消耗，而不必去求出具体元件上的电压与电流便可以计算电路的有功功率。

式(4.49)中，端电压与总电流有效值的乘积称为电路的视在功率，用 $S$ 表示，单位为 V·A（伏安）。

$$S = UI \tag{4.50}$$

工程上，常用视在功率来表示交流电设备的容量。例如，变压器的容量为 50kV·A 指的是其视在功率。

**2. 电路的功率因数**

在式(4.49)中，端电压与总电流相位差的余弦 $\cos\varphi$ 称为电路的功率因数，即

$$\cos\varphi = \frac{P}{UI} = \frac{P}{S} \tag{4.51}$$

功率因数表示用电负荷消耗的有功功率与电源提供的视在功率之比，是衡量负荷对电源是否充分利用电能的一个重要指标。

**3. 功率三角形**

电路的无功功率由电感和电容元件共同决定，从 $L$、$C$ 瞬时功率图中看出，任一时刻它与电源交换能量的方向总是相反的，即电感吸收功率时，电容则释放功率，电路的无功功率 $Q = UI\sin\varphi$，由图 4.31(a)可知

$$U = U_L - U_C$$

则　　$Q = UI\sin\varphi = (U_L - U_C)I\sin\varphi = Q_L - Q_C \tag{4.52}$

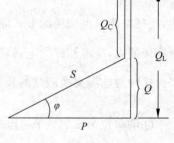

图 4.37　功率三角形

从式(4.49)、式(4.50)、式(4.52)中不难看出，$S$、$P$、$Q$ 之间的关系，即

$$P = S\cos\varphi, \quad Q = S\sin\varphi, \quad S^2 = P^2 + Q^2$$

上式说明 $S$、$P$、$Q$ 之间存在直角三角形关系，图 4.37 为功率三角形，由图 4.37 得

$$S = \sqrt{P^2 + Q^2}, \quad \cos\varphi = \frac{P}{S}, \quad \varphi = \arctan\frac{Q}{P}$$

**【例 4.10】** 图 4.38 所示电路是测量电感线圈参数 $R$、$L$ 的实验电路，已知各仪表的读数为电压表 50V，电流表 1A，功率表 30W（$P = 30$W），电源频率为 50Hz，试求电感的 $R$、$L$ 参数值。

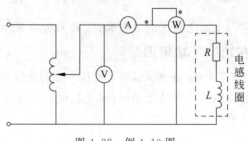

图 4.38　例 4.10 图

**解**：题目中已知条件：$U=50\text{V}$，$I=1\text{A}$，$P=30\text{W}$，$f=50\text{Hz}$。

根据已知条件可得电路的视在功率为

$$S=UI=50\times1=50(\text{V}\cdot\text{A})$$

电路的功率因数为

$$\cos\varphi=\frac{P}{S}=\frac{30}{50}=0.6,\quad\varphi=\arccos0.6=53.1°$$

电路的阻抗为

$$Z=|Z|\underline{/\varphi}=\frac{U}{I}\underline{/53.1°}=30+\text{j}40=R+\text{j}X_\text{L}$$

所以 $R=30\Omega$，$X_\text{L}=40\Omega$，则

$$X_\text{L}=2\pi fL=40(\Omega),\quad L=\frac{40}{314}=127(\text{mH})$$

本题也可以根据 $P=I^2R$，$R=30\Omega$，而 $|Z|=\sqrt{R^2+X_\text{L}^2}=50(\Omega)$，$X_\text{L}=\sqrt{50^2-30^2}=40(\Omega)$，同样求出 $L$ 及 $R$。

### 4.6.4  功率因数的提高

**1. 提高功率因数的意义**

在电力供电系统的交流电路中，大多数的负载为电感性负载，如工厂的主要用电设备感应电动机，即是一个典型的感性负载。它不仅从电源中吸取有功功率，而且还从电源中取得建立磁场的能量，即与电源存在功率的交换。电感性负载从电源中得到的有功功率为

$$P=UI\cos\varphi$$

显然与功率因数有关。当电路的功率因数过低时会引起下列不良后果。

(1) 使电源设备的容量不能得到充分的发挥利用。如电源的容量为 $10\text{kV}\cdot\text{A}$，当电路的功率因数分别为 0.5 和 0.9 时，电源分别向负载提供的有功功率为 5kW 和 9kW，可见当功率因数较高时，电源得以充分利用。

(2) 根据 $I=\dfrac{P}{U\cos\varphi}$ 可知，在一定电压下向负载输送一定的有功功率时，如果电路的功率因素越低，则线路上的电流 $I$ 将越大，线路上电压降的损耗也越大，有可能造成负荷的端电压降低。所以提高电路的功率因数，意义是重大的。

**2. 提高功率因数的方法**

电路功率因数过低的主要原因是感性负载中存在较大的无功功率，从图 4.35、图 4.36 中可看出，电感元件与电容元件的瞬时功率具有互补性，所以可以通过接入电容元件来"补偿"电感元件的无功功率。常用的方法是在电路两端并上适当的电容器，下面我们讨论怎样计算电容器的容量。

图 4.39(a)所示电路，并联电容器之前，电路为一感性负载，此时总电流 $\dot{I}=\dot{I}_1$，端电压 $\dot{U}$ 导前总电流 $\dot{I}$，相位差为 $\varphi_1$，功率因数为 $\cos\varphi_1$，电路的有功功率及电路的总电流分别为

$$P=UI\cos\varphi_1,\quad I_1=\frac{P}{U\cos\varphi_1}=I$$

图 4.39(b)所示电路，并联电容器之后，电路的端电压及有功功率不变，此时电路的总电流为 $I$，功率因数为 $\cos\varphi_2$ 为

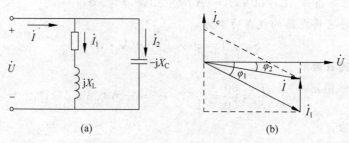

图 4.39 功率因数的提高

$$P = UI\cos\varphi_2, \quad I_2 = \frac{P}{U\cos\varphi_2}$$

电容器上的电流由图 4.39(b)可得

$$I_C = I_1\sin\varphi_1 - I\sin\varphi_2 = \frac{P}{U\cos\varphi_1}\sin\varphi_1 - \frac{P}{U\cos\varphi_2}\sin\varphi_2 = \frac{P}{U}(\tan\varphi_1 - \tan\varphi_2)$$

如将 $I_C = \frac{U}{X_C} = \omega CU$ 代入上式得

$$C = \frac{P}{\omega U^2}(\tan\varphi_1 - \tan\varphi_2) \tag{4.53}$$

可根据式(4.53)求出把功率因数从 $\cos\varphi_1$ 提高到 $\cos\varphi_2$ 时需要并联的电容器值。

**【例 4.11】** 已知电路的 $P=10\text{kW},U=240\text{V},\cos\varphi_1=0.6,f=50\text{Hz}$。现需要将电路的功率因数提高到 $\cos\varphi_2=0.9$ 时,求并联电容器的值 $C$。

**解**:$\cos\varphi_1=0.6,\varphi_1=53.1°,\tan53.1°=1.33,\cos\varphi_2=0.9,\varphi_2=25.8°,\tan25.8°=0.484$,将数值代入式(4.53)得

$$C = \frac{P}{\omega U^2}(\tan\varphi_1 - \tan\varphi_2) = \frac{10^4}{314\times240^2}\times(1.33-0.484) = 468\times10^{-6} = 468(\mu\text{F})$$

## 思考与练习

4.6.1 教学楼有功率为 40W,功率因数为 0.5 的日光灯 100 只,并联接在 220V 的工频电源上,求电路的总电流及电路的总功率因数。

4.6.2 当变压器的容量一定时,怎样最大限度地从中获得有功功率?

4.6.3 进行电感性负载无功补偿时,并联的电容越大越好,这种说法对吗?试用相量图说明理由。

## 本章小结

### 1. 正弦量

(1) 正弦量的三要素

最大值——最大的瞬时,如 $I_m$、$U_m$。

角频率——每秒正弦量经历的电角度,$\omega = 2\pi f\text{rad/s}$。

初相——计时起点($t=0$ 时)$\varphi$,$-\pi\leqslant\varphi\leqslant\pi$。

(2) 正弦量的表示方法

解析式(如 $i = I_m\sin\omega t$)、波形图、相量法(如 $\dot{I}$、$\dot{U}$ 等)。

（3）相位差

正弦量达最大值、过零点的时间差，一个正弦量达最大值或过零点比另一个提前时，称为前者导前后者，或称后者滞后前者。

（4）正弦量的有效值

正弦量的有效值定义为在热功当量相等时对应的直流值 $I$、$U$，与最大值的关系为

$$I = \frac{I_m}{\sqrt{2}}, \quad U = \frac{U_m}{\sqrt{2}}$$

**2. 基本定律、元件伏安特性的相量形式**

（1）KCL：$\sum \dot{I} = 0$，KVL：$\sum \dot{U} = 0$

**注意**：$\sum I \neq 0$，$\sum U \neq 0$。

（2）元件伏安关系的相量形式

在 $R$ 上，$\dot{U}_R = \dot{I}R$。

在 $L$ 上，$\dot{U}_L = jX_L\dot{I}_L = X_L\dot{I}_L \left|\underline{\frac{\pi}{2}}\right.$。

在 $C$ 上，$\dot{U}_C = -jX_C\dot{I}_C = X_C\dot{I}_C \left|\underline{-\frac{\pi}{2}}\right.$。

**3. 用相量法分析正弦交流电路**

（1）用相量法分析串联电路

复阻抗 $Z = R + jX = R + j(X_L - X_C) = R + j\left(\omega L - \frac{1}{\omega C}\right)$；$Z = |Z| \underline{/\varphi}$，其中模 $|Z| = \sqrt{R^2 + X^2}$，

阻抗角 $\varphi = \arctan\frac{X}{R}$；电压电流的关系 $\dot{U} = \dot{I}Z$。

功率关系为

$$P = S\cos\varphi = I^2 R$$
$$Q = S\sin\varphi = I^2 X$$
$$S = UI$$

（2）用相量法分析并联电路

复导纳：$\quad Y = \frac{1}{Z}, \quad Z = \frac{1}{Z_1} + \frac{1}{Z_2} + \cdots + \frac{1}{Z_n}$

$$Y = G + jB = Y_1 + Y_2 + \cdots + Y_n = |Y| \underline{/\varphi_Y}$$

电流与电压相量形式：$\quad \dot{I} = \dot{U}Y$

（3）相量法分析交流电路

网孔法（以两个网孔电路为例）：

$$Z_{11}\dot{I}_a + Z_{12}\dot{I}_b = \dot{U}_{S11}$$
$$Z_{21}\dot{I}_a + Z_{22}\dot{I}_b = \dot{U}_{S22}$$

节点电位法（以两个节点电路为例）：

$$(Y_1 + Y_2 + Y_3)\dot{U}_{ab} = \dot{U}_{S1}Y_1 + \dot{U}_{S2}Y_2$$

$$\dot{U}_{ab} = \frac{\dot{U}_{S1}Y_1 + \dot{U}_{S2}Y_2}{Y_1 + Y_2 + Y_3}$$

## 习题

4.1  已知正弦交流电 $i = 10\sqrt{2}\sin\left(314t + \dfrac{\pi}{4}\right)$ (A)，求其最大值、频率、周期及初相。

4.2  一个工频电流，在 $t = 0$ 时的值是 $5\sqrt{3}$ A，当 $t = \dfrac{1}{300}$ s 时出现第一个最大值，请写出该电流表达式。

4.3  已知 $u_A = 311\sin 3140t$ (V)，$u_B = 311\sin\left(3140t - \dfrac{\pi}{3}\right)$ (V)，试指出各正弦量的最大值、有效值、初相、角频率、周期以及两个正弦量之间的相位差和时间差各为多少？画出波形图，并说明导前、滞后情况。

4.4  用电流表量得三个正弦电流 $i_1$、$i_2$、$i_3$ 的值分别为 1A、2A、3A，若 $i_1$ 导前 $i_2$ 为 30°、滞后 $i_3$ 为 120°，试以 $i_2$ 为参考量，写出三个电流的表达式。（设频率均为 10kHz）

4.5  求下列各组正弦量的和。

(1) $u_1 = 220\sqrt{2}\sin\omega t$ (V)，$u_2 = 220\sqrt{2}\sin(\omega t + 120°)$ (V)

(2) $i_1 = 10\sqrt{2}\sin(3140t + 60°)$ (A)，$i_2 = 10\sqrt{2}\sin(3140t + 30°)$ (A)

4.6  在 10Ω 的电阻上流过 $i = 5\sin\left(314t - \dfrac{\pi}{6}\right)$ (A) 的电流，求电阻上电压的有效值、有功功率并写出电压的表达式。

4.7  在电感量为 83.3mH 的线圈两端加上电压 $u = 173.2\sin\left(300t + \dfrac{\pi}{6}\right)$ (V)，关联参考方向下写出流过线圈的电流表达式，画出它们的相量图。

4.8  将 100μF 的电容器先后接在频率为 50Hz 和 5kHz，电压为 220V 的电源上，计算两种情况下的容抗，求 $C$ 上的电流及无功功率。

4.9  两个同频率正弦量的有效值分别为 30V、40V。问题：(1)什么情况下它们有效值的和为 70V？(2)什么情况下它们有效值的和为 10V？(3)什么情况下它们有效值的和为 50V？

4.10  在图 4.40 所示电路中，已知元件上电压表的读数均为 50V，求总电压表的读数。

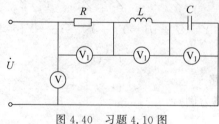

图 4.40  习题 4.10 图

4.11  已知 RL 串联电路，接到 $u = 220\sqrt{2}\sin\left(314t + \dfrac{\pi}{6}\right)$ (V) 的电源上，产生的电流 $i = 5\sqrt{2}\sin\left(314t - \dfrac{\pi}{12}\right)$ (A)，求 $R$、$L$ 及 $P$ 的值。

4.12　电阻 $R=30\Omega$，电感 $L=4.78\text{mH}$ 串联接到 $u=220\sqrt{2}\sin\left(314t+\dfrac{\pi}{6}\right)(\text{V})$ 的电源上，求 $\dot{I}$、$i$、$P$、$Q$ 及 $S$。

4.13　电阻 $R=40\Omega$，电容 $C=25\mu\text{F}$ 串联接在 $u=100\sqrt{2}\sin\left(3140t+\dfrac{\pi}{4}\right)(\text{V})$ 的电源上，求 $\dot{I}$、$i$，并画出相量图。

4.14　在 RLC 串联电路中，已知 $R=20\Omega$，$L=0.1\text{H}$，$C=30\mu\text{F}$，求电源频率为 $50\text{Hz}$ 和 $5000\text{Hz}$ 时电路的复阻抗，并说明两种情况下电路的性质。

4.15　在 RLC 串联电路中，已知 $R=8\Omega$，$L=0.07\text{H}$，$C=122\text{MF}$，$\dot{U}=120\underline{/0^\circ}$，$f=50\text{Hz}$，求解总电流和各元件上的电压 $\dot{I}$、$\dot{U}_\text{R}$、$\dot{U}_\text{L}$、$\dot{U}_\text{C}$，并画出相量图。

4.16　三个复阻抗 $Z_1=(40+j30)\Omega$，$Z_2=(20-j20)\Omega$，$Z_3=(60+j80)\Omega$ 相串联，接到电压 $\dot{U}=100\underline{/30^\circ}\text{V}$ 的电源上，求：

(1) 电路的总复阻抗 $Z$。

(2) 电路的总电流 $\dot{I}$。

(3) 各阻抗上的电压 $\dot{U}_1$、$\dot{U}_2$、$\dot{U}_3$，并画出相量图。

4.17　两个复阻抗做串联，加到电压 $\dot{U}=50\underline{/45^\circ}\text{V}$ 的电源上，产生电流 $\dot{I}=2.5\underline{/-15^\circ}\text{A}$，已知 $Z_1=(5-j18)\Omega$，求 $Z_2$ 的值。

4.18　在图 4.41 所示电路中，已知 $R_1=3\Omega$，$X_{\text{L}1}=4\Omega$，$R_2=5\Omega$，$X_{\text{C}3}=5\Omega$，$\dot{U}=20\underline{/0^\circ}\text{V}$，求各支路电流 $\dot{I}_1$、$\dot{I}_2$、$\dot{I}_3$ 及总电流 $\dot{I}$，并画出相量图。

4.19　在图 4.42 所示电路中，$\dot{U}=100\underline{/0^\circ}\text{V}$，$R=3\Omega$，$X_\text{L}=4\Omega$，$X_\text{C}=3.12\Omega$，求各支路总电流和电路的有功功率，并画出电流相量图。

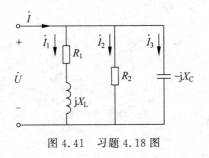

图 4.41　习题 4.18 图

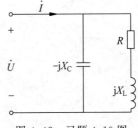

图 4.42　习题 4.19 图

4.20　在图 4.43 所示电路中，$R_1=10\Omega$，$X_{\text{L}2}=8\Omega$，$X_{\text{C}1}=25\Omega$，当 $R_1$ 支路电流导前 $R_2$ 支路电流为 $90^\circ$ 时，求 $R_2$ 为多少？

4.21　在图 4.44 所示电路中，$\dot{U}_{ab}=200\underline{/0^\circ}\text{V}$，$\omega=314\text{rad/s}$，求 $\dot{I}$、$\dot{I}_1$、$\dot{I}_2$ 和 $\dot{U}_{cd}$。

4.22　在图 4.45 所示电路中，已知：$R_1=4\Omega$，$R_2=3\Omega$，$R_3=2\Omega$，$X_{\text{L}1}=3\Omega$，$X_{\text{L}2}=4\Omega$，$X_{\text{C}1}=1\Omega$，$X_{\text{C}2}=3\Omega$，$\dot{U}_{\text{S}1}=100\underline{/0^\circ}\text{V}$，$\dot{U}_{\text{S}2}=50\underline{/30^\circ}\text{V}$，分别用网孔法和节点电位法求各支路电流。

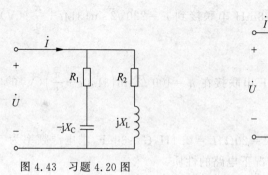

图 4.43 习题 4.20 图

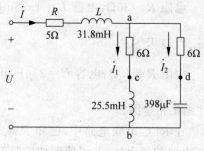

图 4.44 习题 4.21 图

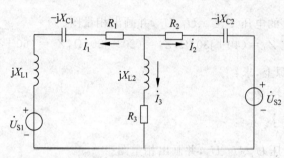

图 4.45 习题 4.22 图

4.23 某照明电路,日光灯功率为 40W、25 只,$\cos\varphi_1 = 0.5$,白炽灯功率为 100W、5 只,接在 220V 的工频电源上,求:

(1) 总电流 $I$ 及 $\cos\varphi$。

(2) 如将 $\cos\varphi$ 提高到 0.9,应并上多大的电容? 此时总电流为多少?

# 三 相 电 路

## 学习要求

本章介绍三相电源、三相电源的连接方式、三相负载的连接方式、对称三相电路及其分析方法。

(1) 深刻理解三相电路中三角形联结电源或负载的线电压与相电压的关系。

(2) 深刻理解三相电路中星形联结电源或负载在相电压对称情况下线电压与相电压的关系。

(3) 了解三相电源的星形联结和三角形联结,三相负载的四线制和三线制的星形联结和三角形联结。

(4) 理解对称三相电路的特点。

## 5.1 三相电源

**1. 三相电路的定义**

用一个交流电源供电的电路称为单相电路,而由频率和振幅相同、相位互差120°的三个正弦交流电源同时供电的系统,称为三相电路。目前,国内外电力系统普遍采用三相制供电方式。这是因为与单相电路相比,三相交流电在发电、输电和用电等方面具有明显的优越性。

(1) 在尺寸相同的情况下,三相发电机比单相发电机输出的功率大。

(2) 在输电距离、输电电压、输送功率和线路损耗相同的条件下,三相输电比单相输电可节省 25% 的有色金属。

(3) 单相电路的瞬时功率随时间交变,而对称三相电路的瞬时功率是恒定的,这使得三相电动机具有恒定转矩,比单相电动机的性能好、结构简单、便于维护。

**2. 三相电源的电路符号和表示式**

三相电源由 3 个正弦电压源组成,3 个电压源的电压分别为 $u_U$、$u_V$、$u_W$,它们的电路符号如图 5.1 所示。选 $u_U$ 为参考正弦值时,其瞬时值表示式为

$$\begin{cases} u_U = U_m \sin\omega t \\ u_V = U_m \sin(\omega t - 120°) \\ u_W = U_m \sin(\omega t - 240°) = U_m \sin(\omega t + 120°) \end{cases} \tag{5.1}$$

### 3. 三相电源的波形图和相量图

（1）三相电源的波形图

对称三相电源的波形如图 5.2 所示。

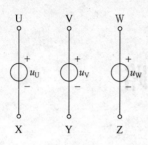

图 5.1　三相电源电路符号

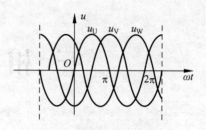

图 5.2　对称三相电源的波形

（2）三相电源的相量表达式

3 个正弦电压的相量表示为

$$\begin{cases} \dot{U}_U = U\underline{/0°} \\ \dot{U}_V = U\underline{/-120°} \\ \dot{U}_W = U\underline{/-240°} = U\underline{/120°} \end{cases} \tag{5.2}$$

工程上常引入单位相量算子：

$$\alpha = 1\underline{/120°} = -\frac{1}{2} + j\frac{\sqrt{3}}{2}$$

这样式(5.2)就表示为

$$\begin{cases} \dot{U}_U = U\underline{/0°} \\ \dot{U}_V = \alpha^2 \dot{U}_U \\ \dot{U}_W = \alpha \dot{U}_U \end{cases} \tag{5.3}$$

（3）三相电源的相量图

对称三相电源的相量图如图 5.3 所示。

（4）三相电源

凡是同频率，且大小相等，相位依次互差 120° 的 3 个正弦量都称为对称三相正弦量。$u_U$、$u_V$、$u_W$ 就是对称三相正弦电压，它们对应的电源称为三相电源。

凡是对称三相正弦量，其 3 个电量的瞬时值或相量之和都为 0。例如：

$$u_U + u_V + u_W = 0 \tag{5.4}$$

$$\dot{U}_U + \dot{U}_V + \dot{U}_W = 0 \tag{5.5}$$

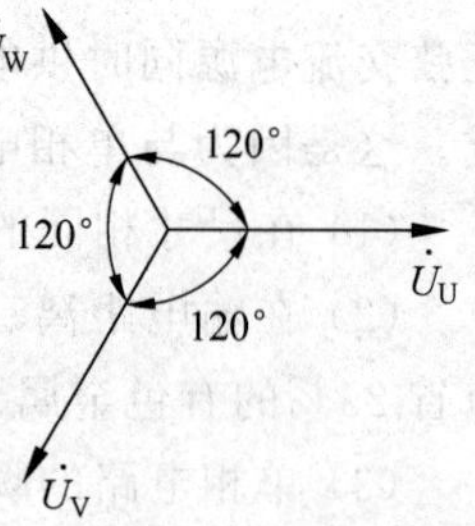

图 5.3　对称三相电源
的相量图

式(5.4)可从图 5.2 所示的波形图中看出。式(5.5)可由相量图或式(5.3)中各个式子求和证得，要注意到：

$$1 + \alpha + \alpha^2 = 0$$

相位的次序称为相序。上述三相电源的次序为 U、V、W，称为顺序（或正序）。与此相反，

若 $u_V$ 超前 $u_U$ 120°，$u_W$ 超前 $u_V$ 120°，这样的相序称为反序（或负序）。本章着重讨论顺序的情况。

## 思考与练习

什么是三相电源？什么是正序？什么是反序？

## 5.2　三相电源的连接方法

三相电源的连接分为三角形联结和星形联结两种。

### 5.2.1　三相电源的三角形联结

将三相交流发电机绕组的始末端依次相连，即 U2 与 V1、V2 与 W1、W2 与 U1 分别相连，连成一个闭合的三角形，这种连接方法称为三角形联结，如图 5.4 所示。

由于三角形联结仅在三相变压器中采用，三相交流发电机通常不采用，故下面仅介绍三相电源的星形联结。

### 5.2.2　三相电源的星形联结

将三相交流发电机绕组的三个末端 U2、V2、W2 连在一起，以始端 U1、V1、W1 引出作为输出端，这种连接方式称为三相电源的星形联结，如图 5.5 所示。

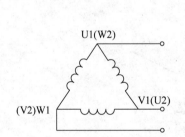

图 5.4　三相交流发电机绕组的三角形联结

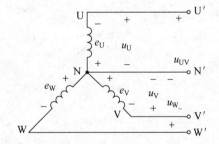

图 5.5　三相交流发电机绕组的星形联结

在星形联结中，三相绕组末端的连接点称三相电源的中点或零点，用字母 N 表示。从中点引出的输电线称为中线，用字母 NN' 表示。中线通常和大地相接。从三相绕组的始端 U1、V1、W1 引出的导线称为端线或相线，俗称火线，用字母 UU'、VV'、WW' 表示，这种供电的方式叫作三相四线制，工厂的低压配电线路大都属于三相四线制。

### 5.2.3　三相电压

#### 1. 线电压和相电压的定义

电源每相绕组两端的电压，或者是相线与中线间的电压，称为电源的相电压，用 $U_U$、$U_V$、$U_W$（或一般用 $U_P$）表示。任意两相绕组始端之间的电压或任意两相的相线之间的电压称为线电压，用 $U_{UV}$、$U_{VW}$、$U_{WU}$（一般用 $U_l$）表示。

由于发电机绕组的阻抗很小，因而在绕组上的压降也很小，故不论电源绕组中有无电流，常认为电源各相电压的大小就是各相相应的电动势。由于三相电动势是对称的，故电源的相电压也可以认为是对称的，即 $U_U=U_V=U_W$，彼此之间的相位差为 120°。

**2. 线电压和相电压的关系**

在三相交流发电机绕组作星形联结时,各相电动势的正方向规定为从绕组的末端指向始端;相电压的正方向规定为从绕组的始端指向末端;线电压的正方向习惯上按 U、V、W 的顺序决定,如 $U_{UV}$ 是自 U 端指向 V 端。

当三相交流发电机绕组连成星形时,可以提供两种电压:一种是相电压;另一种是线电压。显然,相电压与线电压是不相等的。在电路中,任意两点之间的电压等于这两点的电位差。因而可以写出

$$
\begin{cases}
u_{UV} = u_U - u_V \\
u_{VW} = u_V - u_W \\
u_{WU} = u_W - u_U
\end{cases}
\tag{5.6}
$$

式(5.6)说明,线电压的瞬时值等于两相电压瞬时值之差。由于上述各量都是同频率的正弦量,因此各式子中的电压关系可以用相量表示:

$$
\begin{cases}
\dot{U}_{UV} = \dot{U}_U - \dot{U}_V \\
\dot{U}_{VW} = \dot{U}_V - \dot{U}_W \\
\dot{U}_{WU} = \dot{U}_W - \dot{U}_U
\end{cases}
\tag{5.7}
$$

即线电压相量等于相应两相电压相量之差。根据式(5.7)可画出星形联结时的相量图,如图 5.6 所示。

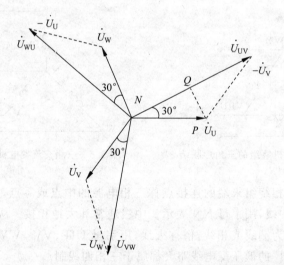

图 5.6 三相交流发电机绕组星形联结时线电压与相电压相量图

由于相电压是对称的,由图 5.6 可见,线电压也是对称的,但在相位上比相应的相电压超前 $30°$。至于线电压和相电压在数值上的关系,可以从相量图中 $\triangle NQP$ 求得,即

$$
\frac{U_{UV}}{2} = U_U \cos 30° = \frac{\sqrt{3}}{2} U_U
$$

$$
U_{UV} = \sqrt{3} U_U
$$

由此可得到线电压和相电压的关系:

$$
U_1 = \sqrt{3} U_P
\tag{5.8}
$$

即电源接成星形时,线电压是相电压的$\sqrt{3}$倍。

因此,三相发电机绕组作星形联结时,对负载可提供两种电压,假如相电压为220V,则线电压为380V。

## 思考与练习

5.2.1 电源连接分为哪两种形式?

5.2.2 为什么三相电源作为三角形联结,有一相接反时,电源回路的电压是某一相电压的两倍?

## 5.3 三相负载的连接方法

三相负载是由三个单相负载组合起来的。接在三相交流电路中的负载有动力负载(如三相异步电动机)、电热负载(如三相电炉)或照明负载(如白炽灯)等。根据构成三相负载的负载性质与大小的不同,可将负载分成三相对称负载和三相不对称负载。若每相负载的阻抗相等($Z_U = Z_V = Z_W$),幅角也相等($\varphi_U = \varphi_V = \varphi_W$),则这种负载称为三相对称负载。如三相异步电动机;若每相负载的阻抗或幅角不相等,则这种负载称为三相不对称负载,如照明负载。

三相负载的连接和三相发电机绕组一样,也有星形联结和三角形联结两种。

三相负载究竟采用哪种接法,要根据电源电压、负载的额定电压和负载的特点而定。

### 5.3.1 三相负载的星形联结

如果将每相负载的末端连成一点用 N′ 表示,而将始端分别接到三根相线上,像一个"Y"字,那么这种接法称为丫形联结。如果把电源中点与负载中点用导线连接起来,那么这种连接方法形成的电路称为三相四线制电路,如图5.7所示。

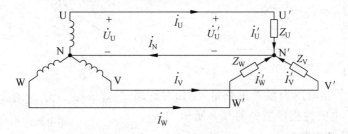

图5.7 三相四线制电路

### 5.3.2 星形联结的三相电路

**1. 相电压与线电压的关系**

由图5.7可见,忽略输电线上的阻抗,三相负载的线电压就是电源的线电压,三相负载的相电压就是电源的相电压,于是星形负载的线电压和相电压之间也就是$\sqrt{3}$倍的关系,即

$$U_1 = \sqrt{3}U_P \tag{5.9}$$

**2. 相电流与线电流关系**

相电流是指通过每相负载的电流;而线电流是指每根相线上通过的电流。因为在星形联结中,每根相线都和相应的每相负载串联,所以线电流等于相电流,即

$$I_1 = I_P \tag{5.10}$$

这个关系对于对称三相星形负载或不对称三相星形负载都是成立的。

**3. 相电压和相电流的关系**

知道各相负载两端的电压后,就可以根据欧姆定律计算各相电流,它们的有效值为

$$\begin{cases} I_U = \dfrac{U_U}{|Z_U|} \\[2ex] I_V = \dfrac{U_V}{|Z_V|} \\[2ex] I_W = \dfrac{U_W}{|Z_W|} \end{cases} \tag{5.11}$$

各相负载的相电压和相电流间的相位差,可按下列各式计算,即

$$\begin{cases} \varphi_U = \arctan \dfrac{X_U}{R_U} \\[2ex] \varphi_V = \arctan \dfrac{X_V}{R_V} \\[2ex] \varphi_W = \arctan \dfrac{X_W}{R_W} \end{cases} \tag{5.12}$$

如果三相负载对称,则各相电流的有效值相等,各相负载的阻抗角也相等,因此三个相电流也是对称的,即

$$\begin{cases} I_U = I_V = I_W = I_P \\[1ex] \varphi_U = \varphi_V = \varphi_W = \varphi \end{cases} \tag{5.13}$$

如果是三相对称感性负载(如三相电动机),在各相电流的相量可写为

$$\begin{cases} \dot{I}_U = I_P \underline{/0° - \varphi} \\[1ex] \dot{I}_V = I_P \underline{/-120° - \varphi} \\[1ex] \dot{I}_W = I_P \underline{/120° - \varphi} \end{cases} \tag{5.14}$$

其中,设 U 相的相电压为参考正弦量,三相对称感性负载相电压与相电流的相量图如图 5.8 所示。

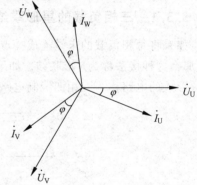

图 5.8 三相对称感性负载相电压与相电流的相量图

**4. 中线电流及其相关知识**

(1) 中线电流

求出三个相电流后,根据基尔霍夫电流定律,中线电流是三相相电流之和,即

$$\begin{cases} i_N = i_U = i_V = i_W \\[1ex] \dot{I}_N = \dot{I}_U = \dot{I}_V = \dot{I}_W \end{cases} \tag{5.15}$$

(2) 相量图

当三相电源对称,而三相星形联结的三相负载不对称时,流过每相负载的相电流大小是不相等的。利用电流相量图求出三个相电流相量之和,如图 5.9(a)所示。

其中,当 $\dot{I}_N \neq 0$ 时,相量图为图 5.9(a);当 $\dot{I}_N = 0$ 时,相量图为图 5.9(b)。由图 5.9(b) 可见,它不等于零,表示这时通过中线的电流 $I_N$ 不等于零。

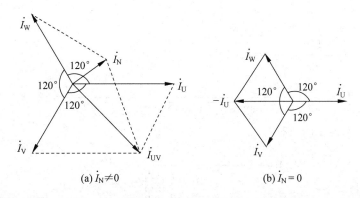

(a) $\dot{I}_N \neq 0$　　　　　　(b) $\dot{I}_N = 0$

图 5.9　三相负载作星形联结时的电流相量图

（3）三相四线制

当三相负载不对称时，由于中线存在，则各相负载的相电压仍保持不变，且三相电压相等。能使星形联结的不对称负载的相电压保持对称，从而使负载正常工作。一旦中线断开，则各相负载的相电压就不再相等。其中，阻抗较小的，相电压减小；阻抗较大的，相电压增大，可能会使电压增大的这相照明负载烧毁。所以低压照明设备都要采用三相四线制，且不能把熔断器和其他开关设备安装在中线内，连接三相电路时应力求使三相负载对称。例如，三相照明电路中，应使照明负载平均地接在三根相线上，不要全部接在同一相上。

（4）三相三线制

如果是三相对称负载，由于三个相电流是对称的，因此它们的相量之和等于零，即

$$\dot{I}_N = \dot{I}_U + \dot{I}_V + \dot{I}_W = 0 \tag{5.16}$$

这个关系可从图 5.9（b）中看出。在三相电路中对称负载作星形联结时，中线电流为零，即中线上没有电流通过，说明中线不起作用，即使取消中线，也不会影响电路的正常工作。所以，对于对称负载也可采用三相三线制的星形联结方式，如图 5.10 所示。

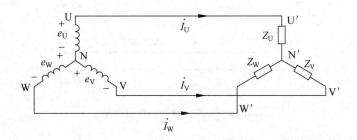

图 5.10　三相对称负载星形联结时的三相三线制电路

在实际电网中使用的三相电器的阻抗一般都是对称的，特别是大容量的电气设备总是使设计的三相负载对称，如三相异步电动机、三相电炉等。尽管在电网中要接入单相负载如单相电动机、单相照明负载等，但是这些单相负载的容量较小，同时在供电网络布设时还要考虑到分配各相的负载平衡，因此，大电网的三相负载可以认为基本上是对称的。在实际应用中高压输电线都采用三相三线制。

【例 5.1】　有一个星形联结的三相对称负载，已知每相电阻 $R = 6\Omega$，电感 $L = 25.5\text{mH}$，现把它接入线电压 $U_l = 380\text{V}$，$f = 50\text{Hz}$ 的三相线路中，求通过每相负载的电流和线路上的电

流(见图 5.11)。

解：

$$U_P = \frac{U_1}{\sqrt{3}} = \frac{380}{\sqrt{3}} = 220(V)$$

$$I_P = \frac{U_P}{Z_P} = \frac{220}{\sqrt{6^2 + (2 \times 3.14 \times 50 \times 25.5 \times 10^{-3})^2}} = 22(A)$$

$$I_1 = I_P = 22A$$

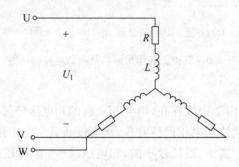

图 5.11　例 5.1 电路图

### 5.3.3　三相负载的三角形联结

三相负载的三角形联结的方法是：依次把一相负载的末端和次一相负载的始端相连，即将 U2′ 与 V1′ 相连、V2′ 与 W1′ 相连，W2′ 与 U1′ 相连，构成一个封闭的三角形；再分别将由 U1、V1、W1 引出的三根端线接在三相 U、V、W 三根相线上，如图 5.12 所示。

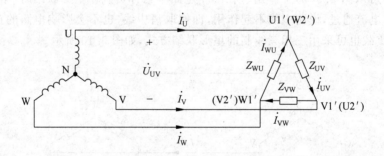

图 5.12　三相负载的三角形联结

### 5.3.4　三角形联结的三相电路

#### 1. 相电压与线电压关系

由图 5.12 可以看出，当三相负载接成三角形时，每相负载的两端跨接在两根电源的相线之间，所以各相负载两端的相电压与电源的线电压相等。即

$$U_P = U_1 \qquad\qquad (5.17)$$

这个关系不论三角形负载对称与否都是成立的。

#### 2. 相电压与相电流的关系

在图 5.12 所示电路中，由欧姆定律可计算出各相负载的电流有效值为

$$\begin{cases} I_{UV} = \dfrac{U_{UV}}{|Z_{UV}|} \\[2mm] I_{VW} = \dfrac{U_{VW}}{|Z_{VW}|} \\[2mm] I_{WU} = \dfrac{U_{WU}}{|Z_{WU}|} \end{cases} \qquad (5.18)$$

而各相负载的相电压和相电流之间的相位差,可由各相负载的阻抗三角形求得,即

$$\begin{cases} \varphi_{UV} = \arctan \dfrac{X_{UV}}{R_{UV}} \\[2mm] \varphi_{VW} = \arctan \dfrac{X_{VW}}{R_{VW}} \\[2mm] \varphi_{WU} = \arctan \dfrac{X_{WU}}{R_{WU}} \end{cases} \qquad (5.19)$$

如果三相负载对称,则

$$\begin{cases} R_{UV} = R_{VW} = R_{WU} = R \\ X_{UV} = X_{VW} = X_{WU} = X \end{cases} \qquad (5.20)$$

又因电源线电压是对称的,即

$$U_{UV} = U_{VW} = U_{WU} = U_l = U_P \qquad (5.21)$$

由式(5.20)和式(5.21)可得

$$\begin{cases} I_{UV} = I_{VW} = I_{WU} = I_P = \dfrac{U_P}{Z} \\[2mm] \varphi_{UV} = \varphi_{VW} = \varphi_{WU} = \varphi = \arctan \dfrac{X}{R} \end{cases} \qquad (5.22)$$

式(5.22)说明,在三角形联结的三相对称负载电路中,三个相电流也是对称的,即各相电流的大小相等,各相的相电压和相电流之间的相位差也相等。

**3. 相电流与线电流的关系**

如图5.12所示电路中,根据基尔霍夫电流定律,可得相电流和线电流的关系,即

$$\begin{cases} i_U = i_{UV} - i_{WU} \\ i_V = i_{VW} - i_{UV} \\ i_W = i_{WU} - i_{VW} \end{cases} \qquad (5.23)$$

电流的有效值相量关系式为

$$\begin{cases} \dot{I}_U = \dot{I}_{UV} - \dot{I}_{WU} \\ \dot{I}_V = \dot{I}_{VW} - \dot{I}_{UV} \\ \dot{I}_W = \dot{I}_{WU} - \dot{I}_{VW} \end{cases} \qquad (5.24)$$

式(5.24)表明,线电流有效值相量等于相应两个相电流有效值相量之差。

三相负载作三角形联结时,不论三相负载对称与否,由式(5.24)表明的关系都是成立的。但在三相负载对称情况下,相电流与线电流之间还有其特定的大小和相位关系。根据式(5.24)可画出其相量图,如图5.13所示。

因为三个相电流是对称的,所以三个线电流也是对称的。线电流在相位上比相应的相电

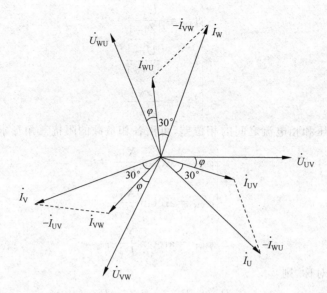

图 5.13  三相对称感性负载三角形联结时,电压与电流的相量图

流滞后 30°,其大小可由相量图求得

$$\frac{I_U}{2} = I_{UV}\cos 30° = \frac{\sqrt{3}}{2} I_{UV}$$

$$I_U = \sqrt{3}\, I_{UV}$$

由此可得到

$$I_1 = \sqrt{3}\, I_P \qquad (5.25)$$

式(5.25)表明,当三相对称负载作三角形联结时,线电流等于相电流的 $\sqrt{3}$ 倍。

## 思考与练习

5.3.1  三相负载连接的形式有哪两种?

5.3.2  试写出三相负载星形联结的相电压与线电压的关系、相电流与线电流的关系、相电压和相电流的关系。

5.3.3  试写出三相负载三角形联结的相电压与线电压的关系、相电压与相电流的关系、相电流与线电流的关系。

## 5.4  三相电路的功率

### 5.4.1  三相电路功率的计算

不论负载是星形联结还是三角形联结,总是有功(无功)功率等于各相有功(无功)功率之和,即

$$P = P_U + P_V + P_W = U_U I_U \cos\varphi_U + U_V I_V \cos\varphi_V + U_W I_W \cos\varphi_W \qquad (5.26)$$

$$Q = Q_U + Q_V + Q_W = U_U I_U \sin\varphi_U + U_V I_V \sin\varphi_V + U_W I_W \sin\varphi_W \qquad (5.27)$$

但视在功率不等于各相视在功率之和,而应该为

$$S = \sqrt{P^2 + Q^2} \qquad (5.28)$$

当负载对称时,每相电路的有功功率是相等的,因此三相电路的总功率为

$$P = 3P_P = 3U_P I_P \cos\varphi_P \tag{5.29}$$

式中:$\varphi$ 是相电压 $U_P$ 与相电流 $I_P$ 之间的相位差或负载的阻抗角。

当对称负载是三角形联结时

$$U_1 = U_P, \quad I_1 = \sqrt{3} I_P$$

当对称负载是星形联结时

$$U_1 = \sqrt{3} U_P, \quad I_1 = I_P$$

不论对称负载为哪种联结,均可得

$$P = \sqrt{3} U_1 I_1 \cos\varphi \tag{5.30}$$

式(5.29)和式(5.30)可用来计算对称三相电路有功功率,两式中 $\varphi$ 是相电压与相电流的相位差,工程上多采用式(5.30),因为线电压及线电流容易测得,而且三相设备铭牌标的也是线电压和线电流。

同理可得出对称三相电路无功功率及视在功率分别为

$$Q = 3U_P I_P \sin\varphi_1 = \sqrt{3} U_1 I_1 \sin\varphi \tag{5.31}$$

$$S = 3U_P I_P = \sqrt{3} U_1 I_1 \tag{5.32}$$

### 5.4.2 对称三相电路中瞬时功率

三相电路的瞬时功率等于各相瞬时功率之和,即

$$P = P_U + P_V + P_W$$

在对称三相电路中,U 相负载的瞬时功率为

$$P_U = u_U i_U = U_P \sqrt{2} \sin\omega t \times I_P \sqrt{2} \sin(\omega t - \varphi)$$
$$= U_P I_P \cos\varphi - U_P I_P \cos(2\omega t - \varphi)$$

同理可得

$$P_V = U_P I_P \cos\varphi_1 - U_P I_P \cos(2\omega t + 120° - \varphi)$$
$$P_W = U_P I_P \cos\varphi_1 - U_P I_P \cos(2\omega t - 120° - \varphi)$$

因为

$$\cos(2\omega t - \varphi) + \cos(2\omega t + 120° - \varphi) + \cos(2\omega t - 120° - \varphi) = 0$$

所以

$$P = 3U_P I_P \cos\varphi = 常数 \tag{5.33}$$

可见,对称三相电路中,瞬时功率就等于有功功率,它是一个常数,不随时间而变化,这是对称三相电路的特点。例如,作为对称三相负载的三相电动机通入对称的三相交流电后,由于瞬时功率是一个常数,所以每个瞬时转矩也是常数,电动机的运行是稳定的,这是三相电动机的一大优点。

【例5.2】 有一个对称三相负载,每相的电阻 $R = 6\Omega$,容抗 $X_C = 8\Omega$,接在线电压为 380V 的三相对称电源上,分别计算下面两种情况下负载的有功功率,并比较其结果。(1)负载为三角形联结;(2)负载为星形联结。

解:(1)负载为三角形联结时,每相负载的阻抗为

$$|Z| = \sqrt{R^2 + X_C^2} = \sqrt{6^2 + 8^2} = 10(\Omega)$$

相电压为 $\quad U_P = U_1 = 380V$

相电流为
$$I_P = \frac{U_P}{|Z|} = \frac{380}{10} = 38(A)$$

线电流为
$$I_1 = \sqrt{3} I_P = \sqrt{3} \times 38 = 66(A)$$

功率因数为
$$\cos\varphi = \frac{R}{|Z|} = \frac{6}{10} = 0.6$$

有功功率为
$$P_\triangle = \sqrt{3} U_1 I_1 \cos\varphi = \sqrt{3} \times 380 \times 66 \times 0.6 = 26(kW)$$

（2）负载为星形联结时：

相电压为
$$U_P = \frac{U_1}{\sqrt{3}} = \frac{380}{\sqrt{3}} = 220(V)$$

相电流为
$$I_1 = I_P = \frac{U_P}{|Z|} = \frac{220}{10} = 22(A)$$

有功功率为
$$P_Y = \sqrt{3} U_1 I_1 \cos\varphi_1 = \sqrt{3} \times 380 \times 22 \times 0.6 = 8.7(kW)$$

比较两种结果，得
$$\frac{P_\triangle}{P_Y} = \frac{26}{8.7} \approx 3$$

该例说明，三角形联结时的相电压是星形联结时的 $\sqrt{3}$ 倍，而总的有功功率是星形联结时的 3 倍。同理可得出无功功率和视在功率的关系，读者可自行分析。所以，要使负载正常工作，负载的接法必须正确，若正常工作是星形联结而误接成三角形联结，将因每相负载承受过高电压，导致功率过大而烧毁；若正常工作是三角形联结而误接成星形联结，则因功率过小而不能正常工作。

## 思考与练习

有人说三相电路的功率因数 $\cos\varphi$ 专指对称三相电路而言，你认为对吗？不对称的三相电路有功率因数吗？

## 本章小结

1. 三个同频率、有效值相等、相位依次互差 120° 的正弦量，称为对称三相正弦。对称三相正弦量的瞬时值或相量之和为零。

2. 具有对称三相正弦电压的电源，通过星形联结或三角形联结构成对称三相电源。

3. 三相复阻抗相等，且通过星形或三角形联结的负载构成对称三相负载。

4. 由对称三相电源、对称三相负载且三个线路阻抗相等的线路构成的三相电路称为对称三相电路。反之只要以上三部分中有一部分不对称则构成不对称三相电路。

5. 三相电路分三相四线制和三相三线制两种。

6. 对称三相电源的连接如下。

（1）星形联结

三相四线制：有中线，提供两组电压，即线电压和相电压。线电压比相应的相电压超前 30°，其值是相电压的 $\sqrt{3}$ 倍。

三相三线制：无中线，提供一组电压。

（2）三角形联结

只能是三相三线制，提供一组电压，线电压为电源的相电压。

7. 三相负载的联结如下。

(1) 星形联结

对称三相负载接成丫形,供电电路只需三相三线制;不对称三相负载接成丫形,供电电路必须为三相四线制。每相负载的线电压为相电压的$\sqrt{3}$倍。

中线电流 $\dot{I}_N = \dot{I}_U + \dot{I}_V + \dot{I}_W$,三相负载对称时,$\dot{I}_N = 0$,中线可以省去。

(2) 三角形联结

三相负载接成三角形,供电电路只需三相三线制,每相负载的相电压等于电源的线电压。无论负载是否对称,只要电源电压对称,每相负载的相电压也对称。

对于对称三相负载。线电流为相电流的$\sqrt{3}$倍,线电流比相应的相电流滞后30°。

## 习题

5.1 一台三相发电机的绕组连成星形联结时,线电压为 6300V。(1)求发电机绕组的相电压;(2)如将绕组改成三角形联结,求线电压。

5.2 指出下列各结论中,哪个是正确的,哪个是错误的?

(1) 同一台发电机为星形联结时的线电压等于三角形联结时的线电压。

(2) 当负载为星形联结时,必须有中线。

(3) 凡负载为三角形联结时,线电流必为相电流的$\sqrt{3}$倍。

(4) 当三相负载越接近对称时,中线电流越小。

(5) 负载为星形联结时,线电流必等于相电流。

(6) 三相对称负载为星形联结或三角形联结时,其总有功功率为 $P = \sqrt{3}U_1I_1\cos\varphi$。

5.3 有一台星形联结的发电机,求下列情况线电压的有效值:(1)已知相电压的最大值为 179V;(2)已知相电压的有效值为 220V。

5.4 如图 5.14 所示,在三相四线制电路中,电源线电压为 380V,负载 $R_U = 11\Omega$,$R_V = R_W = 22\Omega$。试求:

(1) 负载相电压、相电流、中性线电流,并画出相量图。

(2) 当中性线断开,再求各负载相电压。

(3) 若无中性线且 U 相短路时,各负载相电压和相电流。

(4) 若无中性线且 W 相断路时,另外两相的电压和电流。

5.5 图 5.15 所示为一组不对称星形联结负载,接至 380V 对称三相电源上,U 相为电感 $L = 1H$,V 相和 W 相都接 220V、60W 的灯泡。试判断 V 相和 W 相哪个灯亮,并画出相量图。

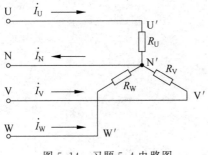

图 5.14 习题 5.4 电路图

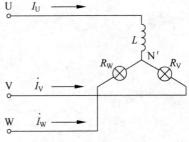

图 5.15 习题 5.5 电路图

5.6 一组三相对称电阻性负载,每相电阻 $R=10\Omega$,接在线电压为 380V 的三相电源上,试求下面两种接法的线电流:(1)负载接成三角形;(2)负载接成星形。

5.7 为了减小三相笼型异步电动机的启动电流,通常把电动机先连接成星形,转起来后再改成三角形联结(称Y-△启动),试求:

(1) Y-△启动时的相电流之比。

(2) Y-△启动时的线电流之比。

5.8 如图 5.16 所示,已知 $R_1=R_2=R_3$,若负载 $R_1$ 断开,图中所接的两个电流表的读数有无变化? 为什么?

5.9 如图 5.17 所示,已知电源线电压为 220V,电流表读数为 17.3A,每相负载的有功功率为 4.5kW,求每相负载的电阻和电抗。

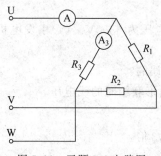

图 5.16 习题 5.8 电路图

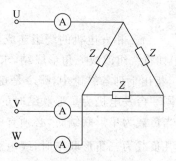

图 5.17 习题 5.9 电路图

第  章 ─────────────────────────── Chapter 6

# 谐振电路及互感

第 6 章微课

## 学习要求

本章介绍串联谐振电路、并联谐振电路、互感电路、理想变压器及其电路的计算。

(1) 深刻理解谐振的概念。

(2) 深刻理解串联谐振电路的定义,串联谐振的谐振条件,串联谐振电路的基本特征。

(3) 深刻理解并联谐振电路的定义,并联谐振的谐振条件,并联谐振电路的基本特征。

(4) 理解互感的概念,互感线圈的同名端、电压与电流关系,正弦交流电路中互感的电压与电流关系的相量形式,含互感电路的等效受控源电路,含互感电路的计算。

(5) 理想变压器及其电路的计算。

## 6.1 串联谐振电路

### 6.1.1 谐振现象

在正弦交流电路中,感抗与容抗的大小随频率的变化并有相互补偿的作用,因此在某一频率下,含有 $L$ 和 $C$ 的电路会出现电流与电压同相的情况,这种现象称为谐振。

### 6.1.2 串联谐振的谐振条件

**1. 串联谐振的谐振条件**

如图 6.1 所示 RLC 串联电路,在正弦电压的作用下,该电路的复阻抗为

$$Z = R + j\left(\omega L - \frac{1}{\omega C}\right) = R + j(X_L - X_C) = |Z| \underline{/\varphi}$$

式中

$$\varphi = \arctan \frac{X_L - X_C}{R}$$

若电源电压与回路电流同相位,即 $\varphi = 0$ 时,电路发生谐振,则有

$$X_L - X_C = 0 \rightarrow \omega L - \frac{1}{\omega C} = 0$$

或

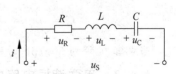

图 6.1　串联谐振电路

$$\omega L = \frac{1}{\omega C} \tag{6.1}$$

即串联电路产生谐振的条件为：感抗等于容抗。

**2. 三种调谐方法**

由式(6.1)可见,谐振的发生不但与 $L$ 和 $C$ 有关,而且与电源的角频率 $\omega$ 有关。因此,通过改变 $L$ 或 $C$ 或 $\omega$ 的方法都可使电路发生谐振,这种做法称为调谐。在实际中有以下三种调谐方法。

(1) 若 $L$、$C$ 固定时,通过改变电源的角频率 $\omega$ 使电路谐振称为调频调谐。由式(6.1)得谐振角频率为

$$\omega_0 = \frac{1}{\sqrt{LC}} \tag{6.2}$$

或谐振频率为

$$f_0 = \frac{1}{2\pi\sqrt{LC}} \tag{6.3}$$

可见,谐振频率是由电路参数决定的。它是电路本身的一种固有性质,所以又称为电路的"固有频率"。因此,对 RLC 串联电路来说,并不是对外电压的任意一种频率都能发生谐振。要想达到谐振,必须使外加电压的频率 $f$ 与电路固有频率 $f_0$ 相等,即 $f = f_0$。

(2) 当 $L$ 和 $\omega$ 固定时,通过改变电容 $C$ 使电路谐振称为调容调谐。由式(6.2)得

$$C = \frac{1}{\omega_0^2 L} \tag{6.4}$$

(3) 当 $C$ 和 $\omega$ 固定时,通过改变电感 $L$ 使电路谐振称为调感调谐。由式(6.2)得

$$L = \frac{1}{\omega_0^2 C} \tag{6.5}$$

以上介绍了三种调谐的方法。若不希望电路发生谐振,就应设法使式(6.1)条件不满足。

**【例 6.1】** 某个收音机串联谐振电路中,$C = 150\text{pF}$,$L = 250\mu\text{F}$,试求该电路发生谐振的频率。

**解**：由式(6.2)可得

$$\omega_0 = \frac{1}{\sqrt{LC}} = \frac{1}{\sqrt{150 \times 10^{-12} \times 250 \times 10^{-6}}} = 5.16 \times 10^6 (\text{rad/s})$$

$$f_0 = \frac{\omega_0}{2\pi} = \frac{5.16 \times 10^6}{2 \times 3.14} = 820(\text{kHz})$$

**【例 6.2】** 在 RLC 串联电路中,已知 $L = 500\mu\text{F}$,$R = 10\Omega$,外加电压的频率 $f = 1000\text{kHz}$,电容 $C$ 为可变电容器,变化范围在 $12 \sim 290\text{pF}$,试求电容 $C$ 调到何值时电路发生谐振?

**解**：将已知数据代入式(6.4),可得

$$C = \frac{1}{\omega_0^2 L} = \frac{1}{(2\pi \times 1000 \times 10^3)^2 \times 500 \times 10^{-6}} = 50.7(\text{pF})$$

当电容 $C$ 调到 50.7pF 时发生谐振。

### 6.1.3 串联谐振电路的基本特征

(1) 谐振时,电路阻抗最小且为纯电阻。因为谐振时,电抗 $X = 0$,所以 $|Z| = \sqrt{R^2 + X^2} =$

$R$ 为最小,且为纯电阻,即

$$Z_0 = R \tag{6.6}$$

（2）谐振时,电路的电抗为零,$X = 0$,感抗与容抗相等并等于电路的特性阻抗,即

$$\omega_0 L = \frac{1}{\omega_0 C} = \sqrt{\frac{L}{C}} = \rho \tag{6.7}$$

式中:$\rho$ 称为电路的特性阻抗,单位为 $\Omega$。它由电路的 $L$、$C$ 参数决定,是衡量电路特性的重要参数。

（3）谐振时,电路中的电流最大,且与外加电源电压同相。

当电源电压一定时,谐振阻抗最小,则

$$\dot{I}_0 = \frac{\dot{U}_s}{Z_0} = \frac{\dot{U}_s}{R}$$

或

$$\dot{I} = \frac{\dot{U}_s}{R} \tag{6.8}$$

（4）谐振时,电感电压与电容电压大小相等、相位相反。其大小为电源电压的 $Q$ 倍。其电压关系为

$$U_{L0} = U_{C0} = I\omega_0 L = \frac{U_s}{R}\omega_0 L = \frac{\omega_0 L}{R}U_s = QU_s \tag{6.9}$$

$$U_{R0} = U_s \tag{6.10}$$

式中

$$Q = \frac{\omega_0 L}{R} = \frac{1}{\omega_0 CR} = \frac{\rho}{R} \tag{6.11}$$

$Q$ 为谐振回路的品质因数,工程中常叫作 $Q$ 值,它是一个无量纲的量。

串联谐振电路的相量图如图 6.2 所示。

由于 $U_{L0} = U_{C0} = QU_s$,若 $Q \geqslant 1$,则电感电压和电容电压远远超过电源电压。因此,串联谐振又称为电压谐振。

在无线电技术中,所传输的信号电压往往很微弱,为此常利用电压谐振现象获得较高的电压。在电力系统中,电源电压本身就高,如若谐振,就会产生过高的电压,从而损坏电气设备,甚至发生人身危险,因此应避免电路发生谐振,以保证设备和系统的安全运行。

（5）谐振时,电路的无功功率为零,电源供给电路的能量全部消耗在电阻上。

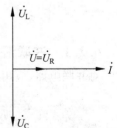

图 6.2　串联谐振电路的相量图

电路在发生谐振时,因为感抗等于容抗,所以感性无功功率与容性无功功率相等,电路的无功功率为零。这说明电感与电容之间有能量交换,而且达到完全补偿,不与电源进行能量交换,电源供给电路的能量全部消耗在电阻上。

【例 6.3】　如图 6.1 所示 RLC 电路,已知 $R = 9.4\Omega$,$L = 30\mu F$,$C = 211pF$,电源电压 $U = 0.1mV$。求电路发生谐振时的谐振频率 $f_0$、回路的特性阻抗 $\rho$、品质因数 $Q$ 及电容上的电压 $U_{C0}$。

**解：** 电路的谐振频率为

$$f_0 = \frac{1}{2\pi\sqrt{LC}} = \frac{1}{2\pi\sqrt{30\times 10^{-6}\times 211\times 10^{-12}}} = 2\times 10^6 (\mathrm{Hz}) = 2(\mathrm{MHz})$$

回路的特性阻抗为

$$\rho = \sqrt{\frac{L}{C}} = \sqrt{\frac{30\times 10^{-6}}{211\times 10^{-12}}} = 377(\Omega)$$

电路的品质因数为

$$Q = \frac{\rho}{R} = \frac{377}{9.4} = 40$$

电容电压为

$$U_{C0} = QU = 40\times 0.1 = 4(\mathrm{mV})$$

## 思考与练习

6.1.1  什么是谐振现象？串联电路的谐振条件是什么？其谐振频率和谐振角频率等于什么？

6.1.2  串联电路的基本条件是什么？为什么串联谐振也叫电压谐振？

## 6.2  并联谐振电路

实际的并联谐振回路常常由电感线圈与电容器并联而成。由于电容器损耗很小,可忽略,$R$ 是线圈本身的电阻,其电路如图 6.3 所示。

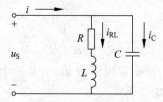

图 6.3  电感线圈与电容器并联谐振电路

### 6.2.1  并联谐振电路的谐振条件

对并联电路,应用复导纳较为方便。图 6.3 所示电路的复导纳为

$$Y = \frac{1}{R+\mathrm{j}\omega L} + \mathrm{j}\omega C = \frac{R}{R^2+(\omega L)^2} + \mathrm{j}\left[-\frac{\omega L}{R^2+(\omega L)^2} + \omega C\right]$$

$$= G + \mathrm{j}(-B_L + B_C) = G + \mathrm{j}B = |Y|\underline{/\varphi'} \tag{6.12}$$

式中

$$|Y| = \sqrt{G^2 + B^2}$$

$$\varphi' = \arctan\left(\frac{B}{G}\right)$$

当导纳的虚部为零,即 $B=0$,$B_L = B_C$,$\varphi'=0$ 时,端口电压 $\dot{U}$ 与总电流 $\dot{I}$ 同相,电路呈纯阻性,这时电路发生谐振。

可见并联谐振电路的条件是 $B=0$。对于如图 6.3 所示电路,$B=0$ 即 $-\dfrac{\omega L}{R^2+(\omega L)^2} + \omega C = 0$,可解得

$$\omega_0 = \sqrt{\frac{1}{LC} - \frac{R^2}{L^2}} = \frac{1}{\sqrt{LC}}\sqrt{1 - \frac{CR^2}{L}} \tag{6.13}$$

$$f_0 = \frac{1}{2\pi}\sqrt{\frac{1}{LC} - \frac{R^2}{L^2}} = \frac{1}{2\pi\sqrt{LC}}\sqrt{1 - \frac{CR^2}{L}} \tag{6.14}$$

电路参数一定的条件下,改变电源的频率能否达到谐振,要由式(6.13)中根号内的值是正还是负来确定。

如果 $1 - \dfrac{CR^2}{L} > 0$,即 $R < \sqrt{\dfrac{L}{C}}$,则 $\omega_0$ 为实数,电路有谐振频率,电路可能发生谐振;如果 $R > \sqrt{\dfrac{L}{C}}$ 时,则 $\omega_0$ 为虚数,电路不可能发生谐振。

实际应用的并联谐振电路,线圈本身的电阻很小,在高频电路中,一般都能满足 $R \ll \omega_0 L$ 或 $\dfrac{1}{LC} \gg \dfrac{R^2}{L^2}$,于是

$$\omega_0 \approx \frac{1}{\sqrt{LC}} \tag{6.15}$$

$$f_0 = \frac{1}{2\pi\sqrt{LC}} \tag{6.16}$$

与串联谐振频率近似于相等。

### 6.2.2　并联谐振电路的基本特征

(1) 谐振时,回路阻抗呈纯电阻性,回路端电压与总电流同相。

由图 6.3 可得各支路电流为

$$I_L = \frac{U}{\sqrt{R^2 + (\omega_0 L)^2}}$$

当 $R \ll \omega_0 L$ 时

$$I_L \approx \frac{U}{\omega_0 L} \tag{6.17}$$

$$I_C = U\omega_0 C \tag{6.18}$$

而总电流为

$$I = I_0 = UG = \frac{UR}{R^2 + (\omega L)^2} \tag{6.19}$$

与电压同相位,当 $R \ll \omega_0 L$ 时,$\dfrac{1}{\omega_0 L} \approx \omega_0 C \gg G$,于是可得 $I_L \approx I_C \gg I_0$,即在谐振时两条并联支路的电流近乎相等,比总电流大许多倍。

并联谐振时,电压、电流的相量图如图 6.4 所示。

(2) 在 $R \ll \omega_0 L$ 条件下,谐振时,回路阻抗为最大值,即 $Z_0 = \dfrac{L}{RC}$,回路导纳为最小值。

并联谐振时,电纳 $B = 0$,故导纳只有实部,电路的等效阻抗 $Z_0$ 为纯电阻,且为输入电导的倒数,由式(6.12)可得

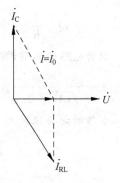

图 6.4　并联谐振电路的相量图

$$Z_0 = \frac{1}{G} = \frac{R^2 + (\omega_0 L)^2}{R}$$

将式(6.13)的值 $\omega_0$ 代入,可得

$$Z_0 = \frac{1}{G} = \frac{L}{RC} \tag{6.20}$$

式(6.20)表明,谐振时电路的等效阻抗最大,其值由电路参数决定而与外加电源频率无关。电感线圈的电阻越小,则谐振时电路的等效阻抗越大,当 $R=0$ 时,$Z_0 \to \infty$,这时电路呈现极大的电阻。

(3) 并联谐振时,电路的特性阻抗与串联谐振电路的特性阻抗一样,均为

$$\rho = \sqrt{\frac{L}{C}} \tag{6.21}$$

(4) 谐振时,电感支路电流与电容支路电流近似相等并为总电流的 $Q$ 倍。

并联谐振的品质因数定义为谐振时的容纳(或导纳)与输入电导 $G$ 的比值,即

$$Q = \frac{\omega_0 C}{G} = \frac{\omega_0 C}{\frac{RC}{L}} = \frac{\omega_0 L}{R} = \frac{1}{R}\sqrt{\frac{L}{C}} = \frac{\rho}{R} \tag{6.22}$$

式(6.22)也说明 $R \ll \omega_0 L$ 与 $Q \gg 1$ 含义是相同的。

谐振时,支路电流与 $Q$ 值的关系可推导如下:

$$Q = \frac{\omega_0 C}{G} = \frac{\omega_0 CU}{GU} = \frac{I_C}{I_0}$$

可见在并联谐振时,支路电流 $I_L$(或 $I_C$)是总电流 $I_0$ 的 $Q$ 倍,即

$$I_L \approx I_C = QI_0 \tag{6.23}$$

因此,并联谐振也称为电流谐振。

引入品质因数后,还可以推导出并联谐振阻抗与品质因数的关系为

$$Z_0 = \frac{L}{RC} = \frac{1}{R}\sqrt{\frac{L}{C}}\sqrt{\frac{L}{C}} = Q\sqrt{\frac{L}{C}} = Q\rho \tag{6.24}$$

(5) 若电源为电流源,并联谐振时,由于谐振阻抗最大,故回路端电压为最大。

【例6.4】 如图6.5所示的线圈与电容器并联电路,已知线圈的电阻 $R=10\Omega$,电感 $L=0.127\text{mH}$,电容 $C=200\text{pF}$,谐振时总电流 $I_0=0.2\text{mA}$。试求:(1)电路的谐振频率 $f_0$ 和谐振阻抗 $Z_0$;(2)电感支路和电容支路的电流 $I_{C0}$、$I_{L0}$。

**解**:并联谐振的品质因数为

$$Q = \frac{1}{R}\sqrt{\frac{L}{C}} = \frac{1}{10}\sqrt{\frac{0.127 \times 10^{-3}}{200 \times 10^{-12}}} \approx 80$$

因为电路的品质因数 $Q \gg 1$,所以谐振频率为

$$f_0 = \frac{1}{2\pi\sqrt{LC}} = \frac{1}{2\pi\sqrt{0.127 \times 10^{-3} \times 200 \times 10^{-12}}} = 10^6 (\text{Hz})$$

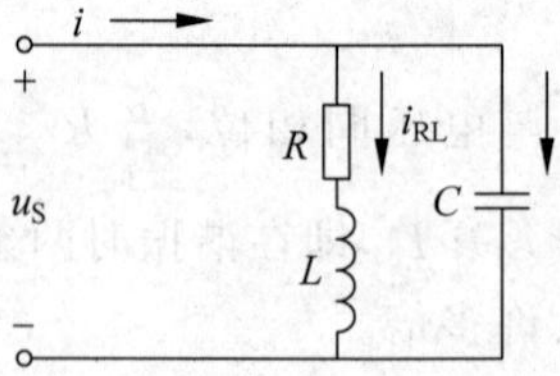

图 6.5 线圈与电容器并联电路

电路的谐振阻抗为

$$Z_0 = \frac{L}{RC} = Q^2 R = 80^2 \times 10 = 64000 = 64(\text{k}\Omega)$$

$$I_L \approx I_C = QI_0 = 80 \times 0.2 = 16(\text{mA})$$

**【例 6.5】** 收音机的中频放大耦合电路是一个线圈与电容器并联谐振回路,其谐振频率为 465kHz,电容 $C=200pF$,回路的品质因数 $Q=100$,求线圈的电感 $L$ 和电阻 $R$。

**解:** 因为 $Q\gg1$,所以电路的谐振频率为

$$f_0\approx\frac{1}{2\pi\sqrt{LC}}$$

因此,回路谐振时的电感和电阻分别为

$$L=\frac{1}{(2\pi f_0)^2C}=\frac{1}{(2\pi\times465\times10^3)^2\times200\times10^{-12}}=0.578\times10^{-3}(\text{H})$$

$$R=\frac{1}{Q}\sqrt{\frac{L}{C}}=\frac{1}{100}\sqrt{\frac{0.578\times10^{-3}}{200\times10^{-12}}}=17(\Omega)$$

串联谐振电路适用于内阻较小的信号源,当信号源的内阻较大时,由信号源内阻与谐振电路相串联,这会使谐振电路的品质因数大大降低,从而使电路的选择性变坏,所以遇到高内阻信号源时,宜采用并联谐振电路。

## 思考与练习

6.2.1 实际中常见的并联谐振电路模型如何?当回路的 $Q\gg1$(或 $R\ll\omega_0L$)时,其谐振频率和谐振角频率等于什么?

6.2.2 并联电路的基本条件是什么?为什么并联谐振也叫电流谐振?

6.2.3 当 $\omega_0=\frac{1}{\sqrt{LC}}$ 时,图 6.6 所示电路中,哪些相当于短路?哪些相当于开路?

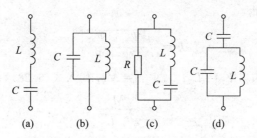

图 6.6 思考与练习 6.2.3 电路图

6.2.4 欲提高并联谐振的品质因数 $Q$ 值,应如何改变电路参数的 $R$、$L$ 和 $C$ 值?

6.2.5 在 RLC 并联电路中,接 $I_s=50\mu A$ 的电流源,当 $R=20\Omega,L=400\mu H,C=100pF$ 时,试求谐振频率及谐振时电路的谐振电压、电容电流。

## 6.3 互感电路

### 6.3.1 互感

**1. 磁耦合**

由法拉第定律知道,只要线圈所交链的磁通发生变化,均要在线圈中产生感应电动势,不管所交链的磁通量是否由本线圈的电流产生。两个彼此相邻的线圈,匝数分别为 $N_1$、$N_2$,当各自载有电流 $i_1$ 和 $i_2$ 时,分别产生了磁通 $\Phi_{11}$ 和 $\Phi_{22}$,这两个磁通不仅分别与本线圈交链构成自感磁链 $\Psi_{11}=N_1\Phi_{11}$,$\Psi_{22}=N_2\Phi_{22}$,还将交链相邻的线圈构成互感磁链,这种现象称为磁耦合。图 6.7(a)是第一个线圈的电流 $i_1$ 产生的磁通 $\Phi_{11}$ 的一部分 $\Phi_{21}$ 交链了第二个线圈;

图 6.7(b)是第二个线圈通入电流 $i_2$ 产生的磁通 $\Phi_{22}$ 的一部分 $\Phi_{12}$ 交链了第一个线圈。两个图可以合并为一个图,分开是为了分析得更清晰,两个图中的电流与其产生的磁通之间满足右手螺旋定则。

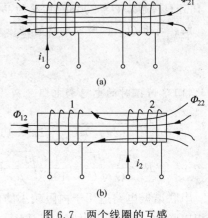

图 6.7 两个线圈的互感

**2. 互感**

$\Psi_{21} = N_2\Phi_{21}$ 称为线圈 1 对线圈 2 的互感磁链,$\Psi_{12} = N_1\Phi_{12}$ 称为线圈 2 对线圈 1 的互感磁链。与自感的定义相类似,定义互感磁链 $\Psi_{21}$ 与产生它的电流 $i_1$ 的比值为线圈 1 对线圈 2 的互感系数,简称互感,即

$$M_{21} = \frac{\Psi_{21}}{i_1} \qquad (6.25)$$

同理,可以定义线圈 2 对线圈 1 的互感为

$$M_{12} = \frac{\Psi_{12}}{i_2} \qquad (6.26)$$

实验和理论均可证明,$M_{21} = M_{12}$,且两者恒为正,因此有

$$M = \frac{\Psi_{21}}{i_1} = \frac{\Psi_{12}}{i_2} \qquad (6.27)$$

互感 $M$ 的量值反映了一个线圈在另一个线圈中产生磁通的能力。两个耦合线圈的电流所产生的磁通在一般情况下只有部分磁通相交链,而彼此不交链的那一部分磁铁成为漏磁通。为了定量地描述两个线圈耦合的紧疏程度,把两个线圈互感磁链与自感磁链比值的几何平均值定义为耦合系数 $k$,因此

$$k = \sqrt{\frac{|\Psi_{21}||\Psi_{12}|}{\Psi_{11} \cdot \Psi_{22}}} \qquad (6.28)$$

将 $\Psi_{11} = L_1 i_1$,$|\Psi_{12}| = Mi_2$,$\Psi_{22} = L_2 i_2$,$|\Psi_{21}| = Mi_1$ 代入式(6.28)后有

$$k = \frac{M}{\sqrt{L_1 L_2}} \qquad (6.29)$$

式中:$L_1$、$L_2$ 为两线圈的自感。由式(6.28)可知,$k$ 的取值范围为 $0 \leqslant k \leqslant 1$。当 $k = 1$ 时,无漏磁通,两线圈全耦合,$k$ 的大小与线圈的结构、两线圈的相互位置以及周围的磁介质有关。

### 6.3.2 互感线圈的同名端及电压、电流关系

**1. 互感电压、电流的方向关系**

在图 6.8(a)中,电流 $i_1$ 所产生的磁通 $\Phi_{11}$ 与 $i_1$ 之间满足右手螺旋定则,$\Phi_{11}$ 交链第二个线圈的互感磁通 $\Phi_{21}$ 与 $\Phi_{11}$ 同方向;同理,在图 6.8(a)中,$\Phi_{21}$ 与第二个线圈的电流 $i_2$ 之间也满足右手螺旋定则,两者的参考方向一致。在第二个线圈中,电流 $i_2$ 与互感电压 $u_{21}$ 之间的参考方向一致,因此 $\Phi_{21}$ 与由其产生的 $u_{21}$ 的参考方向一致,与自感(电感)的电流、电压关系的定义方向相同,由楞次定律可得到 $u_{21}$ 与 $\Psi_{21}$ 以及 $i_1$ 之间的关系:

$$u_{21} = \frac{\mathrm{d}\Psi_{21}}{\mathrm{d}t} = M\frac{\mathrm{d}i_1}{\mathrm{d}t} \qquad (6.30)$$

同理,在图 6.8(a)中,可得到由电流 $i_2$ 产生的交链第一个线圈的 $\Psi_{12}$ 以及在第一个线圈中产生的互感电压三者的关系:

$$u_{12} = \frac{\mathrm{d}\Psi_{12}}{\mathrm{d}t} = M\frac{\mathrm{d}i_2}{\mathrm{d}t} \tag{6.31}$$

在图 6.8(b)中,由于线圈 2 改变了绕向,$i_1$ 产生的交链第二个线圈的磁通 $\Phi_{21}$ 磁通(磁链 $\Psi_{21}$)与 $i_2$ 的参考方向相反(不符合右手螺旋定则),图中 $i_2$ 与 $u_{21}$ 之间的参考方向一致,因此 $\Phi_{21}(\Psi_{21})$ 与由其产生的 $u_{21}$ 之间的参考方向相反,由楞次定律可知:

$$u_{21} = -\frac{\mathrm{d}\Psi_{21}}{\mathrm{d}t} = -M\frac{\mathrm{d}i_1}{\mathrm{d}t} \tag{6.32}$$

同理,在图 6.8(b)中,由电流 $i_2$ 产生的交链第一个线圈磁链 $\Psi_{12}$ 与由 $\Psi_{12}$ 产生的 $u_{12}$ 之间的参考方向相反,故有

$$u_{12} = -\frac{\mathrm{d}\Psi_{12}}{\mathrm{d}t} = -M\frac{\mathrm{d}i_2}{\mathrm{d}t} \tag{6.33}$$

图 6.8(a)和(b)中,$i_1$、$u_{12}$、$i_2$、$u_{21}$ 的参考方向均未改变,仅是线圈 2 的实际绕向改变,所以建立互感电压与产生该电压的电流之间的关系时,前者 $M$ 前不带负号,而后者 $M$ 前带加负号。图 6.9 与图 6.8(a)两线圈绕向均未变,只是改变了第二个线圈中 $i_2$ 和 $u_{21}$ 的参考方向,用以上的方法同样可得到

$$u_{21} = -\frac{\mathrm{d}\Psi_{21}}{\mathrm{d}t} = -M\frac{\mathrm{d}i_1}{\mathrm{d}t}$$

$$u_{12} = -\frac{\mathrm{d}\Psi_{12}}{\mathrm{d}t} = -M\frac{\mathrm{d}i_2}{\mathrm{d}t}$$

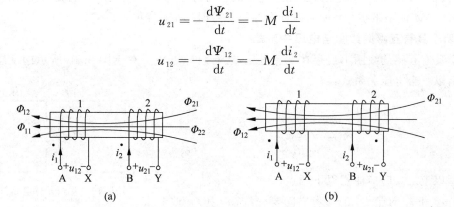

图 6.8 互感线圈的同名端

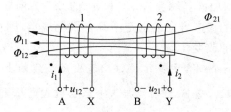

图 6.9 互感电压电流的方向关系

可见,改变任一个线圈的实际绕向,或者改变任一个线圈的电流、电压参考方向,都可使 $M$ 前的正、负号发生改变。其原因在于,以上两种改变,都会使互感磁链的参考方向与自感磁链的参考方向之间的关系发生改变。

### 2. 互感线圈的同名端

线圈的实际绕向通常不易观察出来,为简便起见,电路图中通常也不画出线圈的实际绕向。这就需要在线圈的出线端标注某种形式的记号,例如"·"或星号"＊",以便对两线圈的磁耦合方向进行判断,这种方法称为同名端标记法。

同名端的定义：若电流 $i_1$ 和 $i_2$ 分别从线圈 1 和线圈 2 各自的一个端子流入，且两个电流产生的磁通是互相加强的，则流入 $i_1$ 和流入 $i_2$ 的两个端子互为同名端，并标以"·"(或"*")；不带"·"(或"*")的另外两个端子也互为同名端。

在图 6.8(a)中，线圈 1 的 A 端与线圈 2 的 B 端满足同名端的定义(可在 A、B 端子标"·")，且 $i_1$ 从带"·"端子流入时，由 $i_1$ 在线圈 2 中产生的 $u_{21}$ 的方向为由带"·"的端子指向不带"·"的端子，这时，$i_1$ 与 $u_{21}$ 之间满足式(6.30)，$M$ 前不带负号。同理，$i_2$ 与 $u_{12}$ 之间满足式(6.31)。

在图 6.8(b)中，线圈 1 的 A 端与线圈 2 的 B 端不满足同名端的定义，而 A 端、Y 端可用"·"标记为同名端。图中 $i_1$ 从带"·"端子流入，而由 $i_1$ 在线圈 2 中产生的 $u_{21}$ 的方向却是从不带"·"的一端指向带"·"的一端，因此，两者的关系满足式(6.32)，$M$ 前加负号。同理，$i_2$ 与 $u_{12}$ 之间满足式(6.33)。

图 6.9 所示的情况是，同名端标记同图 6.8(a)，但 $i_1$ 与 $u_{21}$ 两者的方向对同名端不一致，一个线圈电流的流入端与另一个线圈中互感电压的正极性端不互为同名端，因此，$i_1$、$u_{21}$ 以及 $i_2$、$u_{12}$ 的关系由式(6.32)和式(6.33)确定。

总之，在给出同名端标记后，当互感电压的参考方向与产生该电压的电流的参考方向对同名端一致时，$M$ 前不带负号；两者对同名端不一致时，$M$ 前带负号。

### 3. 两个具有互感的线圈全电压关系式

两个具有互感的线圈不仅存在互感电压，还有自感电压。对于图 6.10 所示的互感元件，可以写出以下全电压关系式：

$$u_1 = L_1 \frac{\mathrm{d}i_1}{\mathrm{d}t} + M \frac{\mathrm{d}i_2}{\mathrm{d}t} \qquad (6.34)$$

$$u_2 = L_2 \frac{\mathrm{d}i_2}{\mathrm{d}t} + M \frac{\mathrm{d}i_1}{\mathrm{d}t} \qquad (6.35)$$

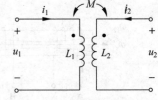

图 6.10 互感元件电路符号

列写以上二式时应注意以下两点。

(1) $u_1$ 和 $i_1$ 对于 $L_1$ 的参考方向要一致，$u_2$ 和 $i_2$ 对于 $L_2$ 的参考方向也要一致。

(2) $i_1$ 和 $i_2$ 的参考方向由同名端流入，$u_2$ 和 $u_1$ 的参考方向要从同名端指向非同名端。

如果上述各电压、电流的参考方向的选定不符合以上规定，则在列写全电压关系式时，相关各项的＋、－号应做相应的改变。

【例 6.6】 图 6.11 为一个耦合电感元件，(1)写出每个线圈上的电压电流关系；(2)假设 $M = 18\mathrm{mH}$，$i = 2\sqrt{2}\sin 1000t\,\mathrm{A}$，在 B、Y 两端接入一只电磁式电压表，求其读数应为多少？

**解：**(1) 因为在 $L_1$ 上 $u_1$ 与 $i_1$ 的参考方向一致，所以 $u_{L_1} = +L_1 \frac{\mathrm{d}i_1}{\mathrm{d}t}$。在 $L_2$ 上 $u_2$ 与 $i_2$ 的参考方向不一致，所以 $u_{L_2} = -L_2 \frac{\mathrm{d}i_2}{\mathrm{d}t}$。电流 $i_2$ 的参考方向从非同名端流入，而 $u_1$ 的参考方向是从同名端指向非同名端，因此互感电压 $u_{M1} = -M \frac{\mathrm{d}i_2}{\mathrm{d}t}$。这里设 $u_{M1}$ 与 $u_1$ 的参考方向一致，电流 $i_1$ 的参考方向是从同名端流入，而 $u_2$ 的参考方向是从同名端指向非同名端，则互感电压 $u_{M2} = +M \frac{\mathrm{d}i_1}{\mathrm{d}t}$。耦合电感电压电

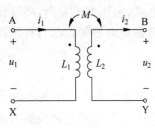

图 6.11 例 6.6 电路图

流关系为

$$u_1 = u_{L1} + u_{M1} = L_1 \frac{\mathrm{d}i_1}{\mathrm{d}t} - M \frac{\mathrm{d}i_2}{\mathrm{d}t}$$

$$u_2 = u_{L2} + u_{M2} = -L_2 \frac{\mathrm{d}i_2}{\mathrm{d}t} + M \frac{\mathrm{d}i_1}{\mathrm{d}t}$$

（2）在 B、Y 两端接入电压表时，认为 B、Y 两端开路，$i_2 = 0$，此时：

$$u_1 = M \frac{\mathrm{d}i_1}{\mathrm{d}t}$$

将 $M = 18\mathrm{mH}$ 及 $i = 2\sqrt{2}\sin1000t\,\mathrm{A}$ 代入上式可得

$$u_2 = 18 \times 10^{-3} \frac{\mathrm{d}}{\mathrm{d}t}(2\sqrt{2}\sin1000t)$$

$$= 18 \times 10^{-3} \times 2\sqrt{2} \times 1000\cos1000t$$

$$= 36\sqrt{2}\cos1000t\,(\mathrm{V})$$

电磁式电压表测得的电压为有效值，所以电压表读数应为 36V。

### 6.3.3 正弦交流电路中互感电压、电流关系的相量形式

图 6.12 所示为图 6.10 的耦合电感的相量模型。

互感电压与电流关系的时域形式为

$$u_{M1} = M \frac{\mathrm{d}i_2}{\mathrm{d}t}, \quad u_{M2} = M \frac{\mathrm{d}i_1}{\mathrm{d}t}$$

式中：$u_{M1}$、$i_2$ 以及 $u_{M2}$、$i_1$ 的关联参考方向对同名端一致。

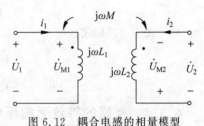

图 6.12 耦合电感的相量模型

假设 $i_1 = \sqrt{2}I_1\cos(\omega t + \varphi_{i1})$，其相量为 $\dot{I}_1 = I_1 \underline{/\varphi_{i1}}$，则有

$$u_{M2} = M \frac{\mathrm{d}i_1}{\mathrm{d}t} = M \frac{\mathrm{d}}{\mathrm{d}t}(\sqrt{2}I_1\cos\omega t + \varphi_{i1})$$

$$= \sqrt{2}\omega M I_1 \cos\left(\omega t + \varphi_{i1} + \frac{\pi}{2}\right)$$

互感电压 $u_{M2}$ 的相量为

$$\dot{U}_{M2} = \omega M I_1 \underline{/\left(\varphi_{i1} + \frac{\pi}{2}\right)} = \omega M \underline{/\frac{\pi}{2}} \cdot I_1 \underline{/\varphi_{i1}} = \mathrm{j}\omega M \dot{I}_1$$

即

$$\dot{U}_{M2} = \mathrm{j}\omega M \dot{I}_1 \tag{6.36}$$

若假设 $i_2 = \sqrt{2}I_2\cos(\omega + \varphi_{i2})$，其相量 $\dot{I}_2 = I_2 \underline{/\varphi_{i2}}$，同样可得

$$\dot{U}_{M1} = \mathrm{j}\omega M \dot{I}_2 \tag{6.37}$$

式（6.36）和式（3.67）为互感电压电流关系的相量形式。$\omega M$ 具有电抗的性质，称为互感抗，用 $X_M$ 表示，即 $X_M = \omega M$，这样式（6.36）和式（3.67）又可表示为

$$\dot{U}_{M2} = \mathrm{j}X_M \dot{I}_1$$

$$\dot{U}_{M1} = \mathrm{j}X_M \dot{I}_2$$

如果列出图 6.12 中互感元件全电压式子的相量形式,则有

$$
\begin{cases}
\dot{U}_1 = j\omega L_1 \dot{I}_1 + j\omega M \dot{I}_2 \\
\dot{U}_2 = j\omega L_2 \dot{I}_2 + j\omega M \dot{I}_1
\end{cases}
\tag{6.38}
$$

式(6.38)各项的正、负号的确定方法与前面时域内的确定方法一样。

【**例 6.7**】 列出图 6.13 所示的互感元件相量模型的电压电流关系式。

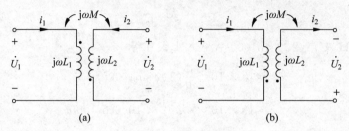

图 6.13  例 6.7 电路图

**解**:对于图 6.13(a)有

$$
\dot{U}_1 = j\omega L_1 \dot{I}_1 - j\omega M \dot{I}_2
$$

$$
\dot{U}_2 = j\omega L_2 \dot{I}_2 - j\omega M \dot{I}_1
$$

对于图 6.13(b)有

$$
\dot{U}_1 = j\omega L_1 \dot{I}_1 + j\omega M \dot{I}_2
$$

$$
\dot{U}_2 = -j\omega L_2 \dot{I}_2 - j\omega M \dot{I}_1
$$

### 6.3.4  互感的等效受控源电路

互感元件的全电压电流关系式中,每个式子都包含两项:一项是自感电压,另一项是互感电压。可以用电流控制电压源(CCVS)来表示后一项的作用。例如,根据式(6.38)画出图 6.12 所示的互感元件等效受控源电路,如图 6.14 所示。

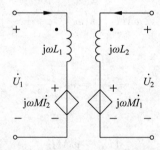

图 6.14  互感元件的等效受控源电路

### 6.3.5  含互感电路的计算

对于含互感电路的分析计算,可以用直接列写 KVL 方程组的方法或用网孔法求解。下面分别用这些方法分析含互感的电路。

**1. 直接列方程法**

(1) 空心变压器

图 6.15(a)所示是两个不含铁心的耦合线圈的简化电路模型。考虑到电路工作时两个线

圈的电阻和电感，一次侧用 $R_1$、$L_1$ 表示，二次侧用 $R_2$、$L_2$ 表示，$M$ 为两线圈的互感。

将此电路的一次侧与交流电源 $\dot{U}_1$ 相连，二次侧接负载阻抗 $Z_L$，这样电路的相量模型如图 6.15(b)所示。由图中所设电压、电流参考方向，对两个网孔直接列写 KVL 方程有

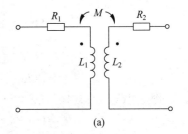

$$\begin{cases} Z_{11}\dot{I}_1 + Z_M\dot{I}_2 = \dot{U}_1 \\ Z_M\dot{I}_1 + Z_{22}\dot{I}_2 = 0 \end{cases} \qquad (6.39)$$

式中：$Z_{11}=R_1+j\omega L_1$；$Z_M=j\omega M$；$Z_{22}=R_2+j\omega L_2+Z_L$。

求解以上方程组，可得

$$\begin{cases} \dot{I}_1 = \dfrac{\dot{U}_1}{Z_{11}+(\omega M)^2 Y_{22}} \\ \dot{I}_2 = -\dfrac{\dot{U}_1 Y_{11} Z_M}{Z_{22}+(\omega M)^2 Y_{11}} \end{cases} \qquad (6.40)$$

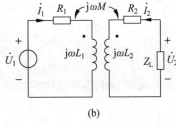

图 6.15　空心耦合线圈电路模型

式中：$Y_{11}=\dfrac{1}{Z_{11}}$；$Y_{22}=\dfrac{1}{Z_{22}}$。用式(6.40)的第一个式子还可以求出输入阻抗：

$$Z_{in} = Z_{11}+(\omega M)^2 Y_{22} \qquad (6.41)$$

可见输入阻抗不仅包含了一次侧回路的阻抗 $Z_{11}$，还包含了通过互感二次侧回路阻抗 $Z_{22}$ 反映一次侧的等效阻抗 $(\omega M)^2 Y_{22}$，此阻抗称为反映阻抗 $Z_{ref}$，所以有

$$Z_{in} = Z_{11} + Z_{ref}$$

当负载开路时，$Z_{22}\to\infty$，$Z_{ref}=0$，则 $Z_{in}=Z_{11}=R_1+j\omega L_1$。这个电路的负载电压：

$$\dot{U}_2 = -Z_L\dot{I}_2 = \frac{\dot{U}_1 Y_{11} Z_M Z_L}{Z_{22}+(\omega M)^2 Y_{11}}$$

上面介绍的这个电路称为空心变压器。

(2) 具有互感两个线圈的串联

现在分析具有互感的两个线圈串联电路。此电路的连接方式有两种：顺接和反接。顺接是两个线圈的异名端相连，通过电流时，两线圈产生的磁通相互增强，如图 6.16(a)所示。反接是两个线圈的同名端相连，通过电流时，两个线圈产生的磁通相互削弱，如图 6.16(b)所示。

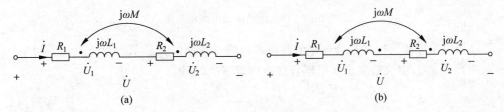

图 6.16　具有互感两个线圈的串联

对图 6.16 所示的两个电路直接列写 KVL 方程。

图 6.16(a)的方程为

$$\dot{U} = \dot{U}_1 + \dot{U}_2$$

$$= (R_1 + j\omega L_1)\dot{I} + j\omega M\dot{I} + (R_2 + j\omega L_2)\dot{I} + j\omega M\dot{I}$$

$$= (R_1 + R_2)\dot{I} + j\omega(L_1 + L_2 + 2M)\dot{I}$$

$$= [(R_1 + R_2) + j\omega(L_1 + L_2 + 2M)]\dot{I} \tag{6.42}$$

图 6.16(b)的方程为

$$U = U_1 + U_2$$

$$= (R_1 + j\omega L_1)\dot{I} - j\omega M\dot{I} + (R_2 + j\omega L_2)\dot{I} - j\omega M\dot{I}$$

$$= (R_1 + R_2)\dot{I} + j\omega(L_1 + L_2 - 2M)\dot{I}$$

$$= [(R_1 + R_2) + j\omega(L_1 + L_2 - 2M)]\dot{I} \tag{6.43}$$

可见耦合电感串联时两种情况下的等效阻抗为

$$Z_{eq} = \frac{\dot{U}}{\dot{I}} = (R_1 + R_2) + j\omega(L_1 + L_2 \pm 2M) \tag{6.44}$$

其中等效电感为

$$L_{eq} = L_1 + L_2 \pm 2M \tag{6.45}$$

顺接时等效电感增加,反接时等效电感减少。说明反接时有削弱电感的作用,互感的这种作用称为互感的"容性"效应。在这个效应的作用下可能会出现其中一个电感小于互感 $M$,但不可能都小,整个电路仍呈感性。

(3) 耦合电感串联电路相量图

在图 6.17 中画出了耦合电感串联电路顺接图 6.17(a)和反接图 6.17(b)的相量图。

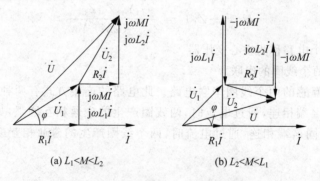

(a) $L_1 < M < L_2$      (b) $L_2 < M < L_1$

图 6.17　耦合电感串联电路相量图

可以利用顺接和反接时等效电感的差值求出两个线圈的互感值。设 $L' = L_1 + L_2 + 2M$, $L'' = L_1 + L_2 - 2M$,用仪器测出实际耦合线圈的 $L'$ 和 $L''$。则

$$M = \frac{L' - L''}{4} \tag{6.46}$$

(4) 具有互感的两个线圈的并联

具有互感的两个线圈的并联连接也有两种接法,如图 6.18 所示。图 6.18(a)电路为同侧并联,即同名端在同一侧。图 6.18(b)电路为异侧并联,即异名端相并联。在正弦交流电路中,按照图中所示各电压、电流参考方向,可列写出 KVL 方程:

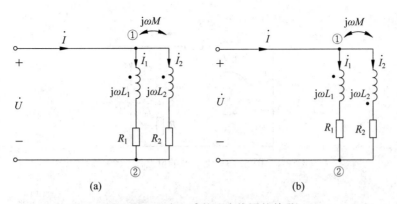

图 6.18　具有互感的两个线圈的并联

$$\begin{cases} \dot{U} = (R_1 + j\omega L_1)\dot{I}_1 \pm j\omega M\dot{I}_2 = Z_1\dot{I}_1 \pm Z_M\dot{I}_2 \\ \dot{U} = (R_2 + j\omega L_2)\dot{I}_2 \pm j\omega M\dot{I}_1 = Z_2\dot{I}_2 \pm Z_M I_1 \end{cases} \tag{6.47}$$

式中：互感电压项前面的符号，上面的为同侧并联，下面的为异侧并联。求解式(6.47)可得

$$\dot{I}_1 = \frac{\dot{U}(Z_2 \mp Z_M)}{Z_1 Z_2 - Z_M^2}$$

$$\dot{I}_2 = \frac{\dot{U}(Z_1 \mp Z_M)}{Z_1 Z_2 - Z_M^2}$$

由 KCL 有 $\dot{I} = \dot{I}_1 + \dot{I}_2$，所以

$$\dot{I} = \frac{\dot{U}(Z_1 + Z_2 \mp 2Z_M)}{Z_1 Z_2 - Z_M^2}$$

根据上式可推出此电路从端口看入的等效阻抗为

$$Z_{eq} = \frac{\dot{U}}{\dot{I}} = \frac{Z_1 Z_2 - Z_M^2}{Z_1 + Z_2 \mp 2Z_M}$$

如果略去各线圈的电阻，即 $R_1 = R_2 = 0$ 时，有

$$Z_{eq} = j\omega \frac{L_1 L_2 - M^2}{L_1 + L_2 \mp 2M}$$

则电路的等效电感为

$$L_{eq} = \frac{L_1 L_2 - M^2}{L_1 + L_2 \mp 2M} \tag{6.48}$$

同侧并联时，磁场增强，等效电感增大，分母取负号；异侧并联时，磁场削弱，等效电感减小，分母取正号。

【例 6.8】 已知：$\omega L_1 = 3\Omega$，$\omega L_2 = 4\Omega$，$\omega M = 3\Omega$，$R_1 = R_2 = 2\Omega$，$\dot{U}_S = 100\underline{/0°}$ V，$Z_L = (10 + j2)\Omega$，求解图 6.19 所示电路的 $\dot{I}_L$ 及负载有功功率 $P_L$。

解：方法一 用网孔法求解。设网孔电流 $\dot{I}_{m1}$，$\dot{I}_{m2}$ 如图 6.19 所示，列方程如下：

$$\begin{cases} \dot{U}_S = (R_1 + j\omega L_1 + R_2 + j\omega L_2)\dot{I}_{m1} - (R_2 + j\omega L_2)\dot{I}_{m2} + j\omega M\dot{I}_{m1} + j\omega M(\dot{I}_{m1} - \dot{I}_{m2}) \\ (R_2 + j\omega L_2 + Z_L)\dot{I}_{m2} - (R_2 + j\omega L_2)\dot{I}_{m1} - j\omega M\dot{I}_{m1} = 0 \end{cases}$$

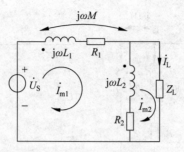

图 6.19 例 6.8 的电路图

整理得

$$\begin{cases} (R_1 + R_2 + j\omega L_1 + j\omega L_2 + j2\omega M)\dot{I}_{m1} - (R_2 + j\omega L_2 + j\omega M)\dot{I}_{m2} = \dot{U}_S \\ -(R_2 + j\omega L_2 + j\omega M)\dot{I}_{m1} + (R_2 + j\omega L_2 + Z_L)\dot{I}_{m2} = 0 \end{cases}$$

将已知数据代入上式,整理得

$$\begin{cases} (4 + j13)\dot{I}_{m1} - (2 + j7)\dot{I}_{m2} = 100\underline{/0°} \\ -(2 + j7)\dot{I}_{m1} + (12 + j6)\dot{I}_{m2} = 0 \end{cases}$$

可解得

$$\dot{I}_L = \dot{I}_{m2} = 4.77\underline{/10.3°}$$
$$P_L = I_L^2 \text{Re}(Z_L) = 4.77^2 \times 10 = 227.5(\text{W})$$

方法二　将 $Z_L$ 支路断开,如图 6.20(a)所示。求从断开端口看入的戴维南等效电路。在图 6.20(a)所示电路中,两个线圈为串联顺接,所以

$$\dot{I}_1 = \frac{\dot{U}_S}{R_1 + R_2 + j\omega L_1 + j2\omega M + j\omega L_2}$$
$$= \frac{100\underline{/0°}}{2 + 2 + j3 + j4 + j6}$$
$$= 7.35\underline{/-72.9°}(\text{A})$$

$$\dot{U}_{OC} = (R_2 + j\omega L_2 + j\omega M)\dot{I}_1$$
$$= (2 + j7) \times 7.35\underline{/-72.9°}$$
$$= 53.51\underline{/1.15°}(\text{V})$$

求这个电路的戴维南等效阻抗与含受控源的电路一样,外加电压 $\dot{U}$,并将电路中独立电源 $\dot{U}_S$ 短接,如图 6.20(b)所示,从这个电路中可以看出两个线圈为异侧并联,所以

$$Z_{eq} = \frac{\dot{U}}{\dot{I}} = \frac{(R_1 + j\omega L_1)(R_2 + j\omega L_2) - (j\omega M)^2}{R_1 + j\omega L_1 + R_2 + j\omega L_2 + j2\omega M}$$
$$= \frac{(2 + j3)(2 + j4) - (j3)^2}{2 + j3 + 2 + j4 + j6} = 1 + j0.232(\Omega)$$

因此得到图 6.20(c)所示戴维南等效电路,再接入 $Z_L$ 后,则

$$\dot{I}_L = \frac{\dot{U}_{OC}}{Z_{eq} + Z_L} = \frac{53.51\underline{/1.15°}}{1 + j0.232 + 10 + j2}$$
$$= 4.77\underline{/-10.32°}(\text{A})$$

负载功率 $P_L$ 的计算与方法一相同。

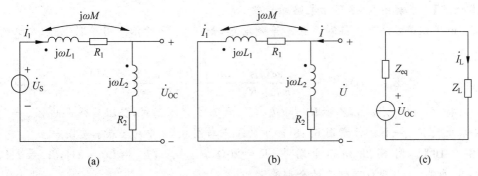

图 6.20 求戴维南等效电路

**2. 去耦等效法**

对于具有互感的两个线圈有一个公共端的电路,可将其等效为无互感的电路,此方法称为去耦等效法。下面推导它们的等效条件。

在图 6.21(a)中,不考虑线圈电阻,有下列方程:

$$\dot{U}_{13} = j\omega L_1 \dot{I}_1 + j\omega M \dot{I}_2$$

$$\dot{U}_{23} = j\omega L_2 \dot{I}_2 + j\omega M \dot{I}_1$$

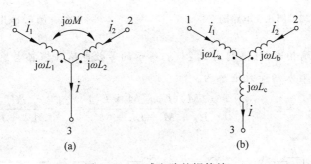

图 6.21 互感电路的耦等效

将 $\dot{I}_2 = \dot{I} - \dot{I}_1$ 代入第一式,将 $\dot{I}_1 = \dot{I} - \dot{I}_2$ 代入第二式得

$$\dot{U}_{13} = j\omega (L_1 - M) \dot{I}_1 + j\omega M \dot{I}$$

$$\dot{U}_{23} = j\omega (L_2 - M) \dot{I}_2 + j\omega M \dot{I}$$

对于图 6.21(b)所示电路,有下列方程:

$$\dot{U}_{13} = j\omega L_a \dot{I}_1 + j\omega L_c \dot{I}$$

$$\dot{U}_{23} = j\omega L_b \dot{I}_2 + j\omega L_c \dot{I}$$

比较以上两组方程,可得图 6.21 中两个电路的等效条件为

$$\begin{cases} L_a = L_1 - M \\ L_b = L_2 - M \\ L_c = M \end{cases} \tag{6.49}$$

**注意**:以上条件只有在两个线圈的同名端相连时才成立,如图 6.21(a)所示。若两个线圈为异名端相连,则式(6.49)中各式的 $M$ 前的符号应该改变。去耦后的等效电路可作为一般无互感电路分析。

【例6.9】 求解图6.22所示电路的等效阻抗。

解：由去耦等效法可以得到无互感等效电路,如图6.22所示。用串联、并联公式可得等效阻抗为

$$Z_{eq} = j\omega M + \frac{[R_1 + j\omega(L_1 - M)] \ [R_2 + j\omega(L_2 - M)]}{R_1 + R_2 + j\omega(L_1 + L_2 - 2M)}$$

如果将$Z_1 = R_1 + j\omega L_1$, $Z_2 = R_2 + j\omega L_2$, $Z_M = j\omega M$代入上式,整理后得出的$Z_{eq}$与用直接方程法求出的$Z_{eq}$一样。注意图6.18(a)中的①点与图6.22中的1'点不是同一点。

【例6.10】 图6.23所示电路中,$R = 20\Omega$, $k = 0.5$, $L_1 = L_2 = 8H$, $L_3 = 2H$, $i_S = 2\cos 10t$ A,求当$t = 0$时电路储存的全部能量。

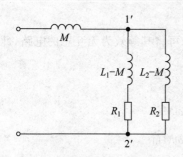

图6.22 例6.9电路图

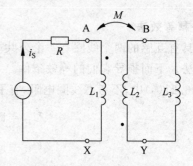

图6.23 例6.10电路图

解：将X、Y两端相连,可得到图6.24(a)所示的等效电路。根据电感的串联、并联公式求出从A、X两端向右看入的等效电感为

$$L_{eq} = L_1 + M + \frac{(-M)(L_2 + M + L_3)}{L_2 + M + L_3 - M} = L_1 - \frac{M^2}{L_2 + L_3}$$

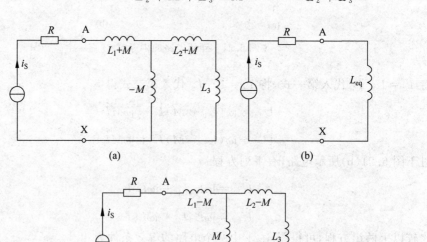

(a)

(b)

(c)

图6.24 例6.10求解电路图

因为耦合系数 $k = \dfrac{M}{\sqrt{L_1 L_2}}$，所以

$$M = k\sqrt{L_1 L_2} = 0.5\sqrt{8 \times 8} = 4(\mathrm{H})$$

则

$$L_{\mathrm{eq}} = 6.4\mathrm{H}$$

当 $t = 0$ 时，电路中储存的全部能量为

$$W_{\mathrm{L}} = \frac{1}{2} L_{\mathrm{eq}} i_{\mathrm{S}(0)}^2 = \frac{1}{2} \times 6.4 \times 2^2 = 12.8(\mathrm{J})$$

求 $L_{\mathrm{eq}}$ 也可将 X 端与 B 端相连，用图 6.24(c)电路等效，所求结果与上相同。无论是 X、Y 相连，还是 X、B 相连，连线中的电流都为零，因此各电路电压、电流均不改变。

## 6.4 理想变压器及其电路的计算

### 6.4.1 理想变压器

#### 1. 理想变压器变比

理想变压器的电路模型如图 6.25(a)所示。当一、二次电压、电流参考方向如图 6.25 所示，同名端一致时，其一、二次电压、电流关系满足：

$$\begin{cases} u_1 = nu_2 \\ i_1 = -\dfrac{1}{n} i_2 \end{cases} \tag{6.50}$$

式中：$n$ 称为理想变压器的变比，$n = \dfrac{N_1}{N_2}$，$N_1$ 为一次匝数，$N_2$ 为二次匝数。

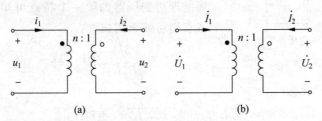

图 6.25 理想变压器的电路模型

#### 2. 理想变压器相量形式

在正弦交流电路中，设 $u_1$ 的相量为 $U_1$，$u_2$ 的相量为 $U_2$，式(6.50)对应的电压关系相量形式为

$$\dot{U}_1 = n\dot{U}_2$$

同理可得电流关系相量形式为

$$\dot{I}_1 = -\frac{1}{n}\dot{I}_2$$

即

$$\begin{cases} \dot{U}_1 = n\dot{U}_2 \\ \dot{I}_1 = -\dfrac{1}{n}\dot{I}_2 \end{cases} \tag{6.51}$$

其电路元件的相量模型如图 6.25(b)所示。

需要说明的是,式(6.50)、式(6.51)与图 6.25 所示电压、电流的参考方向及同名端位置是相对应的。如果改变电压、电流参考方向或同名端的位置,其理想变压器定义式中的符号应做相应的改变。如图 6.26 所示,则理想变压器的电压、电流关系式可表示为

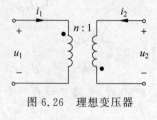

图 6.26　理想变压器

$$\begin{cases} u_1 = -nu_2 \\ i_1 = \dfrac{1}{n}i_2 \end{cases}$$

### 3. 理想变压器的特点

理想变压器是在实际变压器的基础上提出的一种理想电路元件。变压器具有三个特点:①无损耗;②完全耦合,即无漏磁通,耦合系数 $k=1$;③变压器导磁材料的磁导率 $\mu$ 极大,极小的电流通过线圈时产生的磁通很大,即自感和互感都很大,理想上可认为无限大。

## 6.4.2　理想变压器的电压、电流关系式及阻抗变换

### 1. 理想变压器的电压关系变换

如图 6.27 所示,可从一个简单的实际变压器模型导出理想变压器的电压、电流关系式及阻抗变换式。

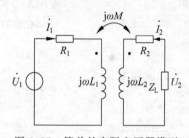

图 6.27　简单的实际变压器模型

对于图 6.27 所示变压器电路的一次侧和二次侧回路列写 KVL 方程,有

$$\begin{cases} (R_1 + \mathrm{j}\omega L_1)\dot{I}_1 + \mathrm{j}\omega M\dot{I}_2 = U_1 \\ \mathrm{j}\omega M\dot{I}_1 + (R_2 + \mathrm{j}\omega L_2)\dot{I}_2 = \dot{U}_2 \end{cases} \quad (6.52)$$

根据理想变压器的第一个特点可知 $R_1 = R_2 = 0$,而第二个特点则可使下式成立:

$$k = \frac{M}{\sqrt{L_1 L_2}} = 1 \quad 或 \quad \sqrt{L_1 L_2} = M$$

这样式(6.52)就可简化为

$$\begin{cases} \mathrm{j}\omega L_1 \dot{I}_1 + \mathrm{j}\omega \sqrt{L_1 L_2}\, \dot{I}_2 = \dot{U}_1 \\ \mathrm{j}\omega \sqrt{L_1 L_2}\, \dot{I}_1 + \mathrm{j}\omega L_2 \dot{I}_2 = \dot{U}_2 \end{cases} \quad (6.53)$$

变压器全耦合还意味着

$$n = \frac{N_1}{N_2} = \sqrt{\frac{L_1}{L_2}} \quad (6.54)$$

这是因为全耦合时,$\Phi_{21} = \Phi_{11}$,$\Phi_{12} = \Phi_{22}$,于是

$$\frac{L_1}{L_2} = \frac{\dfrac{N_1 \Phi_{11}}{i_1}}{\dfrac{N_2 \Phi_{22}}{i_2}} = \frac{N_1}{N_2}\frac{\dfrac{N_2 \Phi_{21}}{i_1}}{\dfrac{N_1 \Phi_{12}}{i_2}} = \left(\frac{N_1}{N_2}\right)^2 \frac{M_{21}}{M_{12}} = \left(\frac{N_1}{N_2}\right)^2 = n^2$$

将式(6.53)中的两式相除,整理后可得

$$\frac{\dot{U}_1}{\dot{U}_2} = \sqrt{\frac{L_1}{L_2}} = \frac{N_1}{N_2} = n \quad 或 \quad \dot{U}_1 = n\dot{U}_2$$

**2. 理想变压器的电流关系变换**

将 $\dot{U}_2 = -Z_L\dot{I}_2$ 代入式(6.53)中的第二个式子,有

$$j\omega\sqrt{L_1L_2}\,\dot{I}_1 + (j\omega L_2 + Z_L)\dot{I}_2 = 0$$

考虑到理想变压器的第三个特点,$Z_L$ 与 $j\omega L_2$ 相比可略去,可得

$$\frac{\dot{I}_1}{\dot{I}_2} = \sqrt{\frac{L_2}{L_1}} = -\frac{N_2}{N_1} = -\frac{1}{n} \quad 或 \quad \dot{I}_1 = -\frac{1}{n}\dot{I}_2$$

上面讨论的是电压、电流的相量形式,如果用 $\sqrt{2}\,e^{j\omega t}$ 乘以 $\dot{U}_1 = n\dot{U}_2$ 两边,同时两边再各取实部,就可以得到其时域形式:

$$u_1 = nu_2$$

同理可得

$$i_1 = -\frac{1}{n}i_2$$

由以上两个式子可得

$$u_1 i_1 = -u_2 i_2 \quad 或 \quad u_1 i_1 + u_2 i_2 = 0$$

说明理想变压器从两边吸收的功率在任何时刻都等于零,即理想变压器既不耗能也不储能。

**3. 理想变压器的阻抗变换**

理想变压器还具有变换阻抗的作用。如果在二次侧接上阻抗 $Z_L$,从一次侧看入的阻抗是

$$Z_{in} = \frac{\dot{U}_1}{\dot{I}_1} = \frac{n\dot{U}_2}{-\frac{1}{n}\dot{I}_2} = n^2\left(-\frac{\dot{U}_2}{\dot{I}_2}\right) = n^2 Z_L$$

对一侧的电路而言,图6.28(a)所示电路可等效为图6.28(b)所示电路。

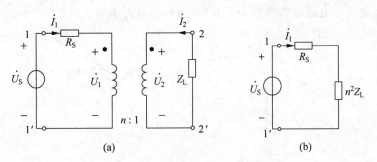

图6.28　理想变压器的阻抗变换作用

根据理想变压器的定义式,理想变压器可以用图6.29中的含受控源电路模型来等效。

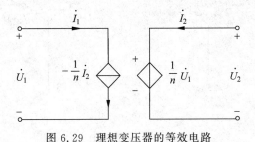

图6.29　理想变压器的等效电路

## 本章小结

1. 有电抗元件的电路中,当等效阻抗或导纳的电抗或电纳等于零时,即电压与电流同相,电路发生谐振。谐振电路呈现电阻性,它对于不同频率的信号具有选择性,电路的品质因数对这种选择性有较大的影响。

2. 谐振电路有串联谐振电路和并联谐振电路两种。

3. 电路。

(1) 互感元件电压与电流的关系式

① 在时域电路中:

$$u_1 = L_1 \frac{\mathrm{d}i_1}{\mathrm{d}t} \pm M \frac{\mathrm{d}i_2}{\mathrm{d}t}$$

$$u_2 = L_2 \frac{\mathrm{d}i_2}{\mathrm{d}t} \pm M \frac{\mathrm{d}i_1}{\mathrm{d}t}$$

② 在正弦交流电路中:

$$\dot{U}_1 = \mathrm{j}\omega L_1 \dot{I}_1 \pm \mathrm{j}\omega M \dot{I}_2$$

$$\dot{U}_2 = \mathrm{j}\omega L_2 \dot{I}_2 \pm \mathrm{j}\omega M \dot{I}_1$$

互感电压项究竟取+号,还是取−号,不仅取决于互感电压的参考方向和产生这个互感电压的电流的参考方向,还与同名端的位置有关。

(2) 含互感电路的计算方法

① 直接列方程法。它是列写独立回路的 KVL 方程组联立求解的方法。列写方程时,要注意互感电压项+或−的选取。

② 去耦等效法。当有互感的两个线圈具有一个公共节点时,应用图 6.30 所示互感消去法的规则,可将含互感电路等效变换为无互感电路,然后再求解。

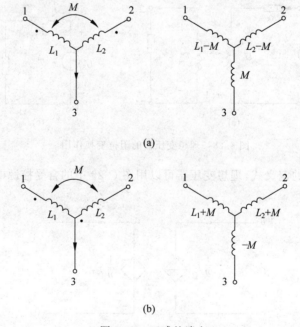

图 6.30　互感的消去

4. 变压器两个线圈的电压 $u_1$、$u_2$ 采用的参考方向为从同名端指向非同名端,电流 $i_1$、$i_2$ 的参考方向为各自从两个同名端流入时有定义式:

$$u_1 = n u_2$$

$$i_1 = -\frac{1}{n} i_2$$

当电压、电流的参考方向或同名端位置与上述规定不同时,以上两式的符号应做相应调整。

分析计算含理想变压器电路时,应将其定义式直接列入电路方程组中,联立求解。

## 习题

6.1　一个收音机接收线圈的电阻 $R=20\Omega$,$L=2.5\times10^{-4}$H,调节电容 $C$ 收听 720kHz 的中央台,求解这时的电容 $C$ 为多少?回路的品质因数 $Q$ 为多少?

6.2　RLC 串联电路,$R=10\Omega$,$L=200\mu$H,$C=900$pF,$\omega_0=5\times10^6$rad/s,$U=1$V。试求电路谐振频率 $f_0$、品质因数 $Q$ 和谐振阻抗 $Z_0$。

6.3　RLC 串联电路,角频率 $\omega=5000$rad/s 时,电路发生谐振,已知 $R=5\Omega$,$L=400$mH,电源电压 $U=1$V,试求电容 $C$ 的值、电路电流和各元件的电压。

6.4　如果将电压为 10mV 的交流信号源接于 RLC 串联电路上,并将回路调至谐振状态,测得此时电感的电压为 840mV,试求回路的品质因数 $Q$。

6.5　一个线圈与电容器串联,$C=200$pF,要求在 465kHz 的频率时谐振,线圈的电感是多少?如果线圈的品质因数为 200,线圈的电阻为多少?

6.6　在 RLC 并联谐振电路中,谐振角频率 $\omega_0=5\times10^6$rad/s,品质因数 $Q=100$,谐振阻抗 $Z_0=2$k$\Omega$,试求 $R$、$L$、$C$ 的值。

6.7　在 RLC 并联谐振电路中,$R=10\Omega$,$L=200\mu$H,$C=900$pF。试求谐振频率、品质因数和通频带。

6.8　在 RLC 并联谐振电路中,$R=13.7\Omega$,$L=0.25\mu$H,$C=85$pF,试求电路谐振角频率、品质因数和谐振阻抗。

6.9　在图 6.31 所示电路中,已知 $u_S=14.14\cos2t$ V,若 $R=20\Omega$,$L=2.5\times10^{-4}$H,串联支路和 LC 并联电路部分都对电源频率发生谐振,求:

(1) $C_1$ 与 $C_2$ 的值。

(2) 电路消耗的功率。

6.10　如图 6.32 所示电路,试求各电路的谐振频率。

6.11　列出图 6.33 中所示各电路的 $u_1$ 和 $u_2$ 的表达式。

6.12　在图 6.34 所示电路中,已知 $i_{S1}=5t$ A,$i_{S2}=(2t^2+8t)$A,求 $u_{ab}$、$u_{cb}$。

6.13　电路如图 6.35 所示,已知两个线圈参数为:$R_1=R_2=200\Omega$,$L_1=9$H,$L_2=7$H,$M=7.5$H,而 $R=100\Omega$,$C=100\mu$F,电源电压 $U=250$V,$\omega=1000$rad/s。

(1) 求各元件电压,并画出相量图。

(2) 画出该电路的去耦等效电路。

6.14　已知 $\omega=100$rad/s,求解图 6.36 所示各电路的支路电流及电源提供的平均功率。

6.15　求解图 6.37 所示各电路的输入阻抗。

6.16　求解图 6.38 所示电路中的 $\dot{I}_2$。

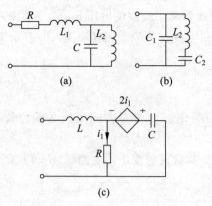

图 6.31 习题 6.9 电路图

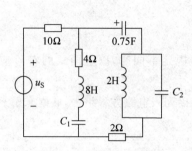

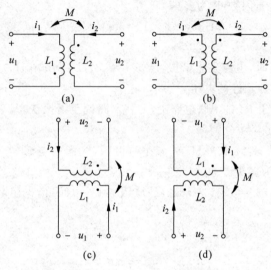

图 6.32 习题 6.10 电路图

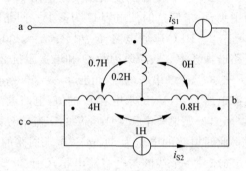

图 6.33 习题 6.11 电路图

图 6.34 习题 6.12 电路图

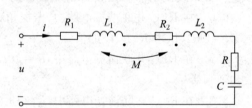

图 6.35 习题 6.13 电路图

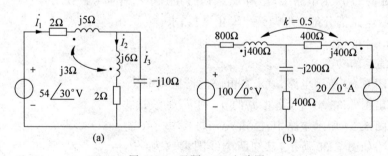

图 6.36 习题 6.14 电路图

6.17 求解图 6.39 所示电路中的 $\dot{U}_2$。

6.18 求解图 6.40 所示电路中的每个电阻消耗的功率。

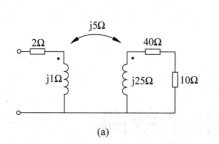 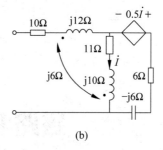

(a)　　　　　　　　　　　　　　　(b)

图 6.37　习题 6.15 电路图

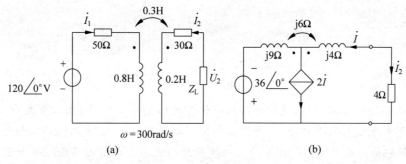

$\omega = 300\text{rad/s}$

(a)　　　　　　　　　　　　　　　(b)

图 6.38　习题 6.16 电路图

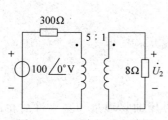

图 6.39　习题 6.17 电路图

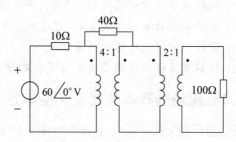

图 6.40　习题 6.18 电路图

# 磁路和铁心线圈

本章介绍磁场的基本知识,铁磁物质的磁化和磁路的欧姆定律、基尔霍夫定律,交流铁心线圈中的波形和能量损耗等内容,重点介绍恒定磁路磁通的计算、电磁铁的工作原理及分类。

(1) 理解磁感应强度、磁通、磁导率和磁场强度的概念。理解磁通连续性原理和安培环路定律。

(2) 理解铁磁物质的起始磁化曲线、磁滞回线、基本磁化曲线的性质。

(3) 理解磁路的基尔霍夫定律、磁路欧姆定律与磁阻。

(4) 掌握恒定磁通磁路的计算。

(5) 理解交流铁心线圈中波形畸变及磁滞损耗、涡流损耗的性质。

## 7.1 磁场的基本物理量和基本定律

磁路问题是局限于一定路径内的磁场问题。因此,磁场的物理量和基本性质也适用于磁路。

**1. 磁感应强度**

磁感应强度是用来描述磁场中某点磁场的强弱和方向的物理量,它是一个矢量,用 $B$ 表示,其方向和磁场方向一致。物理学中用磁力线描述磁场。磁感应强度可用磁力线的疏密程度来表示,磁力线的密集度称为磁通密度。在磁力线密的地方磁感应强度大,在磁力线疏的地方磁感应强度小。

若磁场中某点处有一小段导线 $\Delta l$,通电流 $I$,并与磁场垂直,该导线所受的磁场力为 $\Delta F$,则磁场在该点的磁感应强度的大小为

$$B = \frac{\Delta F}{I \cdot \Delta l} \tag{7.1}$$

磁感应强度 $B$ 的单位为特斯拉(T)。

**2. 磁通**

垂直穿过某一截面 $S$ 的磁力线总数称为磁通。若磁场中各点的磁感应强度相等(大小与方向都相同),则为均匀磁场。磁感应强度 $B$ 与垂直于磁场方向 $S$ 的乘积,称为通过该面积的磁通 $\Phi$,即

$$\Phi = BS \tag{7.2}$$

磁通 $\Phi$ 的单位为韦伯(Wb),工程上有时用麦克斯韦(Mx),$1\text{Wb}=10^{8}\text{Mx}$。

### 3. 磁场强度和磁导率

许多电工设备中的磁场是由电流产生的。不同物质放入磁场中,对磁场的影响是不同的,这使磁路计算很不方便。因此,在分析磁场和电流关系时,引入一个辅助物理量——磁场强度矢量 $\boldsymbol{H}$。在磁场中,各点磁场强度的大小只与电流的大小和导体的形状有关,而与磁介质无关。$\boldsymbol{H}$ 的方向与 $\boldsymbol{B}$ 的方向相同,在数值上,

$$\boldsymbol{B} = \mu\boldsymbol{H} \tag{7.3}$$

式中:$\boldsymbol{H}$ 的单位为安/米(A/m);$\mu$ 的单位为亨/米(H/m),$\mu$ 称为导磁系数或磁导率,是用来表示物质导磁能力大小的物理量。实验测得,真空中的磁导率为一常数,即 $\mu_0 = 4\pi \times 10^{-7}\text{H/m}$。

不同材料的磁导率 $\mu$ 与 $\mu_0$ 的比值,称为该物质的相对磁导率 $\mu_\text{r}$,即

$$\mu_\text{r} = \frac{\mu}{\mu_0} \tag{7.4}$$

相对磁导率 $\mu_\text{r}$ 越大,导磁性能越好,称为磁性材料或铁磁物质,如铁、钴、镍及其合金。对于非磁性材料,如空气、木材、玻璃、铜、铝等物质的磁导率与真空的磁导率非常接近,$\mu_\text{r} \approx 1$。几种常用材料的相对磁导率 $\mu_\text{r}$ 值如表 7.1 所示。

**表 7.1　常用材料的相对磁导率**

| 材 料 名 称 | $\mu_\text{r}$ |
|---|---|
| 空气、木材、铜、铝、橡胶、塑料等 | 1 |
| 铸铁 | $200 \sim 400$ |
| 铸钢 | $500 \sim 2200$ |
| 电工钢片 | $7000 \sim 10000$ |
| 坡莫合金 | $20000 \sim 200000$ |

### 4. 磁通连续性原理

磁通连续性是磁场的一个基本性质,磁通连续性原理是指磁场中任一闭合面的总磁通恒等于零,即

$$\Phi = \oint_s \boldsymbol{B} \cdot \text{d}S = 0 \tag{7.5}$$

由于磁力线是闭合的空间曲线,也就是说,穿进某一闭合面的磁通恒等于穿出此面的磁通,这就是磁通连续性原理。

### 5. 安培环路定律

安培环路定律(也称全电流定律)是磁场的另一个基本性质,也是磁路计算的重要依据。它表示磁场强度与产生它的电流之间的关系,即磁场强度矢量 $\boldsymbol{H}$ 沿任意闭合路径的线积分等于穿过此路径所围成的面的全部电流代数和。

$$\oint_l \boldsymbol{H} \cdot \text{d}l = \sum I \tag{7.6}$$

式中:$\oint_l \boldsymbol{H} \cdot \text{d}l$ 是磁场强度矢量 $\boldsymbol{H}$ 沿任意闭合回路 $l$(常取磁通作为闭合回路)的线积分;$\sum I$ 是穿过该闭合回线 $l$ 所围面积的电流的代数和,且该式与磁场中介质的分布无关。其中电流

的正、负要看它的方向和所选路径的方向之间是否符合右手螺旋定则而定。当电流的参考方向与闭合回线的绕行方向符合右手螺旋定则时,该电流前取正号,反之取负号。

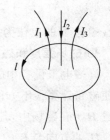

图 7.1 安培环路定律示意图

例如图 7.1 中的电流 $I_1$ 和 $I_3$ 为正,而 $I_2$ 为负,运用安培环路定律可写成

$$\oint_l \boldsymbol{H} \cdot \mathrm{d}l = I_1 - I_2 + I_3$$

对一般磁路来说以米(m)为单位计量长度过大,工程上常以安培/厘米(A/cm)计量磁场强度。

## 7.2 铁磁物质的磁化

磁性物质是指具有高磁导率的物质,主要是铁、镍、钴及其合金,故称为铁磁物质。铁磁物质加外磁场后,其磁感应强度将明显增大,我们称这时的铁磁物质被磁化。

### 1. 磁畴

铁磁物质为什么能够被磁化呢?在铁磁物质中有许多很小的区域,在每个小区域中的分子电流自发地有规则排列而具有均匀的磁性,这种自发的磁化小区域称为磁畴。磁畴像一个很小的永磁体,有很强的磁性。铁磁物质就是由许多这样的磁畴组成的。

在无外磁场作用时,即 $H=0$ 时,这些小磁畴自由无规则地排列,磁性相互抵消,对外不显磁性,如图 7.2(a)所示。而当在外磁场的作用下,磁畴就沿外磁场的方向定向排列,形成附加磁场,使磁场显著加强。被磁化后,磁畴重新排列的分布状况,如图 7.2(b)所示。

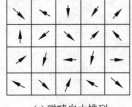
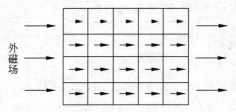

外磁场

(a) 磁畴自由排列　　　　　　　　(b) 在磁场作用下磁畴重新排列

图 7.2 铁磁物质的磁化

非磁性物质内部不具有磁畴结构,所以不能被磁化。

### 2. 铁磁物质的起始磁化曲线

外磁场的磁场强度不同时,铁磁物质的磁感应强度也不同。铁磁物质被磁化的过程可以用磁化曲线,即 $B$-$H$ 曲线,称其为铁磁物质的磁化曲线。如果铁心原来没有磁性,即 $B$-$H$ 曲线从 $B=0$ 开始测,则此曲线称为起始磁化曲线。

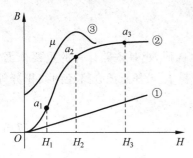

图 7.3 铁磁物质的起始磁化曲线

真空中,$B=\mu_0 H$,故 $B$-$H$ 曲线是一条直线,如图 7.3 中的直线①所示。当铁磁物质从 $H=0$、$B=0$ 开始磁化,有实验方法得出曲线②即为起始磁化曲线。这在磁路的计算中非常重要。

从图 7.3 中可以看出,当外磁场由零逐渐增大时,磁感应强度 $B$ 增大幅度比较小($O$-$a_1$),然后 $B$ 迅速增加,曲线较陡($a_1$-$a_2$),之后 $B$ 增加又逐渐放慢($a_2$-$a_3$),最后磁感应强度 $B$ 基本上不再增加($a_3$ 之后),此时称铁磁物质达到了磁饱和状态。$a_3$ 点以上曲线趋于一条直线,其斜率决定于真空的磁导率 $\mu_0$。

铁磁物质的磁化曲线是非线性的,即 $B$ 与 $H$ 的比值(磁导率 $\mu$)不是一个常数。$\mu$ 随 $H$ 的变化情况如图 7.3 中的曲线③所示。在磁化的初始阶段 $\mu$ 值较小;随着 $H$ 的增大 $B$ 迅速增强,$\mu$ 值也迅速增大并达到一个最大值;$H$ 再增加时,由于 $B$ 增加缓慢并趋于饱和,则 $\mu$ 值反而下降。所以在磁路设计中,磁感应强度 $B$ 的取值一般总希望在 $a_2$ 点附近。

**3. 铁磁物质的磁滞回线**

当磁场强度 $H$ 从饱和状态($+H_m$)开始减小时,磁感应强度也随之减小,但其值并没有沿原来的磁化曲线减小,当磁场强度 $H$ 减小到 0 时,磁感强度 $B$ 还没有变为零,这种铁磁物质的磁化滞后于外磁场变化的现象叫作磁滞现象。

当线圈中通以交流电流时,铁心被反复磁化,当电流变化一次时,磁感应强度 $B$ 随磁场强度 $H$ 而变化的关系,如图 7.4 所示,被称为磁滞回线。

当 $H$ 开始从零逐渐增大时,$B$ 也随着增大,最后 $H$ 增大到 $+H_m$ 时,$B$ 达到饱和值 $+B_m$,得到了起始磁化曲线 $Oa$。此后,逐渐减小 $H$,$B$ 也随之减小,但 $B$ 滞后于 $H$ 的变化,沿着上方的曲线 $ab$ 下降。当 $H$ 减小到 $-H_c$ 时,$B$ 变为 0。当 $H$ 继续减小时,铁磁物质开始反向磁化,当 $H$ 减小到 $-H_m$ 时,反响磁化达到饱和状态值 $-B_m$,当 $H$ 由 $-H_m$ 回到 0 时,磁感应强度 $B$ 沿 $de$ 变化完成了一次循环。磁滞回线的形状与铁心的铁磁物质有关。

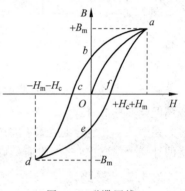

图 7.4　磁滞回线

**4. 基本磁化曲线**

对于同一铁心,如果选择不同的外磁场强度,可相应得到一系列的磁滞回线,连接各条磁滞回线的顶点所得到的一条曲线叫作基本磁化曲线,如图 7.5 中的 $Oa$ 曲线所示。因为铁磁物质经常工作在交变的磁场中,所以基本磁化曲线很重要。进行磁路计算时常用基本磁化曲线代替磁滞回线以得到简化,而基本磁化曲线和初始磁化曲线是很接近的,工程上给出的磁化曲线都是基本磁化曲线。

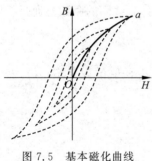

图 7.5　基本磁化曲线

总之,铁磁物质具有共同的性质:铁磁物质都能被磁体吸引,都能被磁化,相对磁导率 $\mu_r$ 远大于 1,且不是常数,磁感应强度 $B$ 有一个饱和值。

工程上有时会用表格的形式来表示磁化曲线,称为磁化数据表。

## 7.3　磁路的基本定律

### 7.3.1　磁路

为了利用较小的电流产生出较强的磁场并把磁场约束在一定的空间内加以运用,常采用导磁性良好的铁磁物质做成闭合或近似闭合的铁心,常应用在电机、变压器、继电器等电工设备中。由于铁心的磁导率比周围空气高得多,磁场便被约束在铁心内,因此磁通的绝大部分经过铁心而形成一个闭合通路,这就是所谓的磁路。也就是说,磁路就是磁通走的路径。如同电流在电导率很大的导体中流通一样,磁路与电路也相对应。

常见的磁路形式如图 7.6 所示,磁路可分为无气隙、有气隙、无分支和有分支多种。无气隙磁路如图 7.6(a)所示,有气隙磁路如图 7.6(b)所示,无分支磁路如图 7.6(a)所示,有分支磁路如图 7.6(c)所示。

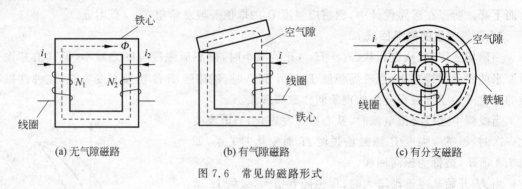

(a) 无气隙磁路　　　　(b) 有气隙磁路　　　　(c) 有分支磁路

图 7.6　常见的磁路形式

磁路的磁通分为主磁通和漏磁通两部分,沿铁心形成的路径中通过的磁通叫作主磁通,少量穿出铁心磁路以外的磁通叫作漏磁通。在图 7.7 中,$\Phi_1$ 是主磁通,$\Phi_2$ 穿出了铁心是漏磁通。一般在磁路的计算中,往往忽略漏磁通的影响。

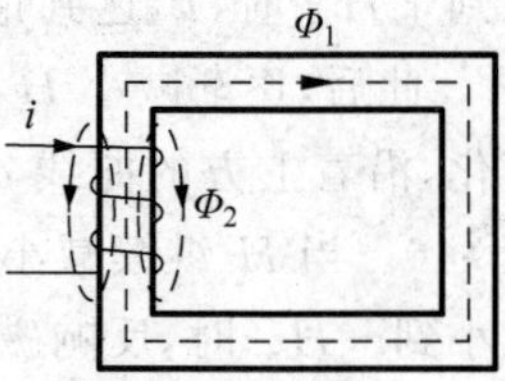

图 7.7　磁路

### 7.3.2　磁路定律

对磁路进行分析和计算,如同电路一样,必须依据磁路的欧姆定律和磁路的基尔霍夫定律等基本定律。

**1. 磁路的欧姆定律**

线圈中的磁通多少与线圈通过的电流有关,电流越大,磁通越多。线圈中磁通的多少还与线圈的匝数有关,每匝线圈都要产生磁通,只要线圈绕向一致,每一匝线圈的磁通方向就相同,这些磁通就可以相加,可见,线圈的匝数越多,磁通就越多。由此可知,线圈的匝数及通过线圈的电流决定了线圈中磁通的多少。

(1) 磁通势

通过线圈的电流与线圈匝数的乘积称为磁通势,用符号 $F$ 表示,单位为安培(A),表达式为

$$F = IN \tag{7.7}$$

式中:$I$ 为通过线圈的电流,单位为安培(A);$N$ 为线圈的匝数。

(2) 磁阻

磁通通过磁路时所受到的阻碍作用叫作磁阻。磁阻用符号 $R_m$ 表示。磁路中磁阻的大小与磁路的长度 $l$ 成正比,与磁路的横截面积 $S$ 成反比,还与磁路中所用的材料的磁导率 $\mu$ 有关,可用下面的公式表示:

$$R_m = \frac{l}{\mu S} \tag{7.8}$$

式中:$l$ 的单位为米(m);$S$ 的单位为平方米(m²);$\mu$ 的单位为亨/米(H/m);可以导出 $R_m$ 的单位为 1/亨(1/H)。

（3）磁压降

电路中的电流是由电源的电动势产生的,电流流过电阻要产生电压降。与电路类似,在磁路中,磁通势产生磁通,磁通流过磁路,也要产生磁压降。磁路中各段磁场强度与该段磁路长度 $l$ 的乘积定义为该段磁路的磁压降,用 $U_m$ 表示,单位是伏特（V）,即

$$U_m = Hl \tag{7.9}$$

对于如图 7.8 所示的环形磁路,由全电流定律可得到

$$Hl = IN$$

因为 $H = \dfrac{B}{\mu}$,$\Phi = BS$,则

$$Hl = \frac{B}{\mu}l = \frac{l}{\mu S}\Phi = IN$$

得

$$\Phi = \frac{IN}{\dfrac{l}{\mu S}} = \frac{F}{R_m} \tag{7.10}$$

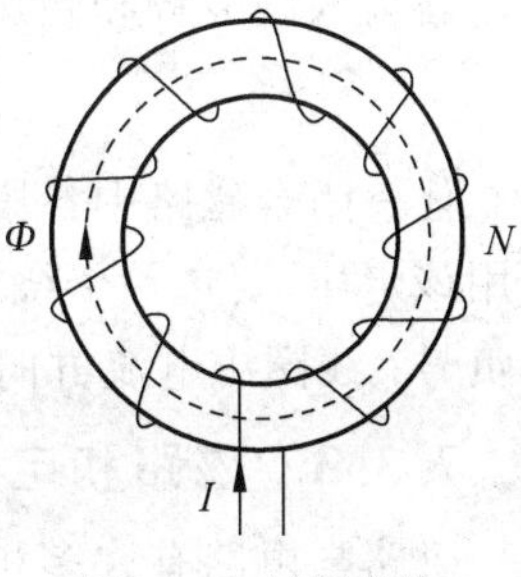

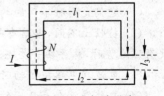

图 7.8 环形磁铁

式中:磁通势 $F$ 是产生磁通的原因;磁阻 $R_m$ 表示了磁路对磁通的阻碍作用。

式（7.10）所表达的是:由磁通势在磁路中产生的磁通量,其大小和磁通势 $F$ 成正比,和磁路的磁阻成反比,这就是磁路的欧姆定律。

**2. 磁路的基尔霍夫第一定律**

磁路的基尔霍夫定律是由描述磁场性质的磁通连续性原理和安培环路定律推导得到的。

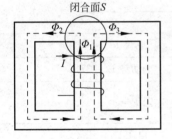

图 7.9 分支磁路

由于磁通具有连续性,忽略漏磁通,则可认为全部磁通都在磁路内穿过,那么磁路就与电路相似,在一条支路内处处具有相同的磁通。在图 7.9 所示的分支磁路中,在磁路分支节点作闭合面 $S$,穿进该闭合面的磁通 $\Phi_1$ 与穿出该闭合面的磁通 $\Phi_2$ 和 $\Phi_3$ 是相等的,即

$$\Phi_1 = \Phi_2 + \Phi_3 \tag{7.11}$$

若把穿入闭合面的磁通取正号,穿出闭合面的磁通取负号,则式（7.11）可写为

$$\Phi_1 - \Phi_2 - \Phi_3 = 0$$

磁路的基尔霍夫第一定律的内容是在磁路的分支节点所连各支路磁通的代数和等于零,或者说进入分支点闭合面的磁通之和等于流出分支点闭合面的磁通之和,表示为

$$\sum \Phi_入 = \sum \Phi_出 \quad 或 \quad \sum \Phi = 0 \tag{7.12}$$

上述定律在形式上与电路的基尔霍夫电流定律（KCL）相似,故有时把此定律称为磁路的基尔霍夫第一定律。

**3. 磁路的基尔霍夫第二定律**

假定各段磁路是均匀磁场,且磁场强度方向与路径重合,根据安培环路定理,在磁路的任一闭合路径中,磁场强度与磁通势的关系应符合全电流定律。

如图 7.10 所示,磁路由 3 段组成,长度分别为 $l_1$、$l_2$、$l_3$,这三段的磁场强度分别为 $H_1$、$H_2$、$H_3$,根据安培环路定律

图 7.10 有气隙磁路

可得

$$\oint_l \boldsymbol{H} \cdot \mathrm{d}l = H_1 l_1 + H_2 l_2 + H_3 l_3 = NI$$

推广得任意闭合回路则有

$$\sum Hl = \sum NI \tag{7.13}$$

若引入磁通势和磁压降,可表示为

$$\sum U_\mathrm{m} = \sum F \tag{7.14}$$

任一闭合磁路中各段磁压代数和等于各磁通势的代数和,即为磁路基尔霍夫第二定律。应用该定律,要选一个绕行方向,磁通的参考方向与绕行方向一致,则该段磁压降取正号,反之取负号;线圈中电流方向与绕行方向符合右手螺旋定则时,其磁通势取正号,反之取负号。

### 7.3.3 磁路和电路的比较

磁路与电路有许多相似之处,为了便于理解和类比学习,表7.2列出了相对应的物理量和关系式。

表7.2 磁路和电路的比较

| 磁　路 | 电　路 |
|---|---|
| | |
| 磁通 $\Phi$ | 电流 $I$ |
| 磁通势 $F$ | 电动势 $E$ |
| 磁阻 $R_\mathrm{m} = \dfrac{l}{\mu S}$ | 电阻 $R = \rho \dfrac{l}{S}$ |
| 磁压降 $U_\mathrm{m}$ | 电压 $U$ |
| 磁路的欧姆定律 $\Phi = \dfrac{F}{R_\mathrm{m}}$ | 电路的欧姆定律 $I = \dfrac{U}{R}$ |
| 磁路的基尔霍夫第一定律 $\sum \Phi = 0$ | 基尔霍夫电流定律(KCL) $\sum I = 0$ |
| 磁路的基尔霍夫第二定律 $\sum U_\mathrm{m} = \sum F$ | 基尔霍夫电压定律(KVL) $\sum U = 0$ |

**注意**:电路与磁路的相似只是在数学形式上,两者在本质上有根本的区别。

(1) 它们是两种不同的物理现象。

(2) 特性上不同,电路有断路的情况,断路时电动势仍存在,但电路内电流为零,而磁路内没有磁通势时,总存在一些磁通量。

(3) 电流在电路中流动时损耗功率 $I^2 R$,但磁路内 $\Phi^2 R$ 并不代表功率损耗。

(4) 自然界存在有良好的电绝缘材料,但却尚未发现对磁通绝缘的材料。

## 7.4　恒定磁通磁路的计算

由直流电流励磁的磁路叫作直流磁路,即磁路中磁通不随时间变化而是恒定的,所以又叫作恒定磁通的磁路。

磁路的计算问题有两种情况。一种是已知磁通求磁通势,如电磁铁的设计,根据要求的吸力大小,先计算出所需磁通,并以此作为已知条件,通过磁路计算,确定所需的磁通势,从而确定电流的大小或匝数。另一种是已知磁通势求磁通,如对已有电机或电器进行复算。

恒定磁通磁路的计算常分为无分支磁路和有分支磁路的计算,在介绍各种磁路计算之前,先介绍磁路计算的相关概念。

### 7.4.1　有关磁路计算的一些概念

**1. 磁路的长度 $l$**

在磁路计算中,磁路的长度一般都取其平均长度,即中心线长度,如图 7.11 所示。

**2. 铁磁物质截面积**

磁路中铁磁物质部分的截面积用磁路的几何尺寸直接计算。

**3. 气隙截面积 $S_0$**

磁路中有气隙时,气隙边缘的磁感应线将有向外扩张的趋势,称为边缘效应。气隙越长,边缘效应越显著,其结果使有效面积大于铁心的截面积,如图 7.12 所示。

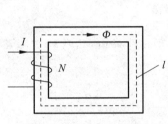

图 7.11　磁路的长度

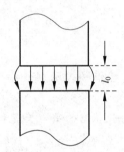

图 7.12　气隙的边缘效应

工程上一般认为,当气隙较小时,可用下面两个式子计算气隙的有效面积:

矩形截面 $$S_0 = (a + l_0)(b + l_0) \approx ab + (a + b)l_0 \qquad (7.15)$$

圆形截面 $$S_0 = \pi(r + l_0)^2 \approx \pi r^2 + 2\pi r l_0 \qquad (7.16)$$

式中: $l_0$ 为气隙长度; $a$、$b$ 为矩形截面的长和宽; $r$ 为圆形截面的半径。通常当气隙长度很小时,则可用铁心的截面积替代气隙的截面积进行计算。

### 7.4.2　无分支磁路的计算

**1. 已知磁通求磁通势**

无分支磁路的主要特点是磁路有相等的磁通,如已知磁通和各磁路段的材料及尺寸,可按下述步骤去求磁通势。

(1) 将磁路按材料和截面积的不同分成不同段。

(2) 根据磁路的物理尺寸分别计算磁路的长度 $l$ 和截面积 $S$。

(3) 求各段的磁感应强度 $B = \dfrac{\Phi}{S}$。

(4) 求对应的磁场强度 $H = \dfrac{B}{\mu}$, 对于气隙可按 $H_0 \approx 0.8 \times 10^6 B_0$ 计算。

(5) 计算各段磁路的磁压降 $U_m = Hl$。

(6) 按照磁路基尔霍夫第二定律 $\left( \sum U_m = \sum F \right)$ 求所需的磁通势 $F$。

【例 7.1】 如图 7.13(a) 所示磁路, 图上标明尺寸单位为 mm, 铁心所用硅钢片上的基本磁化曲线如图 7.13(b) 所示, 填充因数 $K_{Ke} = 0.90$, 线圈匝数为 120, 试求在该磁路中获得磁通 $\Phi = 15 \times 10^{-4}$ Wb 所需的电流。

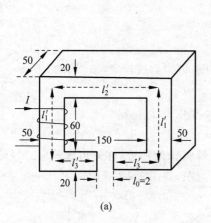

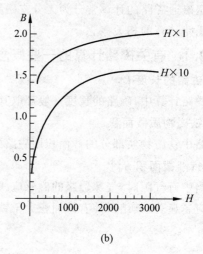

图 7.13 例 7.1 图

**解:** (1) 该磁路由硅钢片和气隙构成, 硅钢片有两种截面积, 所以该磁路分为三段来计算。

(2) 求每段磁路的平均长度和截面积:

$$l_1 = 2l_1' = 2 \times (100 - 20) = 160(\text{mm}) = 0.16(\text{m})$$

$$l_2 = l_2' + 2l_3' = (250 - 50) \times 2 - 2 = 398(\text{mm}) = 0.398(\text{m})$$

$$l_0 = 2\text{mm} = 0.002\text{m}$$

$$S_1 = 50 \times 50 \times 0.9 = 2250(\text{mm}^2) = 22.5 \times 10^{-4}(\text{m}^2)$$

$$S_2 = 50 \times 20 \times 0.9 = 900(\text{mm}^2) = 9 \times 10^{-4}(\text{m}^2)$$

$$S_0 = 20 \times 50 + (20 + 50) \times 2 = 1140(\text{mm}^2) = 11.4 \times 10^{-4}(\text{m}^2)$$

(3) 求每段磁路的感应强度:

$$B_1 = \frac{\Phi}{S_1} = \frac{15 \times 10^{-4}}{22.5 \times 10^{-4}} = 0.667(\text{T})$$

$$B_2 = \frac{\Phi}{S_2} = \frac{15 \times 10^{-4}}{9 \times 10^{-4}} = 1.667(\text{T})$$

$$B_0 = \frac{\Phi}{S_0} = \frac{15 \times 10^{-4}}{11.4 \times 10^{-4}} = 1.316(\text{T})$$

(4) 求每段磁路的磁场强度。

由图 7.13(b) 所示曲线查得

$$H_1 = 170\text{A/m}$$

$$H_2 = 4500 \text{A/m}$$

根据气隙的磁场强度 $H_0 \approx 0.8 \times 10^6 B_0$，得 $H_0 = 0.8 \times 10^6 B_0 = 10.53 \times 10^5 \text{A/m}$。

（5）求每段磁路的磁压降：

$$U_{m1} = H_1 l_1 = 170 \times 0.16 = 27.2(\text{A})$$
$$U_{m2} = H_2 l_2 = 4500 \times 0.398 = 1791(\text{A})$$
$$U_{m0} = H_0 l_0 = 10.53 \times 10^5 \times 0.002 = 2106(\text{A})$$

（6）求总磁通势：

$$F = U_{m1} + U_{m2} + U_{m0} = 27.2 + 1791 + 2106 = 3924(\text{A})$$

由 $F = NI$ 得

$$I = \frac{F}{N} = \frac{3924}{120} = 32.7(\text{A})$$

**2. 已知磁通势求磁通**

由于磁路的非线性缘故，对于已知磁通势求磁通的问题，不能根据上面的计算倒推过去。因此，对这类问题一般采用试探法：先假定一个磁通，然后按已知磁通求磁通势的步骤，求出磁通的磁压降的总和，再和给定磁通势比较。如果与给定磁通势偏差较大，则修正假定磁通，再重新计算，直到与给定磁通势相近时，便可认为这一磁通就是所求值。下面通过具体例题来说明。

**【例 7.2】** 如图 7.14 所示磁路，中心线长度 $l = 50\text{cm}$，磁路横截面面积是 $S = 16\text{cm}^2$，气隙长度 $l_0 = 1\text{mm}$，线圈匝数 $N = 1650$ 匝，电流为 $I = 80\text{mA}$ 时。铁心为铸钢材料，试求磁路中的磁通。

**解：** 此磁路由铁心段和气隙段组成。

由于 $l_1 \approx l = 50\text{cm} = 0.5\text{m}$，因此铁心段的平均长度和面积为

$$S_1 = 16\text{cm}^2 = 16 \times 10^{-4} \text{m}^2$$

由于 $l_0 = 0.1\text{cm} = 1 \times 10^{-3} \text{m}$，因此气隙段的平均长度和面积为

$$S_0 \approx 16 \times 10^{-4} \text{m}^2$$

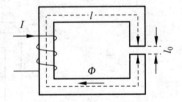

图 7.14 例 7.2 图

磁路中的磁通势为

$$F = NI = 1250 \times 800 \times 10^{-3} = 1000(\text{A})$$

磁通为

$$\Phi' = B_0' S_0 = \frac{\mu_0 S_0}{l_0} = \frac{16 \times 10^{-4} \times 4\pi \times 10^{-7}}{1 \times 10^{-3}} \times 1000 = 20.11 \times 10^{-4}(\text{Wb})$$

由于 $S_1 = S_0$，得磁感应强度为

$$B_1' = B_0' = \frac{\Phi'}{S_1} = \frac{20.11 \times 10^{-4}}{16 \times 10^{-4}} = 1.26(\text{T})$$

扫描右侧二维码，查表可得

$$H' = 1460\text{A/m}$$

气隙的磁场强度：

$$H_0 = 0.8 \times 10^6 B_0 = 10.08 \times 10^5 (\text{A/m})$$

常用铁磁物质的磁化数据表

磁通势为

$$F' = H'_1 l_1 + H'_0 l_0 = 1460 \times 0.5 + 10.08 \times 10^5 \times 1 \times 10^{-3} = 1738 (\text{A})$$

由于 $F' \neq F$，因此要继续进行试探，直到误差小于某一特定值为止。

**注意**：下一次的试探值可利用前一次的试探值根据下面关系式得到。

$$\Phi^{n+1} = \Phi^n \frac{F}{F^n} \qquad (7.17)$$

经过几次试探的结果如表 7.3 所示。

表 7.3　试探结果

| $n$ | $\Phi^n \times 10^{-4}/\text{Wb}$ | $B_1 = B_0/\text{T}$ | $H_1/(\text{A/m})$ | $H_0/(\text{A/m})$ | $F/\text{A}$ | 误差/% |
|---|---|---|---|---|---|---|
| 1 | 20.11 | 1.26 | 1460 | $10.08 \times 10^5$ | 1738 | 73.8 |
| 2 | 11.57 | 0.72 | 603 | $5.78 \times 10^5$ | 880 | 12 |
| 3 | 13.15 | 0.82 | 703 | $6.56 \times 10^5$ | 1008 | 0.8 |
| 4 | 13.05 | 0.81 | 693 | $6.48 \times 10^5$ | 995 | 0.5 |

从表 7.3 中可看出第 4 次试探值作为最后结果，即所求磁通为

$$\Phi = \Phi^4 = 13.11 \times 10^{-4} (\text{Wb})$$

### 7.4.3　对称分支磁路的计算

对称分支磁路就是磁路存在着对称轴，轴两侧磁路的几何形状完全对称，相应部分的材料也相同，两侧作用的磁通势也是对称的，如图 7.15 所示的轴 $AB$。

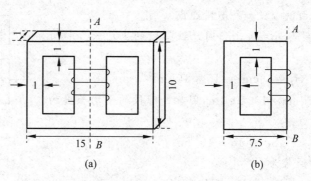

图 7.15　对称分支磁路

根据磁路定律，这种磁路的磁通分布也是对称的。因此，当已知对称分支磁路的磁通求磁通势时，只要取对称轴的一侧磁路计算即可求出整个磁路所需的磁通势。取对称轴一侧磁路计算时，中间铁心柱(对称轴)的面积为原铁心柱的一半，中间柱(对称轴)的磁通也减为原来的一半，但磁感应强度和磁通势却保持不变。这种磁路的计算有两类问题：一类是已知磁通求磁通势；另一类是已知磁通势求磁通。具体的计算步骤及方法同无分支磁路。

**【例 7.3】**　对称分支铸钢磁路如图 7.15 所示，若在中间铁心柱产生磁通 $\Phi = 1.8 \times 10^{-4}\text{Wb}$ 的磁通，则需要多大磁通势？（图中单位为 cm）

**解**：以 $AB$ 为对称轴，取对称轴的一侧磁路进行计算，如图 7.15(b)所示，将对称分支磁路的计算转化为无分支磁路的计算，则图 7.15(b)中磁路的磁通为原来的一半，即

$$\Phi_1 = \frac{\Phi}{2} = \frac{1.8 \times 10^{-4}}{2} = 0.9 \times 10^{-4}\,\text{Wb}$$

磁路的长度为

$$l = (10-1) \times 2 + (7.5-1) \times 2 = 31\,(\text{cm})$$

磁路的截面为

$$S = 1 \times 1 = 1\,(\text{cm}^2)$$

磁路磁感应强度：

$$B = \frac{\Phi_1}{S} = \frac{0.9 \times 10^{-4}}{10^{-4}} = 0.9\,(\text{T})$$

通过查常用铁磁物质磁化数据表,可得 $H = 798\,(\text{A/m})$。

磁路的磁压降：

$$U_\text{m} = Hl = 798 \times 0.31 = 247.4\,(\text{A})$$

故磁路的磁通势：

$$F = U_\text{m} = 247.4\,\text{A}$$

## 7.5 交流铁心线圈中的波形畸变与磁损耗

前面介绍了直流铁心线圈的励磁电流是直流电流,铁心中产生的磁通是恒定的,在线圈和铁心中不会产生感应电动势。而交流铁心线圈则不同,由于励磁电流是交流电流,且铁心中产生的磁通是变化的,从而使线圈里产生感应电势,这将影响线圈中的电流,同时磁性物质在反复磁化的过程中也产生损耗。可见,交流铁心线圈的电路和磁路是相互影响的。

### 7.5.1 线圈感应电动势与磁通的关系

交流铁心线圈如图 7.16 所示,线圈两端加一交流电压,则线圈中的电流将产生磁通 $\Phi$,方向符合右手螺旋定则。

设电压为正弦量时,磁通也是正弦量,即

$$\Phi = \Phi_\text{m}\sin\omega t$$

根据电磁感应定律,得

$$u = N\frac{\text{d}\Phi}{\text{d}t} = N\frac{\text{d}}{\text{d}t}\Phi_\text{m}\sin\omega t = N\Phi_\text{m}\omega\sin\left(\omega t + \frac{\pi}{2}\right)$$

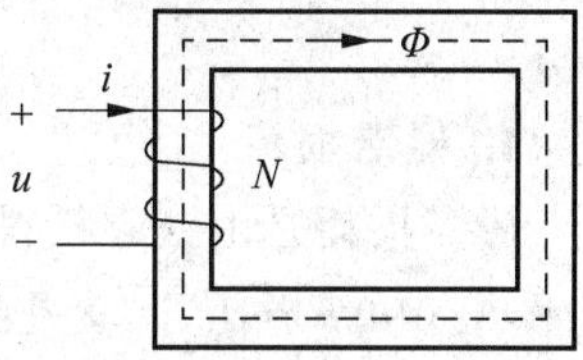

由此可看出电压的相位比磁通超前 $90°$,并得感应电压的有效值与主磁通的最大值的关系为

图 7.16 交流铁心线圈

$$U = E = \frac{N\Phi_\text{m}\omega}{\sqrt{2}} = \frac{2\pi fN\Phi_\text{m}}{\sqrt{2}} = 4.4427fN\Phi_\text{m} \tag{7.18}$$

由此可知,当电源频率 $f$ 和线圈匝数 $N$ 一定时,交流铁心线圈磁通的最大值 $\Phi_\text{m}$ 与线圈外加电压的有效值 $U$ 成正比,与铁心的材料和尺寸无关。

### 7.5.2 正弦电压作用下磁化电流的波形

在正弦电压作用下,铁心线圈中的电流 $i$ 和磁通 $\Phi$ 不是线性关系。如图 7.17 所示,铁心截面积为 $S$,线圈匝数 $N$ 和磁路长度 $l$ 也是常数。由于 $\Phi = BS$, $Hl = Ni$, $i$ 与 $\Phi$ 的关系可根据基本磁化曲线 $B\text{-}H$ 求得。所以只要把铁心的基本磁化曲线上 $B$ 的坐标乘以 $S$, $H$ 的坐标乘以 $l/N$,即可获得如图 7.17 表示铁心特性的 $\Phi\text{-}i$ 曲线,其形状与 $B\text{-}H$ 曲线相似。

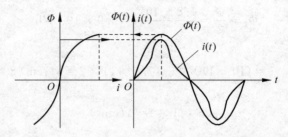

图 7.17  正弦电压作用下磁化电流的波形

### 7.5.3  正弦电流作用下的磁通波形

当电压为正弦波时,磁通也为正弦波,但电流却是具有尖顶的非正弦波,这种波形畸变是由磁饱和所造成的。电压越高,磁通越大,铁心饱和越严重,则电流波形畸变后变得更尖。若电压与磁通的振幅都较小,铁心没有饱和,则电流波形将更接近正弦波。当电流做正弦变化且工作至饱和区域时,磁通具有平顶波形,如图 7.18 所示。

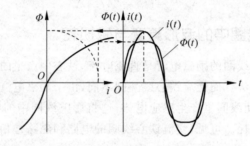

图 7.18  正弦电流作用下的磁通波形

### 7.5.4  交流铁心线圈的损耗

由铁心的交变磁化引起的功率损耗称为磁损耗,磁损耗主要包括磁滞损耗和涡流损耗两部分。

**1. 磁滞损耗**

磁滞损耗是由铁心材料的磁滞性产生的。铁心被反复磁化时,由于磁畴不断翻转相互摩擦生热有功率损耗,这就是磁滞损耗,用 $P_h$ 来表示,单位为 W。磁滞损耗与材料的磁滞回线面积成正比,实验证明磁滞损耗可按下式计算:

$$P_h = \sigma_h f B_m^n V \tag{7.19}$$

式中:$\sigma_h$ 表示与铁磁性材料有关的系数;$f$ 表示电源频率,单位为 Hz;$B_m$ 表示磁感应强度的最大值;$n$ 的值由 $B_m$ 的范围决定,当 $0.1T < B_m < 1T$ 时,$n = 1.6$,当 $B_m > 1T$ 时,$n = 2$;$V$ 表示铁心线圈的体积,单位为 $m^3$。

为减少磁滞损耗,工程上常采用磁滞回线狭窄的软磁材料作铁心,如硅钢就是变压器和电机中常用的铁心材料。

**2. 涡流损耗**

铁心中的交变磁通不仅在线圈中感应出电压,而且在铁心中感应出电压,由于铁心是导体,该感应电压必然会在铁心中产生电流,呈旋祸状流动,因此称为涡流。

涡流损耗是由于铁心的涡流产生的。减小涡流损耗的方法是将铁心制作成彼此绝缘的薄片。

## 7.6　电磁铁

电磁铁是利用通有电流的铁心线圈对铁磁物质产生电磁吸力的装置。电磁铁在工业中有较广泛的应用,如继电器、接触器、电磁阀等利用电磁铁来吸合、分离触点。

电磁铁通常由线圈、铁心和衔铁三个主要部分组成,如图7.19所示。

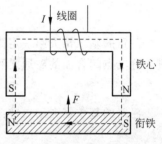

当电磁铁的线圈通电后,电磁铁的铁心被磁化,在铁心气隙中产生磁场,吸引衔铁动作,带动其他机械装置发生联动。当线圈断电后,电磁铁铁心的磁性消失,衔铁带动其他部件被释放。

图 7.19　电磁铁结构示意图

吸力 $F$ 是电磁铁的一个主要参数,即由于线圈得电,铁心被磁化后对衔铁产生的吸引力。它的大小与铁心和衔铁间气隙的截面积 $S_0$ 和磁感应强度 $B_0$ 有关,即

$$F = \frac{10^7}{8\pi} B_0^2 S_0 \tag{7.20}$$

式中:$B_0$ 的单位为 T;$S_0$ 的单位为 $m^2$;$F$ 的单位为 N。

当交流电通过线圈时,磁感应强度是变化的,此时吸力也发生改变,而吸力的平均值恰好是最大吸力的 1/2,即

$$F = \frac{1}{2} F_m = \frac{10^7}{16\pi} B_0^2 S_0 \tag{7.21}$$

按励磁电流的性质不同,电磁铁分为直流电磁铁和交流电磁铁两大类。

### 7.6.1　直流电磁铁

直流电磁铁就是给线圈通以直流电流产生电磁吸力。直流电磁铁中没有涡流损耗,所以铁心由整块的硅钢制成。另外,在直流电磁铁中,励磁电流的大小仅与线圈的导线电阻有关,不因气隙的大小而变化。直流电磁铁中的磁通、磁感应强度及吸力都是恒定不变的。

### 7.6.2　交流电磁铁

交流电磁铁就是给线圈通以交流电流产生电磁吸力。交流电磁铁中有涡流损耗,为了减小涡流损耗,交流电磁铁的铁心都是由硅钢片叠成的。交流电磁铁线圈中的励磁电流大小不仅与线圈的导线电阻有关,还与线圈的感抗、铁心磁阻特别是气隙的大小有关。如果衔铁在吸合过程中被卡住,此时气隙较大,总磁阻较大,从而使励磁电流增大,进而导致线圈过热而烧毁。反之,在吸合过程中,随着气隙的减小,磁阻较小,线圈的电感和感抗增大,使线圈中的电流减小。因此,在直流电磁铁中线圈电流恒定,与气隙大小变化无关。而在交流电磁铁中,线圈中的电流随气隙的大小而变化。在使用时,一旦发现衔铁被卡住,气隙不能闭合,就应立即切断电源,排除故障。

## 本章小结

1. 磁场的特征可用磁感应强度 $B$、磁通 $\Phi$、磁场强度 $H$ 和磁导率 $\mu$ 等表示。

2. 磁性物质是具有高磁导率的物质,称为铁磁物质。铁磁物质加外磁场后,其磁感应强度将明显增大,铁磁物质被磁化。

3. 磁路及其定律。

磁路就是磁通走的路径。

磁路欧姆定律：由磁通势 $F$ 在磁路中产生的磁通量 $\Phi$，其大小和磁通势 $F$ 成正比，和磁路的磁阻 $R_\mathrm{m}$ 成反比。磁通势 $F$ 是产生磁通的原因，磁阻 $R_\mathrm{m}$ 表示了磁路对磁通的阻碍作用。

$$\Phi = \frac{F}{R_\mathrm{m}}$$

磁路的基尔霍夫第一定律：在磁路的分支节点所连各支路磁通的代数和等于零，或者说进入分支点闭合面的磁通之和等于流出分支点闭合面的磁通之和。

$$\sum \Phi_\mathrm{入} = \sum \Phi_\mathrm{出} \qquad \text{或} \qquad \sum \Phi = 0$$

磁路的基尔霍夫第二定律：任一闭合磁路中各段磁压降代数和等于各磁通势的代数和。

$$\sum Hl = \sum NI \qquad \text{或} \qquad \sum U_\mathrm{m} = \sum F$$

要选一个绕行方向，磁通的参考方向与绕行方向一致，则该段磁压降取为正号，反之取负号；线圈中电流方向与绕行方向符合右手螺旋定则时，其磁通势取正号，反之取负号。

4. 恒定磁通的磁路就是有直流电流作为励磁的磁路。根据磁路的机构分为无分支磁路和有分支磁路的计算。磁路的计算分已知磁通求磁通势和已知磁通势求磁通两种情况。

（1）已知磁通求磁通势

$$\Phi \xrightarrow[B = \frac{\Phi}{S}]{} B \xrightarrow[H_0 = \frac{B_0}{\mu_0}]{B\text{-}H\,曲线} H \xrightarrow[U_\mathrm{m} = Hl]{} U_\mathrm{m} \xrightarrow[F = \sum Hl]{} F$$

（2）已知磁通势求磁通

5. 交流铁心线圈是将交流电流作为线圈的激励电流。由于磁化曲线是非线性的，所以线圈中的电流波形偏离了正弦波。线圈感应电动势与磁通的关系为

$$U = 4.4427 f N \Phi_\mathrm{m}$$

铁心的磁损耗主要包括磁滞损耗和涡流损耗。

6. 电磁铁通常由线圈、铁心和衔铁三个主要部分组成。

## 习题

7.1 若已知铁心的磁感应强度为 0.8T，铁心的截面积是 $20\mathrm{cm}^2$，求通过铁心截面中的磁通？

7.2 已知电工钢中的磁感应强度 $B = 1.4\mathrm{T}$，磁场强度 $H = 500\mathrm{A/m}$，则相对磁导率为多少？

7.3 在均匀磁场中，垂直放置一个横截面积为 $12\mathrm{cm}^2$ 的铁心，设其中的磁通为 $45 \times 10^{-4}\mathrm{Wb}$，铁心的相对磁导率为 5000，求磁场的磁场强度？

7.4 如图 7.20 所示磁路，已知 $I = 2.5\mathrm{A}$，匝数 $N = 240$，磁路平均长度 $l = 40\mathrm{cm}$，铁心材料为铸铁，求磁场强度 $H$。如其他条件不变，铁心材料换成硅钢，$H$ 值有何变化？

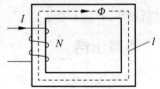

图 7.20 习题 7.4 磁路

7.5 铸钢圆环上有线圈 800 匝，线圈中通有 2A 的电流，圆环平均周长为 0.5m，截面积为 $3.25 \times 10^{-4}\mathrm{m}^2$。试求：（1）线圈的磁通势；（2）磁路的磁阻；（3）磁路中的磁通，铸钢的磁导率

为 $4.69 \times 10^{-4}$ H/m。

7.6　一个具有闭合均匀铁心磁路的线圈,其匝数为 300,铁心中的磁感应强度为 0.9T,磁路的平均长度为 0.45m。试求:(1)铁心材料为铸铁时($H = 9000$A/m)线圈中的电流;(2)铁心材料为硅钢片时($H = 260$A/m)线圈中的电流?

7.7　由硅钢片 $D_{21}$ 叠纸而成的磁路,尺寸如图 7.21 所示,尺寸单位为 mm,线圈 $N = 200$,设铁心中磁通为 $1.2 \times 10^{-4}$Wb,试求磁动势。

7.8　环形铁心线圈,已知其铁心的平均长度为 $l = 20$cm,截面积 $S = 4$cm$^2$,磁路由铸钢制成,如图 7.22 所示。现将产生 $\Phi = 3 \times 10^{-4}$Wb 的磁通量,试求磁通势。

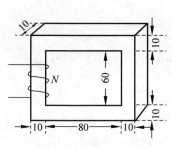

图 7.21　习题 7.7 磁路

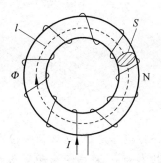

图 7.22　习题 7.8 磁路

7.9　有一环形铁心线圈,磁路平均长度为 60cm,截面积为 5cm$^2$,铁心由 $D_{21}$ 硅钢片制成,线圈匝数为 8000 匝。(1)铁心内磁通为 $5 \times 10^{-4}$Wb 时,求线圈当中的电流;(2)设铁心有一个长度为 0.1cm 的气隙,磁通仍为 $5 \times 10^{-4}$Wb,求电流。

7.10　$D_{41}$ 硅钢片叠成如图 7.23 所示磁路,设铁心的填充因数为 0.9,气隙边缘效应不计,磁通势为 2000A,求铁心磁路中的磁通?（图中尺寸单位为 mm）

7.11　对称分支磁路如图 7.24 所示,铁心材料①为铸铁,材料②为 $D_{21}$ 硅钢片,已知侧柱中磁通为 $4.8 \times 10^{-4}$Wb。(1)求所需磁通势;(2)当匝数为 4000 时,求电流 $I$。

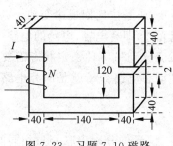

图 7.23　习题 7.10 磁路

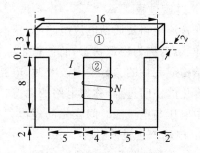

图 7.24　习题 7.11 磁路

7.12　一个直流电磁铁,接通电源后,在衔铁和铁心之间的气隙中,$B_0 = 1.4$T,衔铁和磁极相对的有效面积为 8cm$^2$,求电磁吸力。

# 线性动态电路的分析

📺 **学习要求**

本章介绍换路定律、电路初始值与稳态值的计算、动态电路的方程和三要素方程、零输入响应和零状态响应、稳态响应和暂态响应、求解一阶动态电路的方法。

(1) 理解换路定律。

(2) 掌握电路初始值与稳态值的计算方法。

(3) 深刻理解动态电路的方程和三要素方程。

(4) 深刻理解零输入响应和零状态响应。

(5) 深刻理解稳态响应和暂态响应。

## 8.1 电路的过渡过程及换路定律

### 8.1.1 电路的过渡过程

**1. 过渡过程**

在直流电路及周期电流电路中,所有响应或是恒稳不变,或是按周期规律变动。电路的这种工作状态,称为稳定状态,简称稳态。但是,在含有储能元件,即有电容、电感的电路中,当电路的结构或元件的参数发生改变时,电路从一种稳定状态变化到另一种稳定状态需要有一个动态变化的中间过程,称为电路的动态过程或过渡过程。动态电路分析就是研究电路在过渡过程中电压与电流随时间变化的规律。

**2. 电路产生过渡过程**

(1) 三种电路实验现象。在图 8.1 所示电路中,$R$、$L$、$C$ 元件分别串联一只相同的灯泡,并连接在直流电压源上。当开关 S 闭合时,就看到以下三种现象。

① 电阻支路的灯泡 $D_R$ 会立即亮,而且亮度始终不变。

② 电感支路的灯泡 $D_L$ 由不亮逐渐变亮,最后亮度达到稳定。

③ 电容支路的灯泡 $D_C$ 由亮变暗,最后熄灭。

(2) 三条支路的现象不同是因 $R$、$L$、$C$ 三个元件上电流与电压变化时所遵循的规律不同。

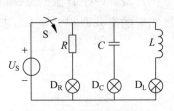

图 8.1 实验电路图

① 对于电阻元件,电流与电压的关系是 $i_R = \dfrac{u_R}{R}$。因此,在电阻元件上,有电压就有电流。某时刻的电流值就取决于该时刻的电压值。所以电阻支路接通电源后其电流从零到达新稳态值是立即完成的,电阻的电压与电流产生了跃变,所以电阻支路没有过渡过程。

② 对于电感元件,电流与电压的关系是 $u_L = L\dfrac{di_L}{dt}$。因此,在电感元件上,每个瞬间电压值不取决于该瞬间电流的有无,而取决于该瞬间电流的变化情况。由于电感支路在开关闭合的瞬间,电流的变化率最大,此时电感元件相当于开路,电感电压等于电源电压 $U_S$,灯泡的电压为零,电路中没有电流,灯泡不亮;开关闭合后电感电流逐渐增大,灯泡逐渐变亮,而电流变化率减小,当到达新的稳态时,电感对于直流相当于短路,此时电感电压为零,灯泡电压等于电源电压 $U_S$,因此灯泡达到最亮,所以电感电流由零达到最大要有一个过渡过程。

③ 对于电容元件,电流与电压的关系是 $i_C = C\dfrac{du_C}{dt}$。在电容元件上,每个瞬间电流值不取决于该瞬间电压的有无,而取决于该瞬间电压的变化情况。在开关闭合的瞬间,电容没有储存电荷,电容电压为零,此时电容元件相当于短路,电容支路灯泡的电压等于电源电压 $U_S$,所以灯泡最亮;开关闭合后随着电容充电电压的升高,灯泡电压逐渐减小,灯泡随之变暗。当电容电压等于电源电压 $U_S$,电路到达新的稳态时,电容对于直流相当于开路,此时没有电流流过,因此灯泡不亮,所以电容电压由零达到最大要有一个过渡过程。

(3) 从能量角度分析。

① 从能量的角度来看,电阻是耗能元件,流过电阻的电流产生的电能总是即时地转换为其他能量消耗掉。

② 若是电路中含有电容或电感等储能元件,则电路中的电流和电压的建立或其量值的转变,必然伴随着电容电场能量和电感磁场能量的改变。一般而言,这种改变只能是渐变,不可能是跃变,即不可能从一个量值跃变为另一个量值,否则意味着功率 $P = \dfrac{dW}{dt}$ 是无穷大的,而在实际中功率是不可能无穷大的。

具体来说,在电容中的储能为 $W_C = \dfrac{1}{2}Cu_C^2$,由于换路时能量一般不能跃变,故电容电压不能跃变。电容电压的跃变将导致其中电流 $i_C = C\dfrac{du_C}{dt}$ 变为无限大,这通常是不可能的。由于 $i_C$ 只能是有限值,以有限电流对电容充电,电容电荷及电压 $u_C$ 只能逐渐增加,不可能在无限短暂的时间间隔内突然跃变。

③ 在电感中的储能为 $W_L = \dfrac{1}{2}Li_L^2$,由于换路时能量一般不能跃变,故电感电流不能跃变。电感电流的跃变将导致其端电压变 $u_L = L\dfrac{di_L}{dt}$ 为无穷大,这通常也是不可能的。由于 $u_L$ 只能是有限值,电感的磁链和电流 $i_L$ 也只能逐渐增加,不可能在无限短暂的时间间隔内突然跃变。

上述分析表明,电路产生过渡过程有内、外两种原因,内因是电路中存在动态元件 $L$ 或 $C$;外因是电路的结构或参数要发生改变,如开关的打开或闭合、元件的接通与断开等,一般称为换路。

### 8.1.2　换路定律

在换路瞬间,如果流过电容元件的电流为有限值,其电压 $u_C$ 不能跃变;如果电感元件两端的电压为有限值,其电流 $i_L$ 不能跃变,这一结论称为换路定律。如果把换路发生的时刻取为计时起点,即取为 $t=0$,而以 $t=0_-$ 表示换路前的一瞬间,$t=0_+$ 表示换路后的一瞬间。由此换路定律可表示为

$$\begin{cases} u_C(0_-)=u_C(0_+) \\ i_L(0_-)=i_L(0_+) \end{cases} \tag{8.1}$$

在应用换路定律时,还要注意电容电压不能跃变并不意味着电容电流不能跃变,因为电容电流不是取决于电容电压的大小而是取决于电容电压的变化率。与其相似可知,电感电流不能跃变并决不意味着电感电压不能跃变。

### 思考与练习

8.1.1　分别判断图 8.2 所示的各个电路,当开关 S 动作后,电路中是否产生过渡过程,并说明为什么?

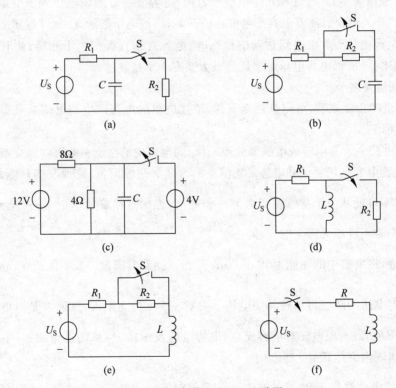

图 8.2　思考与练习 8.1.1 电路图

8.1.2　什么是换路定律?在一般情况下,为什么在换路瞬间电容电压和电感电流不跃变?

## 8.2　电路初始值与稳态值的计算

电路的初始值就是换路后 $t=0_+$ 时刻的电压值、电流值,它们可以由 $t=0_-$ 时刻的电路响应,根据换路定理和基尔霍夫定理求得,其方法如下。

（1）由换路前的稳态电路，即 $t=0_-$ 的等效电路计算出电容电压 $u_C(0_-)$ 和电感电流 $i_L(0_-)$，其他电压、电流不必计算，因为换路时只有电容电压和电感电流维持不变。

（2）根据换路定理可以得到电容电压和电感电流的初始值，即 $u_C(0_-)=u_C(0_+)$，$i_L(0_-)=i_L(0_+)$。

（3）电容电流、电感电压和电阻电压、电流的初始值要由换路后 $t=0_+$ 时的等效电路求出。在 $t=0_+$ 的等效电路中，如果电容无储能，即 $u_C(0_+)=0$，就将电容 $C$ 短路；如果电容有储能，即 $u_C(0_+)=U_0$，则可用一个电压为 $U_0$ 的电压源代替电容。如果电感无储能，即 $i_L(0_+)=0$，就将电感 $L$ 开路；如果电感有储能，即 $i_L(0_+)=I_0$，则可用一个电流为 $I_0$ 的电流源代替电感。由 $t=0_+$ 的等效电路，利用稳态电路的分析方法可以计算出电路的任一初始值。

**【例8.1】** 在图8.3(a)所示电路中，$t=0$ 时，开关 S 由 1 换到 2，在 $t<0$ 时，电路已处于稳定，求初始值 $i_2(0_+)$ 和 $i_C(0_+)$。

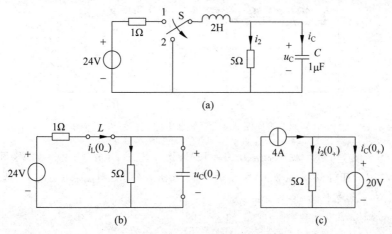

图 8.3 例 8.1 电路图

**解**：题中提到，在 $t<0$ 时，电路已处于稳定，这是指开关 S 在 1 的位置上已经闭合很久了，此时电容上充的电压 $u_C$ 已很稳定，电感中的电流 $i_L$ 也很稳定。这时可把电容当作开路。因为其上已无电流流过，$i_C=C\dfrac{\mathrm{d}u_C}{\mathrm{d}t}$，所以 $u_C$ 不变化了。流过电容的电流自然为零了，即相当于开路；把电感当作导线，是因为其中的电流不再变化了，它两端的电压为零，当然也就是说它不存在降压作用了，因而可用导线代替。这样，就可得到像图8.3(b)所示的电路图，也可以称其为 $0_-$ 图，在 $0_-$ 图上，主要是为了计算电感上的电流 $i_L(0_-)$ 和电容两端的电压 $u_C(0_-)$，其目的是为 $0_+$ 图服务的。

由图 8.3(b) 得

$$i_L(0_-)=\frac{24}{1+5}=4(\mathrm{A})$$

$$u_C(0_-)=4\times5=20(\mathrm{V})$$

今后熟练了，$0_-$ 图不必再画出，可直接在图8.3(a)中，将开关 S 在位置 1 时电感中的电流和 5Ω 电阻两端电压求出，即可得 $i_L(0_-)$、$u_C(0_-)$。

由换路定律可知，在开关 S 刚扳到 2 时，即 $t=0_+$ 的瞬间，应有

$$u_C(0_-)=u_C(0_+)=20\mathrm{V}$$

$$i_L(0_-) = i_C(0_+) = 4A$$

因此,用 4A 电流源和 20V 电压源分别代替原电路中的电感和电容,可画出图 8.3(c)的 $0_+$ 图,图中因开关 S 在 2 的位置,1Ω 电阻和 24V 电源的串联支路已断开,因此在 $0_+$ 图上,不必再画出该支路。

从 $0_+$ 图上看出,5Ω 电阻两端电压为 20V,由欧姆定律可直接求出它的电流为

$$i_2(0_+) = \frac{20}{5} = 4(A)$$

再由 KCL 可知

$$i_C(0_+) = 4 - i_2(0_+) = 4 - 4 = 0(A)$$

【例 8.2】 如图 8.4(a)所示电路中,在开关闭合前,电路已处于稳定,当 $t=0$ 时,开关闭合,求初始值 $i_1(0_+)$、$i_2(0_+)$ 和 $i_C(0_+)$。

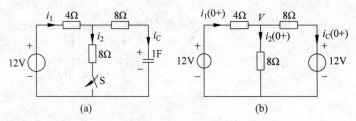

图 8.4 例 8.2 电路图

解:开关闭合前,电路已稳定,$u_C(0_-)=12V$,故 $u_C(0_-)=u_C(0_+)=12V$,用 12V 电压源代替图中的电容 $C$,可得到图 8.2(b)所示的开关闭合后的 $0_+$ 图。在 $0_+$ 图中,选好参考点,用弥尔曼定理求得节点电位为

$$V = \frac{\frac{12}{4} + \frac{12}{8}}{\frac{1}{4} + \frac{1}{8} + \frac{1}{8}} = 9(V)$$

由电位比较的方法,直接得

$$i_1(0_+) = \frac{12 - V}{4} = \frac{12 - 9}{4} = 0.75(A)$$

$$i_2(0_+) = \frac{9}{8} = 1.125(A)$$

$$i_C(0_+) = \frac{9 - 12}{8} = \frac{-3}{8} = -0.375(A)$$

可见,电容上电流是可以突变的,当然各电阻上的电流、电压也都是可以突变的。

## 思考与练习

8.2.1 如图 8.5 所示电路原处于稳定状态,若突然将开关 S 闭合或断开,求换路瞬间各储能元件中的电压或电流的初始值及电路最后达到稳定状态时的稳态值。

8.2.2 在如图 8.6 所示电路中,$U_S=60V$,$R_1=20Ω$,$R_2=30Ω$,电路原已稳定。当 $t=0$ 时,合上开关 S,试求初始值 $i_C(0_+)$、$i_1(0_+)$、$i(0_+)$。

8.2.3 在如图 8.7 所示电路中,$U_S=20V$,$R_1=10Ω$,$R_2=20Ω$,电路原已稳定。当 $t=0$ 时,合上开关 S,试求初始值 $i_1(0_+)$、$i_2(0_+)$、$u_L(0_+)$。

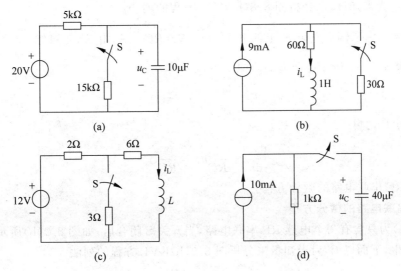

图 8.5　思考与练习 8.2.1 电路图

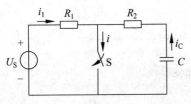

图 8.6　思考与练习 8.2.2 电路图

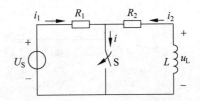

图 8.7　思考与练习 8.2.3 电路图

## 8.3　动态电路的方程及三要素公式

### 8.3.1　方程的建立

分析动态电路,首先要建立描述该电路的微分方程,与分析电阻电路类似,动态电路方程的建立仍是利用 KCL、KVL 和元件 $R$、$L$、$C$ 各自的电压与电流关系(VCR)。

**1. 一阶电路**

电路中只含有一个电容或只含有一个电感的叫作一阶电路,当然对于多个 $L$ 或多个 $C$ 的串联、并联,可以用它们的串联、并联公式等效为一个总的电感或电容,也就化成了一阶电路。

**2. RC 串联电路的微分方程**

图 8.8(a)为只含有一个电容的 RC 串联电路,当开关 S 闭合后,如图 8.8(b)所示,电路中就有电流产生,对 $C$ 充电,电容上的电压就随着时间的增加而变化。

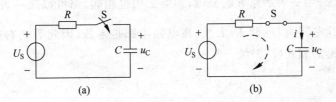

图 8.8　RC 串联电路

下面以 $u_C$ 为未知量,来分析图 8.8(b)KVL 方程的列法。

因为 $i_C = C\dfrac{\mathrm{d}u_C}{\mathrm{d}t}$,因而电阻 $R$ 上的电压 $u_R = iR = RC\dfrac{\mathrm{d}u_C}{\mathrm{d}t}$,由 KVL 可知,整个回路沿巡行方向的电压降 $u_C + u_R$ 等于电压升 $U_S$,即

$$RC\frac{\mathrm{d}u_C}{\mathrm{d}t} + u_C = U_S$$

两边同时除以 $RC$,得

$$\frac{\mathrm{d}u_C}{\mathrm{d}t} + \frac{1}{RC}u_C = \frac{1}{RC}U_S \tag{8.2}$$

这就是 RC 串联电路的微分方程。

**3. RL 串联电路的微分方程**

图 8.9(a)为只含有一个电感 RL 串联电路,当开关 S 闭合后,如图 8.9(b)所示,电路中就有电流 $i_L$ 产生,下面以 $i_L$ 为未知量来分析图 8.9(b)KVL 方程的列法。

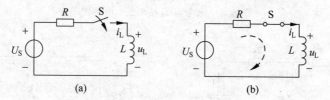

图 8.9　RL 串联电路

电感两端的电压 $u_L = L\dfrac{\mathrm{d}i_L}{\mathrm{d}t}$,电阻 $R$ 上的电压为 $u_R = Ri_L$,整个回路沿着图 8.9(b)所示巡行回路一周的电压降 $u_L + u_R$ 应等于电压升 $U_S$,即

$$L\frac{\mathrm{d}i_L}{\mathrm{d}t} + Ri_L = U_S$$

两边同时除以 $L$,得

$$\frac{\mathrm{d}i_L}{\mathrm{d}t} + \frac{R}{L}i_L = \frac{1}{L}U_S \tag{8.3}$$

这就是 RL 串联电路的微分方程。

## 8.3.2　一阶微分方程的求解

将式(8.2)和式(8.3)相对比,可以看出,它们都有着相似的形式。等式左边第一项都是一个变量对时间的导数,因此可统一用 $\dfrac{\mathrm{d}y}{\mathrm{d}t}$ 来表示。等式左边第二项都是变量前有一个系数,如果这里用 $\tau = RC$ 或 $\tau = \dfrac{L}{R}$ 表示系数的分母,则第二项也相同,都可以统一表示为 $\dfrac{1}{\tau}y$;等式右边都是一个常数,这是因为 $U_S$ 和 $R$、$L$、$C$ 在电路中都是常数,因此等式右边可用常数 $F_S$ 表示,这样,可把式(8.2)和式(8.3)统一写成

$$\frac{\mathrm{d}y}{\mathrm{d}t} + \frac{1}{\tau}y = F_S \tag{8.4}$$

解出这个微分方程后,只要把式(8.2)和式(8.3)中相应的 $\tau$ 值代入即可。即只要解出了式(8.4),就等于同时解出了式(8.2)和式(8.3)两个方程,大大减小了工作量。

根据数学知识知道,微分方程的完全解等于它的齐次解与特解之和,即

$$全解＝齐次解＋特解 \tag{8.5}$$

齐次解是指式(8.4)中式子右边的常数为零时微分方程的解;特解则具有与 $F_s$ 完全相同的形式,即 $F_s$ 为常数,特解也应为常数。

(1) 先求齐次解,即

$$\frac{\mathrm{d}y}{\mathrm{d}t} + \frac{1}{\tau}y = 0$$

上式可变形为

$$\frac{\mathrm{d}y}{y} = -\frac{1}{\tau}\mathrm{d}t \tag{8.6}$$

两边分别积分得

$$\ln y = -\frac{1}{\tau}t + C \tag{8.7}$$

式中:$C$ 为常数。

如果尚未学过积分,那么可以将式(8.7)求导,会发现得到式(8.6),这正验证了式(8.7)是正确的。

常数 $C$ 本身可正、可负也可为零,因而可用 $\ln A$ 代替。因为当 $A < 1$ 时,$C = \ln A < 0$ 为负;当 $A > 1$ 时,$C = \ln A > 0$ 为正;当 $A = 1$ 时,$C = \ln A = 0$,可见用 $\ln A$ 完全可以代替 $C$。

将 $C = \ln A$ 代入式(8.7),并移项到左边得

$$\ln y - \ln A = -\frac{t}{\tau} \Rightarrow \ln \frac{y}{A} = -\frac{t}{\tau} \Rightarrow \frac{y}{A} = \mathrm{e}^{-\frac{t}{\tau}}$$

即齐次解为 $y = A\mathrm{e}^{-\frac{t}{\tau}}$,为了不与全解 $y$ 相混淆,可不按齐次解写为 $y_1$,即

$$y_1 = A\mathrm{e}^{-\frac{t}{\tau}}$$

(2) 特解具有与 $F_s$ 完全相同的形式,因为 $F_s$ 为常数,所以可以设特解为常数 $K$,由式(8.7)可知全解 $y$ 为

$$y(t) = y_1 + K = A\mathrm{e}^{-\frac{t}{\tau}} + K \tag{8.8}$$

(3) 确定完全解式(8.8)中的常数 $A$ 和 $K$。

当 $t = 0_+$ 时,由式(8.8)可知

$$y(0_+) = A + K \Rightarrow A = y(0_+) - K$$

代入式(8.8)得

$$y(t) = [y(0_+) - K]\mathrm{e}^{-\frac{t}{\tau}} + K \tag{8.9}$$

当 $t \to \infty$ 时,式(8.9)右边第一项为零,因而有

$$y(\infty) = K$$

将 $K$ 值代入式(8.9)得

$$y(t) = [y(0_+) - y(\infty)]\mathrm{e}^{-\frac{t}{\tau}} + y(\infty)$$

即

$$y(t) = y(\infty) + [y(0_+) - y(\infty)]\mathrm{e}^{-\frac{t}{\tau}} \tag{8.10}$$

可见,只要求出了 $y(0_+)$、$y(\infty)$ 和 $\tau$ 这三个要素,代入式(8.10)即可得到一阶电路的全

解,因此通常把式(8.10)叫作三要素公式,对照式(8.2)和式(8.3)可知

$$\tau = RC \quad 或 \quad \tau = \frac{L}{R}$$

具体到电路中,只要把求得的电压 $u(t)$ 或电流 $i(t)$ 所对应的 $u(0_+)$、$u(\infty)$、$\tau$ 或 $i(0_+)$、$i(\infty)$、$\tau$ 代入式(8.10)即可得到

$$\begin{cases} u(t) = u(\infty) + [u(0_+) - u(\infty)]e^{-\frac{t}{\tau}} \\ i(t) = i(\infty) + [i(0_+) - i(\infty)]e^{-\frac{t}{\tau}} \end{cases} \tag{8.11}$$

由上式看出,时间常数 $\tau = RC$ 或 $\tau = \frac{L}{R}$ 的单位都是 s,因为如果 $\tau$ 的单位不是 s,则式(8.11)中 $\frac{t}{\tau}$ 就有了单位,整个式子也就不成立了。实际上,可以用量纲的方法证明时间常数 $\tau$ 的单位的确是 s,这由下面的量纲推导过程可明确看出:

$$\tau = RC = \frac{U}{I} \times \frac{Q}{U} = \frac{Q}{I} = \frac{It}{I} = t(\text{s})$$

$$\tau = \frac{L}{R} = \frac{U \dfrac{\mathrm{d}t}{\mathrm{d}i}}{U/I} = \frac{\mathrm{d}t}{\mathrm{d}i} I = \mathrm{d}t(\text{s})$$

在推导过程中,使用了关系式 $R = \dfrac{U}{I}$、$C = \dfrac{Q}{U}$、$Q = It$、$U_\mathrm{L} = L \dfrac{\mathrm{d}i}{\mathrm{d}t}$ 即 $L = U_\mathrm{L} \dfrac{\mathrm{d}t}{\mathrm{d}i}$。

由以上推导过程看出,量纲法证明单位就是只取各量的单位,而不管其值本身的大小,这也是常用的一种物理方法。

特别强调,虽然三要素公式是以电感的电流、电容的电压为待求未知量所列的微分方程得来的结果,但式(8.10)是适用于求解电路中任何元件上的电压和电流,也适合于求解电路中任意支路的电流和任意两点间的电压,只是在使用中要配套使用待求之处的相应 $y(0_+)$、$y(\infty)$ 而已。这一结论的严格数学证明在此从略。

【例 8.3】 在图 8.10(a)所示电路中,当 $t < 0$ 时,电路处于稳态;当 $t = 0$ 时,$S_1$ 打开,$S_2$ 闭合,求 $t > 0$ 时的电压 $u_\mathrm{C}$ 和电流 $i$。

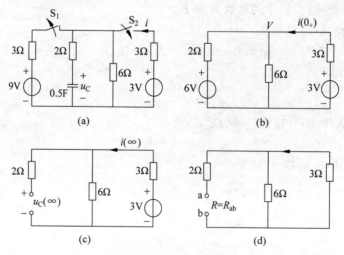

图 8.10 例 8.3 电路图

**解**：(1) 求三要素公式中 $u_C(0_+)$ 和 $i(0_+)$。

当 $t=0_-$ 时，电容 $C$ 相当于开路，其两端所充的电压就是电阻 $6\Omega$ 上的电压值，因此可由分压公式来求 $u_C(0_-)$，即

$$u_C(0_-) = \frac{6}{3+6} \times 9 = 6(\text{V})$$

由换路定律知

$$u_C(0_-) = u_C(0_+) = 6\text{V}$$

用 6V 电压源代替电容 $C$，画出 $t=0_+$ 时的图 $0_+$，如图 8.10(b) 所示，图 8.10(b) 中已经设定了参考点，由弥尔曼定理可求得节点电位 $V$，即

$$V = \frac{\dfrac{6}{2}+\dfrac{3}{3}}{\dfrac{1}{2}+\dfrac{1}{6}+\dfrac{1}{3}} = 4(\text{V})$$

所以

$$i(0_+) = \frac{3-V}{3} = \frac{3-4}{3} = -\frac{1}{3}(\text{A})$$

(2) 求 $u_C(\infty)$ 和 $i(\infty)$。

电路达到稳定时，电容可看成开路，可得到所谓的 $\infty$ 图，如图 8.10(c) 所示，由图可得 $u_C(\infty)$ 就是 $6\Omega$ 电阻上的电压，由分压公式和欧姆定理得

$$u_C(\infty) = \frac{6}{3+6} \times 3 = 2(\text{V})$$

$$i(\infty) = \frac{6}{3+6} = \frac{1}{3}(\text{A})$$

(3) 求第三个要素 $\tau$。

要求得 $\tau$，就必须先求出 $\tau=RC$ 中的 $R$ 值，为此将图 8.10(a) 换路后电路的电容断开，并使 3V 电压源短路，得到图 8.10(d) 所示的求 $R$ 图，由图 8.10(d) 可以看出，a、b 两端电阻就是所求的 $R$。

显然，这同求戴维南等效源中 $R_0$ 的方法完全相同，即

$$R = R_{ab} = 2 + 6 /\!/ 3 = 4(\Omega)$$

故时间常数为

$$\tau = RC = 4 \times 0.5 = 2(\text{s})$$

(4) 代入三要素公式(8.11)可得

$$u_C = 2 + (6-2)\text{e}^{-\frac{t}{2}} = \left(2 + 4\text{e}^{-\frac{t}{2}}\right)(\text{V}) \qquad t>0$$

$$i = \frac{1}{3} + \left(-\frac{1}{3}-\frac{1}{3}\right)\text{e}^{-\frac{t}{2}} = \left(\frac{1}{3}-\frac{2}{3}\text{e}^{-\frac{t}{2}}\right)(\text{A}) \quad t>0$$

$u_C$ 和 $i$ 随时间 $t$ 变化的波形如图 8.11 所示，由图中可进一步加深对含电容电路中电压、电流变化情况的了解。

**【例 8.4】**　在图 8.12 所示电路中，$t=0$ 时开关闭合，闭合前电路已达稳定，求 $t>0$ 时的电压 $u_L$。

**解**：图 8.12 所示是一个三节点电路，可利用电流源到电压源的变换，减少两个节点，如

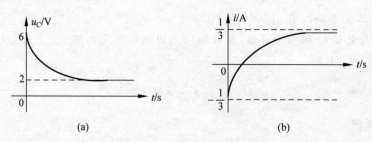

图 8.11   $u_C$ 和 $i$ 的波形

图 8.13 所示,由图可求得

$$i_L(0_-) = \frac{100+100}{5+5+10} = 10(\text{mA})$$

由换路定律得

$$i_L(0_-) = i_L(0_+) = 10\text{mA}$$

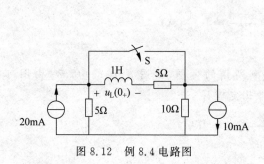

图 8.12   例 8.4 电路图

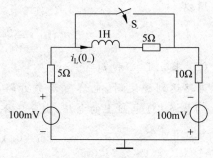

图 8.13   减少两个节点

画出 $0_+$ 图,如图 8.14(a)所示,实际上由于开关 S 短路,图 8.14(a)中,上网孔回路就与下网孔无关。由图中已知,回路电流为 10mA,可只列一个 KVL 方程求出 $u_L(0_+)$,即沿回路所示方向巡行一周有

$$u_L(0_+) + 5 \times 10 = 0$$

由此得

$$u_L(0_+) = -50(\text{mV})$$

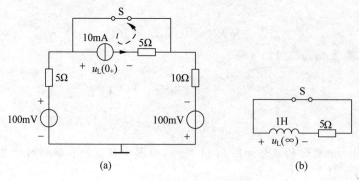

图 8.14   例 8.4 求解过程的电路图

当 $t \to \infty$ 时,图 8.14(b)中 1H 电感与 5Ω 电阻自成回路,与两个 100mV 电压源已无关系,由图 8.14(b)得

$$u_L(\infty) = 0$$

$$\tau = \frac{L}{R} = \frac{1}{5}(s)$$

代入三要素公式可得

$$u_L(t) = u_L(\infty) + [u_L(0_+) - u_L(\infty)]e^{-\frac{t}{\tau}}$$

$$= 0 + (-50 - 0)e^{-5t} = -50e^{-5t}(mV) \quad t > 0$$

## 思考与练习

三要素的公式是什么？每个要素的含义是什么？

## 8.4 零输入响应和零状态响应

用三要素公式求出的电压 $u(t)$ 和电流 $i(t)$ 完全响应。所谓完全响应，是指在 $u_C(0_+)$、$i_L(0_+)$ 以及电压源 $U_S$ 或电流源 $I_S$ 共同作用下(也称为激励)，电路中各元件或支路上的电压、电流的相应变化规律。本节讨论的是在初始状态或激励源单独作用下，电压和电流的变化规律，即零输入响应和零状态响应。很明显，这两种响应只不过是 8.3 节讲过的全响应的两种特殊情况。

### 8.4.1 零输入响应

#### 1. 零输入响应的定义

零输入响应的定义是：在换路后的电路中，当外加激励为零，即电压源和电流源都为零时，仅由 $u_C(0_+)$ 或 $i_L(0_+)$ 所产生的响应。

这里的"零输入"指的就是电压源 $U_S = 0$，电流源 $I_S = 0$。

由于电容上初始电压 $u_C(0_+)$ 在换路后不为零，它所存储的电能将对电路中的电阻进行放电，随着时间 $t$ 的增加，其两端电压将逐渐减小，当 $t \to \infty$ 时，电容两端的电压最终降为零，即 $u_C(\infty) = 0$。

同理，由于电感中初始电流 $i_L(0_+)$ 在换路后不为零，它所存储的磁能也将通过电路中的电阻放电，当 $t \to \infty$ 时，也有 $i_L(\infty) = 0$。

由三要素公式可知，当 $y(\infty) = 0$ 时，有

$$y_x(t) = y(0_+)e^{-\frac{t}{\tau}} \tag{8.12}$$

具体到电容和电感则有

$$\begin{cases} u_{Cx}(t) = u_C(0_+)e^{-\frac{t}{\tau}} \\ i_{Lx}(t) = i_L(0_+)e^{-\frac{t}{\tau}} \end{cases} \tag{8.13}$$

式(8.12)、式(8.13)中使用了下标 $x$，它表示所求的响应为零输入响应，今后凡指明要求电路中某处电压或电流的零输入响应时，都要带上这个下标。

对于电路中的电阻或某一支路，求它的零输入响应时，由于电压源和电流源都为零(即输入为零)，电路中仅靠电容和电感的储能工作，因此当时间 $t$ 趋于无穷大时，电路中各处电流和电压都为零。由此看出，只要在 $0_+$ 图上求出相应 $y(0_+)$ 后，直接代入式(8.12)即可求出其相应的零输入响应 $y_x(t)$。

**2. 求零输入响应的注意事项**

在求零输入响应时,应注意以下几点。

(1) 因为是零输入响应,即使在换路后的电路中仍然有其他电压源或电流源,也必须把它视为零,即 $U_S$ 要短路,$I_S$ 要开路。

(2) 在 $0_+$ 图上求出 $y(0_+)$ 后,可直接由式(8.12)求出 $y_x(t)$。

(3) 直接使用三要素公式求 $y_x(t)$ 也是完全可以的,但必须令换路后电路中所有的电源都为零。这时,很容易发现 $y(\infty)=0$,因而自然也就得到了与式(8.12)同样的结果。

**【例 8.5】** 如图 8.15(a)所示电路,$t<0$ 时电路已处于稳定,$t=0$ 时开关打开,求 $t>0$ 时的电流 $i_L(t)$ 和电压 $u_L(t)$、$u_R(t)$。

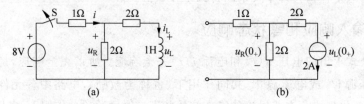

图 8.15 例 8.5 电路图

**解:** 当 $t>0$ 时,所求电路中已无电压源,故属于求零输入响应的情况。由于 $t<0$ 时电路已处于稳定,可把电感看成为短路,则总电流 $i(0_-)$ 为

$$i(0_-)=\frac{8}{1+2 /\!/ 2}=4(\text{A})$$

由分流公式得

$$i_L(0_-)=\frac{2}{2+2}i(0_-)=\frac{1}{2}\times 4=2(\text{A})$$

根据换路定律得

$$i_L(0_+)=i_L(0_-)=2\text{A}$$
$$R=4\Omega$$
$$\tau=\frac{L}{R}=\frac{1}{4}(\text{s})$$
$$u_R(\infty)=0\text{V},\quad u_L(\infty)=0\text{V},\quad i_L(\infty)=0\text{A}$$

用 2A 电流源代替图 8.15(a)中的电感,可画出图 8.15(b)所示的 $0_+$ 图。由图可得

$$u_R(0_+)=-2i_L(0_+)=-2\times 2=-4(\text{V})$$
$$u_L(0_+)=-(2+2)i_L(0_+)=-4\times 2=-8(\text{V})$$

将图 8.15(b)中相当于电感位置的 2A 电流源断开,可得 $R$ 和时间常数 $\tau$ 分别为

$$R=4\Omega$$
$$\tau=\frac{L}{R}=\frac{1}{4}(\text{s})$$

由式(8.12)可得

$$i_{Lx}(0_+)=i_L(0_+)\text{e}^{-\frac{t}{\tau}}=2\text{e}^{-4t}(\text{A})\quad t>0$$

由式(8.13)可得

$$u_{Rx}(0_+)=u_R(0_+)\text{e}^{-\frac{t}{\tau}}=-4\text{e}^{-4t}(\text{V})\quad t>0$$

$$u_{L,x}(0_+) = u_L(0_+)e^{-\frac{t}{\tau}} = -8e^{-4t}(V) \quad t > 0$$

如果直接用三要素公式计算,由于 $u_R(\infty) = 0V$,$u_L(\infty) = 0V$,$i_L(\infty) = 0A$,也可得到同样的结果。

### 8.4.2 零状态响应

**1. 零状态响应的定义**

零状态响应的定义是:在换路后的电路中,当电路的初始储能为零,即 $u_C(0_+)$、$i_L(0_+)$ 都为零时,仅由电压源 $U_S$ 和电流源 $I_S$ 所产生的响应。这里的零状态指的就是电容上的初始值 $u_C(0_+) = 0V$,电感上的初始值 $i_L(0_+) = 0A$。

对于电容和电感,当初始状态为零,由三要素公式可知

$$\begin{cases} u_{Cf}(t) = u_C(\infty)\left(1 - e^{-\frac{t}{\tau}}\right) \\ i_{Lf}(t) = i_L(\infty)\left(1 - e^{-\frac{t}{\tau}}\right) \end{cases} \tag{8.14}$$

为了区别全响应和零输入响应,式(8.14)中使用了下标 $f$,在指定要求电路其他各处电压和电流的零状态响应时,也都要带上这个下标。

**2. 求零状态响应时的注意事项**

在求零状态响应时,应注意以下几点。

(1) 因为是求零状态响应,即使在换路后的电路中电容和电感的初始状态不为零,也必须把它视为零,即在画 $0_+$ 图时,令 $u_C(0_+) = 0V$,$i_L(0_+) = 0A$。

(2) 除了求 $u_{Cf}(t)$ 和 $i_{Lf}(t)$ 可用式(8.14)外,在求电阻或某一支路的电压和电流的零状态响应时,绝不能使用类似的公式(8.14)。这是因为零状态只是针对电容电压 $u_C(0_+)$ 和电感电流 $i_L(0_+)$ 为零而言的。由换路定律知道,电容两端的电压和电感中的电流在换路前后瞬间是相等的,即二者不可以突变。除此以外,电路其他各处的电压和电流都是可以突变的,即 $y(0_+)$ 一般是不为零的,因而仍应按三要素法先在 $0_+$ 图上求出 $y(0_+)$,并求出 $y(\infty)$ 和时间常数 $\tau$ 后,代入三要素公式才能正确求出零状态响应 $y_f(t)$。

(3) 直接使用三要素公式来求包括电容电压、电感电流在内的 $y_f(t)$ 也完全可以,但必须按照零状态响应的定义,令换路后的 $u_C(0_+) = 0$,$i_L(0_+) = 0$。

**【例8.6】** 在图8.16(a)所示电路中,$t = 0$ 时,开关 S 闭合,求 $t > 0$ 时,电流 $i_L$ 和电压 $u$。

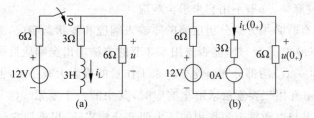

图8.16 例8.6电路图

**解:** 开关 S 闭合前,电感中的电流 $i_L(0_-) = 0A$,当 S 闭合瞬间,有换路定律知电感的初始状态 $i_L(0_+) = 0$,故本题属于求解电路的零状态响应。

图8.16(b)为该电路的 $0_+$ 图,因为 0A 电流源可视为开路,由分压关系可得

$$u(0_+) = \frac{6}{6+6} \times 12 = 6(A)$$

当 $t \to \infty$ 时,电感相当于短路,故由分压关系知

$$u(\infty) = \frac{3 /\!/ 6}{6 + 3 /\!/ 6} \times 12 = 3(\mathrm{V})$$

$$i_{\mathrm{L}}(\infty) = \frac{u(\infty)}{3} = \frac{3}{3} = 1(\mathrm{A})$$

时间常数为

$$\tau = \frac{L}{R} = \frac{3}{3 + 6 /\!/ 6} = \frac{1}{2}(\mathrm{s})$$

由公式(8.14)可得 $i_{\mathrm{L}}$ 的零状态响应为

$$i_{\mathrm{L}f}(t) = i_{\mathrm{L}}(\infty)\left(1 - \mathrm{e}^{-\frac{t}{\tau}}\right) = (1 - \mathrm{e}^{-2t})(\mathrm{A}) \quad t > 0$$

由三要素公式可得电压 $u$ 的零状态响应为

$$u_f(t) = u(\infty) + [u(0_+) - u(\infty)]\mathrm{e}^{-\frac{t}{\tau}} = 3 + (6 - 3)\mathrm{e}^{-2t} = 3 + 3\mathrm{e}^{-2t}(\mathrm{V}) \quad t > 0$$

若用类似的公式(8.14)去求 $u$,将有

$$u_f(t) = u(\infty)\left(1 - \mathrm{e}^{-\frac{t}{\tau}}\right) = 3(1 - \mathrm{e}^{-2t})(\mathrm{V}) \quad t > 0$$

显然,这个结果是错误的,其原因是,错认为 6Ω 电阻上的电压初始值为零了。即把它与 $u_{\mathrm{C}}(0_+)$、$i_{\mathrm{L}}(0_+)$ 在零状态响应下为零混淆了。

### 8.4.3 零输入响应和零状态响应与全响应的关系

因为零输入响应 $y_x(t)$ 是只考虑了电源为零而仅由初始状态 $u_{\mathrm{C}}(0_+)$、$i_{\mathrm{L}}(0_+)$ 对电路的作用结果,零状态响应 $y_f(t)$ 是只考虑了初始状态为零而仅由电源对电路的作用的结果,而全响应是考虑了上述两种情况的共同结果,故由叠加定理得

$$全响应 = 零输入响应 + 零状态响应$$

即

$$y(t) = y_x(t) + y_f(t) \tag{8.15}$$

式(8.15)表明了零输入响应和零状态响应与全响应之间 $y(t)$ 的关系。

由 8.3 节内容知道,全响应 $y(t)$ 可由三要素公式直接求出,由本节内容知道,全响应还可以通过分别求出电路的零输入响应和零状态响应后相加求出。两种办法所得结果完全相同,显然后者所用方法较麻烦,一般不用它来求全响应。

在实际工作中,有时必须分别分析电路的零输入响应和零状态响应,除了本节所介绍的按照定义分别求出 $y_x(t)$ 和 $y_f(t)$ 外,能否先用 8.3 节的方法求出全响应后再按照公式(8.15)将全响应分为 $y_x(t)$ 和 $y_f(t)$ 两部分呢?这样一来工作量的确大大减小了,但在大多数情况下是行不通的,其原因是:在用三要素法求解全响应时,其中的一个要素 $y(0_+)$ 是由状态 $u_{\mathrm{C}}(0_+)$ 和 $i_{\mathrm{L}}(0_+)$ 作用的结果与由激励电源作用的结果两部分构成的,很难把它分开为分别作用时各自产生的结果,但对于仅求出 $u_{\mathrm{C}x}$、$u_{\mathrm{C}f}(t)$ 和仅求出 $i_{\mathrm{L}x}(t)$、$i_{\mathrm{L}f}(t)$ 来说,是完全可以行得通的,这主要是电容电压和电感电流不能突变的缘故。由三要素公式可知

$$u_{\mathrm{C}}(t) = u_{\mathrm{C}}(\infty) + [u_{\mathrm{C}}(0_+) - u_{\mathrm{C}}(\infty)]\mathrm{e}^{-\frac{t}{\tau}}$$

$$i_{\mathrm{L}}(t) = i_{\mathrm{L}}(\infty) + [i_{\mathrm{L}}(0_+) - i_{\mathrm{L}}(\infty)]\mathrm{e}^{-\frac{t}{\tau}}$$

以上两式可改写为

$$u_C(t) = \underbrace{u_C(0_+)e^{-\frac{t}{\tau}}}_{\text{零输入响应}} + \underbrace{u_C(\infty)\left(1 - e^{-\frac{t}{\tau}}\right)}_{\text{零状态响应}} \tag{8.16}$$

$$i_L(t) = \underbrace{i_L(0_+)e^{-\frac{t}{\tau}}}_{\text{零输入响应}} + \underbrace{i_L(\infty)\left(1 - e^{-\frac{t}{\tau}}\right)}_{\text{零状态响应}} \tag{8.17}$$

显然,只要求出全响应后,按照式(8.16)、式(8.17)可方便地写出它们的零输入响应和零状态响应。

这里再次强调指出,只有对电容电压 $u_C(t)$ 和电感电流 $i_L(t)$ 才可以这样做,绝不可随意扩大其应用范围。

【**例 8.7**】　已知某电路中,电容两端电压的全响应用三要素法求出为 $u_C(t) = 2 + 4e^{-\frac{t}{2}}$,试分别求出它的零输入响应和零状态响应。

**解**:将 $u_C(t)$ 与三要素公式相比较,即

$$u_C(t) = 2 + 4e^{-\frac{t}{2}}$$

$$u_C(t) = u_C(\infty) + \left[u_C(0_+) - u_C(\infty)\right]e^{-\frac{t}{\tau}}$$

两者对照显然有

$$u_C(\infty) = 2\text{V} \quad u_C(0_+) - u_C(\infty) = 4(\text{V})$$

即

$$u_C(0_+) = 4 + u_C(\infty) = 4 + 2 = 6(\text{V})$$

由式(8.16)知道零输入响应 $u_{Cx}(t)$ 和零状态响应 $u_{Cf}(t)$ 分别为

$$u_{Cx}(t) = u_C(0_+)e^{-\frac{t}{\tau}} = 6e^{-\frac{t}{2}} \quad t > 0$$

$$u_{Cf}(t) = u_C(\infty)\left(1 - e^{-\frac{t}{\tau}}\right) = 2\left(1 - e^{-\frac{t}{2}}\right) \quad t > 0$$

## 思考与练习

8.4.1　一阶电路的构成如何? 什么是一阶电路的零输入响应?

8.4.2　什么是一阶电路的零状态响应?

8.4.3　如图 8.17 所示的一阶电路,求开关 S 打开时电路的时间常数。

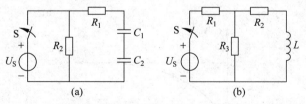

图 8.17　思考与练习 8.4.3 电路图

8.4.4　如图 8.18 所示的一阶电路,求开关 S 闭合时电路的时间常数。

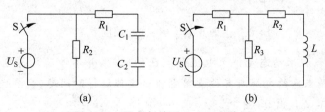

图 8.18　思考与练习 8.4.4 电路图

## 8.5 稳态响应和暂态响应

全响应不仅可以看作零输入响应和零状态响应之和,还可以看作稳态响应和暂态响应两部分之和,这种不同的区分方法,为从不同角度研究实际电路提供了方便。将三要素公式重写如下:

$$y(t) = y(\infty) + [y(0_+) - y(\infty)]e^{-\frac{t}{\tau}}$$

式中第一项 $y(\infty)$ 表示当时间 $t \to \infty$ 时电路的响应情况,我们把这一部分叫作稳态响应。从物理意义上讲,就是在换路之后电路完全稳定下来时的响应,在直流电压源或电流源作用下,它为一个常量的电压和电流,在其他动态信号源的作用下,它为一个与该信号源同频率、同波形而幅度大小不同的响应信号。综上所述,稳态响应与激励源具有相同的函数形式。

式中第二项为暂态响应,它随着时间 $t \to \infty$ 将趋于零,因而只是一个暂时的现象,所以称为暂态响应,这一部分表明了在换路后对电路的冲击情况。

为了清晰,将稳态响应和暂态响应表示如下:

$$y(t) = \underbrace{y(\infty)}_{\text{稳态响应}} + \underbrace{[y(0_+) - y(\infty)]e^{-\frac{t}{\tau}}}_{\text{暂态响应}} \tag{8.18}$$

求解稳态响应和暂态响应的方法,与求解完全响应的方法完全相同。即先找齐三要素 $y(0_+)$、$y(\infty)$、$\tau$,之后把它们代入三要素公式,最后结果中带有 $e^{-\frac{t}{\tau}}$ 的项即为暂态响应,而另一项则稳态响应。

【例8.8】 在图 8.19(a)所示电路中,开关 S 闭合前,电路已处于稳定状态,$t=0$ 时,开关闭合,求 $t>0$ 时的电感电流 $i_L$ 及其两端的电压 $u_L$,并画出波形图来表示 $i_L$ 和 $u_L$ 的稳态响应和暂态响应。

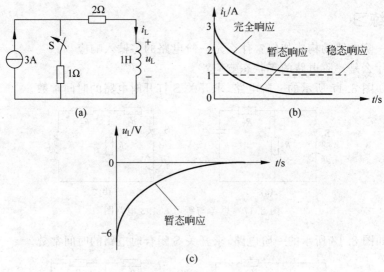

图 8.19 例 8.8 电路图

**解**:这是一个仅仅求动态元件上电流和电压的问题,并不涉及计算电阻元件的电压和电流,或电路中任意两点间的电压或其他支路电流。类似这样的问题,只要使用换路定理就可以求出 $y(0_+)$,因此不必作出 $0_+$ 图。

（1）求 $i_L(0_+)$。

换路前，电路已稳定，可将电感看作短路，则有 $i_L(0_-)=3A$。

根据换路定理，有

$$i_L(0_-)=i_L(0_+)=3A$$

（2）求 $i_L(\infty)$。

开关闭合后，$t\to\infty$ 时，电路又达到新的稳定状态，这时和换路前一样，把电感也看成短路，由分流公式得

$$i_L(\infty)=\frac{1}{2\times1}\times3=1(A)$$

（3）求 $\tau$。

这里再次强调：要在换路后的电路中求 $\tau$，其中 $R$ 的计算方法与戴维南等效源中的 $R_0$ 求解方法完全相同。即在换路后的电路中，去掉动态元件 $L$ 或 $C$ 后，由断点两端计算整个电路的 $R$，大家已经知道戴维南等效源中的 $R_0$ 有两种情况，这里求 $R$ 时同样也有两种情况。

① 电路中不含受控源时，要将电路中独立源视为零，即 $U_S$ 短路，$I_S$ 开路，然后用串联、并联法求出 $R$。

② 电路中含有受控源时，可直接用开路法求 $U_O$，用短路法求 $I_{SC}$，则 $R=U_O/I_{SC}$；也可先将独立源去掉，即 $U_S$ 短路，$I_S$ 开路，受控源保留，用 $U$、$I$ 法找出 $U$ 与 $I$ 的关系，则 $R=U/I$。

本题中无受控源，属于第①种情况，将 3A 电流源开路后，用串联、并联法直接得出 $R$，即

$$R=2+1=3(\Omega)$$
$$\tau=\frac{L}{R}=\frac{1}{3}(s)$$

（4）求 $i_L(t)$。

把 $i_L(0_+)$、$i_L(\infty)$ 和 $\tau$ 代入三要素公式，得

$$i_L(t)=i_L(\infty)+[i_L(0_+)-i_L(\infty)]e^{-\frac{t}{\tau}}=1+(3-1)e^{-3t}=1+2e^{-3t}$$
$$i_L(t)=1+2e^{-3t}(A)\quad t>0$$

可见，稳态响应为1A，其函数形式与激励源（即 3A 电流源）有相同的形式，只是幅度大小不同。而暂态响应由 $t=0$ 时的 2A 起始，当 $t\to\infty$ 时此项值趋于零。

$i_L$ 的稳态响应、暂态响应和完全响应的波形如图 8.19(b)所示。

（5）求 $u_L(t)$。

借助于本题，总结一下计算 $i_L$、$u_L$ 或 $i_C$、$u_C$ 这四个变量的一般方法。

当题目中要求计算动态元件上的电压、电流时，其方法是先用三要素公式求出 $i_L(t)$、$u_C(t)$，可不必画 $0_+$ 图，这是因为由换路定律可直接得到 $i_L(0_+)$、$u_C(0_+)$。计算 $u_L$ 和 $i_C$ 时，由公式 $u_L=L\dfrac{di_L}{dt}$、$i_C=C\dfrac{du_C}{dt}$ 来求解。若题目中仅要求计算 $u_L(t)$ 和 $i_C(t)$，为了避免走弯路，即不必先求 $i_L$ 和 $u_C$，可直接由三要素公式来求解。但应当注意，必须在 $0_+$ 图上求出 $u_L(0_+)$ 和 $i_C(0_+)$，因为换路定理只是针对电容电压和电感电流来说的，绝不可随意扩大其使用范围，本题中已求出 $i_L(t)$，故有

$$u_L=L\frac{di_L}{dt}=L(1+2e^{-3t})'=1\times(-6)e^{-3t}=-6e^{-3t}(V)\quad t>0$$

即

$$u_L(t) = 0 - 6e^{-3t} \text{(V)} \quad t > 0$$

$u_L(t)$波形图如图 8.19(c)所示。其物理意义是换路后电感上的电压将由 $t = 0$ 时的 $-6$V 开始,随着时间 $t$ 的增加,其绝对值逐渐减小;当 $t \to \infty$ 时,$u_L$ 的值逐渐趋近于 0V,即电路稳定后,电感仍相当于短路。

**【例 8.9】** 如图 8.20(a)所示电路,$t < 0$ 时,开关 S 位于 1,电路已处于稳态,$t = 0$ 时,开关 S 闭合到 2,求 $t > 0$ 时的电压 $u$,指出它的暂态响应、稳态响应,并画出 $u$ 的全响应波形图。

**解**:本题不属于求动态元件 $L$ 上的电流和电容 $C$ 上的电压,因此必须从 $0_+$ 图才能求解出三要素公式中的 $u(0_+)$,要获得 $0_+$ 图,需从换路定律入手,先求 $i_L(0_+)$ 才行。

(1) 求 $i_L(0_-)$ 和 $0_+$ 图。

当开关 S 在位置 1 时,可画出图 8.20(b)电路,选好参考地,显然这是一个有两个节点的电路,可由弥尔曼定理求出另一个节点的电位为

$$V = \frac{6}{\frac{1}{6} + \frac{1}{3} + \frac{1}{6}} = 9 \text{(V)}$$

注意到这时电感已看作短路,故有

$$i_L(0_-) = \frac{V}{3} = \frac{9}{3} = 3 \text{(A)}$$

根据换路定律有

$$i_L(0_-) = i_L(0_+) = 3\text{A}$$

用 3A 电流源代替图 8.20(a)中的电感,当开关 S 闭合到 2 时,可得 $0_+$ 图,如图 8.20(c)所示。

(2) 求 $u(0_+)$。

从图 8.20(c)所示的 $0_+$ 图上可以看出,这仍是一个有两个节点的电路,选参考地如图 8.20(c)所示,则 $u(0_+)$ 就是另一个节点的电位 $V$,由弥尔曼定理得

$$u(\infty) = \frac{\frac{12}{6}}{\frac{1}{6} + \frac{1}{3} + \frac{1}{6}} = 3 \text{(V)}$$

这里再次强调,使用弥尔曼定理时,应注意到与 3A 电流源串联的 $3\Omega$ 电阻是没有作用的,这是因为电流源本身的内阻无穷大,当然对于无穷大电阻来说,所串联的任何电阻都可以忽略不计,这也是置换定律中已经讲过的。

(3) 求 $u(\infty)$。

开关 S 闭合到位置 2 后,当 $t \to \infty$ 时,电路又达到一个新的稳定状态,这时电感应视为短路,由此可画出所谓的 $\infty$ 图,如图 8.20(d)所示,在 $\infty$ 图上可求出 $u(\infty)$,这里应说明,对于 $\infty$ 图,也可以不必画出,今后熟练了可直接从原图上求出 $y(\infty)$ 来。

(4) 求 $\tau$。

为了初学者便于求 $R$,这里将求 $R$ 图画出,如图 8.20(e)所示,求 $R$ 图实际上是将换路后电路中的电压源短路,电流源开路,并去掉动态元件后画出的图,图 8.20(e)中无受控源,可直接由电阻的串联、并联关系求得

$$R = R_{ab} = 3 + 6 /\!/ 6 = 6 \text{(}\Omega\text{)}$$

时间常数为

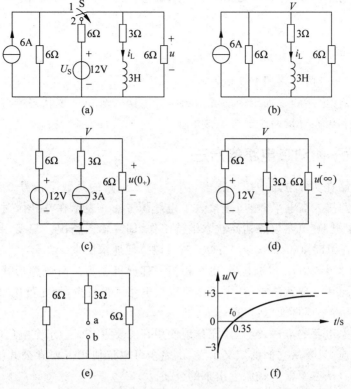

图 8.20 例 8.9 电路图

$$\tau = \frac{L}{R} = \frac{3}{6} = \frac{1}{2}(s)$$

(5) 求全响应 $u$ 并指出它的稳态响应和暂态响应。

把上面求出的三要素的值：$u(0_+) = -3V$, $u(\infty) = 3V$, $\tau = \frac{1}{2}$s 代入三要素公式，可得 $u$ 的全响应为

$$u = 3 + (-3-3)e^{-2t} = 3 - 6e^{-2t}(V) \quad t > 0$$

(6) 画出全响应的波形图。

由全响应 $u = 3 - 6e^{-2t}$ 中，只要找出 $t = 0$ 时的起点，$t \to \infty$ 时的趋向值及 $u = 0$ 时与时间轴相交的 $t_0$ 点，就很容易画出 $u$ 的波形图。

$t = 0$ 时　　　　　　　　　$u(0) = 3 - 6e^0 = 3 - 6 = -3(V)$

$t \to \infty$ 时　　　　　　　　$u(\infty) = 3 - 6e^\infty = 3(V)$

$u = 0$ 时，由 $0 = 3 - 6e^{-2t}$ 得

$$t = -\frac{1}{2}\ln\frac{1}{2} = 0.35(s)$$

所以与时间轴的交点为 $t_0 = 0.35$s。

画出全响应的波形如图 8.20(f) 所示，该波形的物理意义可表述为：换路后，电压 $u$ 将由 $t = 0_+$ 时的 $-3$V 开始，随着时间 $t$ 的增加，$u$ 的值逐渐增加，当 $t \to \infty$ 时，$u$ 的值趋于稳定状态，即 $3$V 电压。在变化过程中，当 $t = t_0 = 0.35$s 时，$u$ 的值为 $0$V。

今后，若不是题目指定要分别求出零输入响应或者零状态响应，应尽量使用三要素法求全

响应。这样做要简单得多,即使电路本身就是零状态,也仍然可直接用三要素公式求出它的零状态响应。

### 思考与练习

8.5.1 什么是一阶电路的全响应?

8.5.2 由线性电路的叠加定理理解全响应=零输入响应+零状态响应。如何理解全响应是由稳态分量和暂态分量两个成分组成的。

## 8.6 求解一阶动态电路的方法

一阶动态电路在实际电路中用得很多,例如,输入电路的是数字信号 0 和 1 时,1 表示开关在 $0_+$ 时,对电路接入高电平,相当于接入了电压源 $u_S$;0 表示在 $0_+$ 时,对电路接入了低电平,相当于没有了电源,电路仅靠初始状态维持工作,即零输入情况。只要用三要素公式求出 $u(t)$、$i(t)$,则在任意时刻 $t_0$ 的 $u(t_0)$、$i(t_0)$ 就可以方便地求出来。

至于二阶电路或二阶以上的电路,也有相当一部分可化为一阶电路形式或近似一阶电路的形式。当然也可用三要素法求解,由于二阶以上电路用得较少,加之可用"信号与系统"中的方法去分析,因此本书不再加以讨论。

求解一阶动态电路的方法,就是要充分地使用好三要素公式。求全响应时,即使求零输入响应和零状态响应,只要从它们的定义出发,也完全可以仅使用三要素公式把它们求出来,而不必记忆其他那些从三要素公式派生出来的公式。

下面给出几种常见情况的一阶电路用三要素法求解的方法和步骤。

(1) 待求的变量为 $i_L$、$u_L$ 和 $u_C$、$i_C$。

这种情况不必画出 $0_+$ 图,它可以借助换路定理直接得到 $u_C(0_+)$、$i_L(0_+)$,具体步骤为

$i_L(0_-) \rightarrow i_L(0_+) = i_L(0_-) \rightarrow i_L(\infty) \rightarrow \tau \rightarrow$ 代入三要素公式得 $i_L(t) \rightarrow u_L(t) = L\dfrac{di_L}{dt}$。

$u_C(0_-) \rightarrow u_C(0_+) = u_C(0_-) \rightarrow u_C(\infty) \rightarrow \tau \rightarrow$ 代入三要素公式得 $u_C(t) \rightarrow i_C(t) = C\dfrac{du_C}{dt}$。

(2) 待求变量为动态元件之外的 $i$ 和 $u$。

这种情况是必须画 $0_+$ 图的,在 $0_+$ 图上才能得到待求的 $u(0_+)$ 和 $i(0_+)$,其入手的方法当然是先求 $u_C(0_-)$、$i_L(0_-)$,之后才能画出 $0_+$ 图。

对于只求电感上的电压 $u_L$ 或电容电流 $i_C$ 时,如果想直接用三要素公式求解,而不是先求 $u_C$、$i_L$,那也必须在 $0_+$ 图上求出 $u_L(0_+)$、$i_C(0_+)$。

初学者最容易犯的错误是:将换路定理 $i_L(0_+) = i_L(0_-)$ 与 $u_C(0_+) = u_C(0_-)$ 随意扩大化,似乎任何地方都存在 $i(0_+) = i(0_-)$、$u(0_+) = u(0_-)$。这里再次提醒:只有电感上的电流不能突变,电容上的电压不能突变,此外任何地方的电压和电流都可以突变,当然也包括电感的电压和电容的电流,因此必须在 $0_+$ 图上才能计算其相应的 $u(0_+)$ 和 $i(0_+)$。这类题目计算步骤如下。

$i_L(0_-) \rightarrow i_L(0_+) = i_L(0_-) \rightarrow$ 用电流源 $i_L(0_+)$ 换掉电感 $L$ 画出 $0_+$ 图 $\rightarrow$ 求出 $i(0_+)$、$u(0_+) \rightarrow i(\infty)$、$u(\infty) \rightarrow \tau \rightarrow$ 代入三要素公式得出 $u(t)$、$i(t)$。

$u_C(0_-) \rightarrow u_C(0_+) = u_C(0_-) \rightarrow$ 用电压源 $u_C(0_+)$ 换掉电容 $C$ 画出 $0_+$ 图 $\rightarrow$ 求出 $i(0_+)$、$u(0_+) \rightarrow i(\infty)$、$u(\infty) \rightarrow \tau \rightarrow$ 代入三要素公式得出 $u(t)$、$i(t)$。

对于不太熟练的读者,也可画出 $0_-$ 图、$\infty$ 图、求 $R$ 图以帮助求解。

(3) 电路中含有多个电感或电容。

这种情况可先用串联、并联公式将其化简后,用一个总的 $L$ 或总的 $C$ 来代替,就变成了典型的一阶电路,然后用三要素公式求解即可。

(4) 电路中既有电感 $L$,又有电容 $C$。

这种情况往往看起来像二阶电路,要仔细分析,一般来说都可以化成两个单独的一阶电路,因而也就有两个单独的时间常数 $\tau=L/R$、$\tau=RC$,同时应在两个单独的一阶电路中,分别计算其他两个要素 $y(0_+)$ 和 $y(\infty)$。

【例 8.10】 如图 8.21(a)所示电路中,在 $t=0$ 时,合上开关 S,求 $t>0$ 时的 $i_C$、$u_C$。

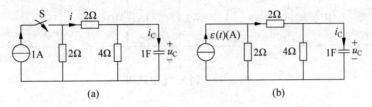

图 8.21  例 8.10 电路图

**解**:本题属于上述情况(1),即求动态元件 $C$ 上的电压和电流,不必画 $0_+$ 图。

开关 S 合上前,$u_C(0_-)=0$,显然初始状态为零,此题为求零状态响应 $u_f(t)$,题目中未特意指明求 $u_{Cf}$ 和 $i_{Cf}$,因此本题可不带下标 $f$,由换路定理得

$$u_C(0_+)=u_C(0_-)=0\text{V}$$

在 $t \to \infty$ 时,由分流关系求出 $4\Omega$ 电阻上的电流和电压 $u(\infty)$ 为

$$i=\frac{2}{2+(2+4)}\times 1=\frac{1}{4}(\text{A})$$

$$u_C(\infty)=4i=4\times\frac{1}{4}=1(\text{V})$$

$$\tau=RC=\left[4 \text{//} (2+2)\right]\times 1=2(\text{s})$$

由三要素公式得

$$u_C(t)=u_C(\infty)+\left[u_C(0_+)-u_C(\infty)\right]\mathrm{e}^{-\frac{t}{\tau}}=1+(0-1)\mathrm{e}^{-\frac{t}{2}}=1-\mathrm{e}^{-\frac{t}{2}}(\text{V}) \quad t>0$$

$$i_C(t)=C\frac{\mathrm{d}u_C}{\mathrm{d}t}=1\times\left(1-\mathrm{e}^{-\frac{t}{2}}\right)'=0.5\mathrm{e}^{-\frac{t}{2}}(\text{A}) \quad t>0$$

结合这个例子,下面介绍一下一阶电路"单位阶跃响应"的概念。

"单位阶跃响应"是指在 $t=0_+$ 时,将 1A 电流源或 1V 电压源接入电路所引起的零状态响应 $i_f(t)$ 或 $u_f(t)$。"单位"的意思是指激励信号无论是电压还是电流,其单位都是"1",即 1A 或 1V,常用 $\varepsilon(t)$ 表示。例如,本题中从图 8.21(b)可见,电流源写成 $\varepsilon(t)(\text{A})$,所求的响应也称为单位阶跃响应,常用 $g(t)$ 表示。本题若求阶跃响应,则最后结果可写为

$$g(t)=u_C(t)=\left(1-\mathrm{e}^{-\frac{t}{2}}\right)\varepsilon(t)(\text{V})$$

对于单位阶跃响应来说,在画电路图时可省去画开关 S,如图 8.21(b)所示,因为其意义就是 $0_+$ 时刻接入 1 单位的电压或电流,故在其结果式中也不必写 $t>0$,而在后面带上 $\varepsilon(t)$ 即可,如上式所示。

**注意**:单位阶跃响应是指零状态时的响应,即 $i_L(0_+)=0$,$u_C(0_+)=0$。

有了以上规定,若输入激励信号为 $5\varepsilon(t)(\mathrm{V})$ 或 $5\varepsilon(t)(\mathrm{A})$,它表示在 $t=0_+$ 时,对电路接入 5V 电压源或 5A 电流源。只要求出单位阶跃响应 $g(t)$,在 $5\varepsilon(t)$ 激励下,输出的响应也应为 $y(t)=5g(t)$。

显然在求解图 8.21(b)时,其求解方法和求解步骤与求解图 8.21(a)是完全一样的,只是最后写出结果时稍有不同罢了。

【例 8.11】 如图 8.22(a)所示电路中,当 $t=0$ 时,开关闭合,闭合前电路已处于稳定状态,当 $t>0$ 时,求图 8.22(a)中的 $i$ 和 $u$。

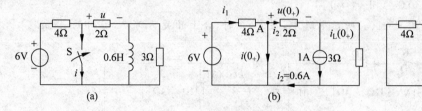 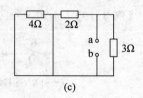

图 8.22 例 8.11 电路图

**解**:本题不要求计算动态元件上的电压和电流,属于上述第(2)种情况。

仍要从换路定律入手,得到 $0_+$ 图后才能求出 $i(0_+)$、$u(0_+)$。$t<0$ 时,电路已稳定,电感视为短路。

由图 8.22(a)可得

$$i_{\mathrm{L}}(0_-)=\frac{6}{4+2}=1(\mathrm{A})$$

由换路定律得

$$i_{\mathrm{L}}(0_-)=i_{\mathrm{L}}(0_+)=1\mathrm{A}$$

画出 $0_+$ 图,如图 8.22(b)所示。

由 $3\Omega$ 与 $2\Omega$ 分流可得 $2\Omega$ 电阻上的电流 $i_2$ 为

$$i_2=\frac{3}{3+2}i_{\mathrm{L}}(0_+)=\frac{3}{5}\times1=0.6(\mathrm{A})$$

将 $i_2$ 的值标注在图 8.22(b)中,以备求 $i(0_+)$ 时用。这时有

$$u(0_+)=2\times i_2=2\times0.6=1.2(\mathrm{V})$$

$4\Omega$ 电阻上的电流 $i_1$ 为

$$i_1=\frac{6}{4}=1.5(\mathrm{A})$$

在图 8.22(b)的节点 A 处应用 KCL 可得

$$i(0_+)=i_1-i_2=1.5-0.6=0.9(\mathrm{A})$$

由图 8.22(a)可以看出,$t\to\infty$ 时,有

$$i(\infty)=\frac{6}{4}=1.5\mathrm{A} \quad u(\infty)=0\mathrm{V}$$

由图 8.22(c)可求得电阻 $R$,即

$$R=2/\!/3=\frac{2\times3}{2+3}=1.2(\Omega)$$

然后求出 $\tau$,即

$$\tau = \frac{L}{R} = \frac{0.6}{1.2} = \frac{1}{2}(\text{s})$$

代入三要素公式可得：

$$u(t) = 0 + (1.2 - 0)\mathrm{e}^{-2t} = 1.2\mathrm{e}^{-2t}(\text{V}) \quad t > 0$$

$$i(t) = 1.5 + (0.9 - 1.5)\mathrm{e}^{-2t} = 1.5 - 0.6\mathrm{e}^{-2t}(\text{A}) \quad t > 0$$

【例 8.12】　如图 8.23(a)所示电路中,当 $t < 0$ 时,开关 S 在位置 1,电路稳定,$t = 0$ 时开关由 1 扳到 2,求 $t > 0$ 时的 $u_C$、$i_C$。

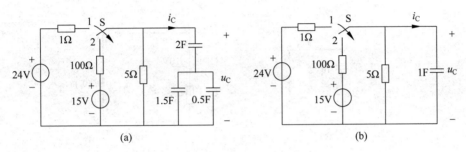

图 8.23　例 8.12 电路图

解：这个电路含有多个电容,属于上述第(3)种情况。

首先用电容的串联、并联公式将其等效为一个电容,即

$$C = \frac{2 \times (0.5 \mathbin{/\mkern-5mu/} 1.5)}{2 + (0.5 \mathbin{/\mkern-5mu/} 1.5)} = \frac{2 \times 2}{2 + 2} = 1(\text{F})$$

得等效电路如图 8.23(b)所示。在图 8.23(b)中可求得

$$u_C(0_-) = u_C(0_+) = \frac{5}{1 + 5} \times 24 = 20(\text{V})$$

$$u_C(\infty) = \frac{5}{10 + 5} \times 15 = 5(\text{V})$$

$$\tau = RC = (10 \mathbin{/\mkern-5mu/} 5) \times 1 = \frac{50}{15} \times 1 = \frac{10}{3}(\text{s})$$

由三要素公式及 $i_C(t) = C\dfrac{\mathrm{d}u_C}{\mathrm{d}t}$ 分别得

$$u_C(t) = 5 + (20 - 5)\mathrm{e}^{-0.3t} = 5 + 15\mathrm{e}^{-0.3t}(\text{V}) \quad t > 0$$

$$i_C(t) = C\frac{\mathrm{d}u_C}{\mathrm{d}t} = 1 \times (5 + 15\mathrm{e}^{-0.3t})' = -4.5\mathrm{e}^{-0.3t}(\text{A}) \quad t > 0$$

顺便指出,一些初学者往往认为电容是不能流过电流的,这只是对直流情况而言的,对于交流电或变化的电流仍是可以流过的,通常说的电容隔直流过交流就是这个意思。

【例 8.13】　如图 8.24(a)所示电路,$t < 0$ 时,电路已稳定,$t = 0$ 时,开关 S 闭合,求 $t > 0$ 时的电流 $i$。

解：本题中既有电容 $C$,又有电感 $L$,看似是二阶电路,但仔细分析会发现,开关 S 闭合后,可分解成图 8.24(b)和(c)两个独立的一阶电路,因而仍属一阶电路的问题,这属于上述提到的第(4)种情况。

由图 8.24(a)得

$$i_L(0_-) = 0\text{A} \quad u_C(0_-) = 10\text{V}$$

根据换路定律知

$$i_L(0_+) = i_L(0_-) = 0(A) \quad u_C(0_+) = u_C(0_-) = 10(V)$$

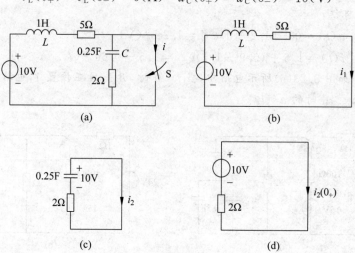

图 8.24　例 8.13 电路图

由图 8.24(b)知

$$i_1(\infty) = i_L(\infty) = \frac{10}{5} = 2A \quad \tau_1 = \frac{1}{5}s$$

故由三要素公式得

$$i_1(t) = 2 + (0-2)e^{-5t} = 2 - 2e^{-5t}(A) \quad t > 0$$

又因 $u_C(0_+) = 10V$，由图 8.24(c)可得该回路的 $0_+$ 图，即图 8.24(d)，由图 8.24(d)和(c)可得

$$i_2(0_+) = \frac{1}{2} \quad u_C(0_+) = \frac{10}{2} = 5V \quad i_2(\infty) = 0A$$

$$\tau = RC = 2 \times \frac{1}{4} = \frac{1}{2}(s)$$

代入三要素公式得

$$i_2(t) = 0 + (5-0)e^{-2t} = 5e^{-2t}(A) \quad t > 0$$

由叠加定理得

$$i(t) = i_1(t) + i_2(t) = (2 - 2e^{-5t}) + 5e^{-2t}(A) \quad t > 0$$

## 本章小结

本章的核心内容是用三要素公式求解一阶动态电路的响应。三要素公式既可以求解全响应，也可以用它分别求解零输入响应和零状态响应，因此必须掌握。

(1) 动态元件电容和电感的电压和电流关系是微分或积分的关系，对于电容有 $i_C = C\dfrac{du_C}{dt}$，电感有 $u_L = L\dfrac{di_L}{dt}$。

(2) 电容中存储的电能为 $W_C = \dfrac{1}{2}Cu_C^2$，电感中存储的磁能为 $W_L = \dfrac{1}{2}Li_L^2$。

(3) 换路定律：由电容或电感的积分形式，其上、下分别取 $0_+$ 和 $0_-$ 时，即可得到换路定律

为 $u_C(0_+)=u_C(0_-)$、$i_L(0_+)=i_L(0_-)$，换路定律是求解动态电路的出发点。

（4）描述含有动态元件电路的 KCL、KVL 方程是微分方程，列一阶微分方程时，用 $u_C$ 或 $u_L$ 作为待求解的未知数。

（5）求解一阶动态电路的方法是三要素公式，三要素公式为

$$Y(t)=Y(\infty)+[Y(0_+)-Y(\infty)]e^{-\frac{t}{\tau}} \quad t>0$$

求三要素的方法如下。

① 初始值 $Y(0_+)$：从换路定律入手，求出 $i_L(0_+)$、$u_C(0_+)$，用电流源 $i_L(0_+)$ 换掉电路中的电感，用电压源 $u_C(0_+)$ 换掉电路中的电容，画出换路后的 $0_+$ 图，在 $0_+$ 图上求出相应的 $Y(0_+)$。

② 稳态响应 $Y(\infty)$：换路后，电路达到新的稳态时，把电容看成为开路，电感看成为短路，这时电路成为纯电阻电路，利用电阻电路的分析方法求出 $Y(\infty)$。

③ 时间常数 $\tau$：在 RC 电路中，$\tau=RC$；在 RL 电路中，$\tau=\dfrac{L}{R}$；式中 $R$ 为断开动态元件 $L$ 和 $C$ 后的戴维南等效源中的等效电阻，因此 $R$ 的求法与戴维南定理中 $R_0$ 的求法完全相同。

（6）求解全响应 $Y(t)$：除了用三要素公式直接求解外，还可以分别求出零输入响应 $Y_x(t)$ 和零状态响应 $Y_f(t)$ 后，用叠加定理得出全响应为

$$Y(t)=Y_x(t)+Y_f(t) \quad t>0$$

这个方法比较麻烦，一般不使用。但是如果题目中要求单独求出 $Y_x(t)$ 或 $Y_f(t)$ 时，我们只要从零输入响应和零状态响应的定义出发，也完全可以用三要素公式分别求出 $Y_x(t)$ 和 $Y_f(t)$，而不必另找其他方法。

### 习题

8.1　如图 8.25 所示电路，在 $t<0$ 时，电路已处于稳定，$t=0$ 时，开关 S 由 1 扳向 2，画出 $0_+$ 图，求初始值 $i_1(0_+)$、$i_2(0_+)$ 和 $u_L(0_+)$。

8.2　如图 8.26 所示电路，在 $t<0$ 时，电路已处于稳定，$t=0$ 时，开关 S 闭合，求初始值 $i_1(0_+)$、$i_2(0_+)$ 和 $i_C(0_+)$。

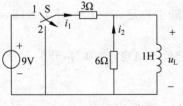
图 8.25　习题 8.1 电路图

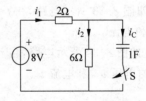
图 8.26　习题 8.2 电路图

8.3　如图 8.27 所示电路，在 $t<0$ 时，电路已处于稳定，$t=0$ 时，开关 S 由 1 扳向 2，求 $i_1(0_+)$、$i_2(0_+)$ 和 $u_L(0_+)$。

8.4　如图 8.28 所示电路，在 $t<0$ 时，电路已处于稳定，$t=0$ 时，开关 S 由 1 扳向 2，求 $i(0_+)$ 和 $u(0_+)$。

8.5　如图 8.29 所示电路，在 $t<0$ 时，电路已处于稳定，$t=0$ 时，开关 S 闭合，求 $i(0_+)$、和 $i_L(0_+)$。

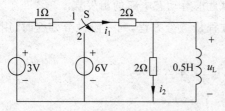

图 8.27 习题 8.3 电路图

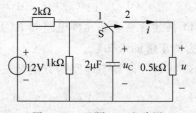

图 8.28 习题 8.4 电路图

8.6 如图 8.30 所示电路,在 $t<0$ 时,电路已处于稳定,$t=0$ 时,开关 S 由 1 扳向 2,求 $t>0$ 时的电压 $u_C$ 和电流 $i$。

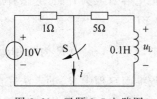

图 8.29 习题 8.5 电路图

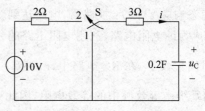

图 8.30 习题 8.6 电路图

8.7 如图 8.31 所示电路,在 $t<0$ 时,电路已处于稳定,$t=0$ 时,开关 S 闭合,求 $t>0$ 时的电压 $u_L$ 和电流 $i$。

8.8 如图 8.32 所示电路,在 $t<0$ 时,电路已处于稳定,$t=0$ 时,开关 S 由 1 扳向 2,求 $t>0$ 时的电流 $i_L$。

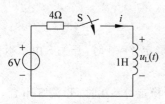

图 8.31 习题 8.7 电路图

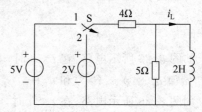

图 8.32 习题 8.8 电路图

8.9 如图 8.33 所示电路,在 $t<0$ 时,电路已处于稳定,$t=0$ 时,开关 S 闭合,求 $t>0$ 时的电压 $u_C$ 和电流 $i$。

8.10 如图 8.34 所示电路,在 $t<0$ 时,电路已处于稳定,$t=0$ 时,开关 $S_1$ 打开,$S_2$ 闭合,求 $t>0$ 时的电压 $u_C$ 和电流 $i$。

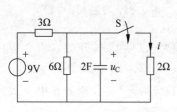

图 8.33 习题 8.9 电路图

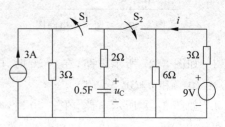

图 8.34 习题 8.10 电路图

8.11　如图 8.35 所示电路,在 $t<0$ 时,电路已处于稳定,$t=0$ 时,开关 $S_1$ 闭合,$S_2$ 打开,求 $t>0$ 时的电压 $u_L$ 和电流 $i$。

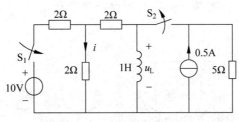

图 8.35　习题 8.11 电路图

8.12　如图 8.36 所示两个电路,在 $t<0$ 时,电路已处于稳定,$t=0$ 时,图 8.36(a)开关 S 打开,图 8.36(b)开关 S 闭合,分别求电压 $u_C$,并指出它们是零输入响应,还是零状态响应?

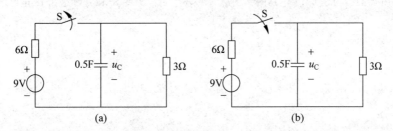

图 8.36　习题 8.12 电路图

8.13　如图 8.37 所示电路,在 $t<0$ 时,电路已处于稳定,$t=0$ 时,开关 S 由 1 扳向 2,求 $t>0$ 时的电压 $u_C$,并指出其零输入响应、零状态响应、暂态响应和稳态响应。

8.14　如图 8.38 所示电路,若以电压 $u_L$ 为输出,求其阶跃响应。

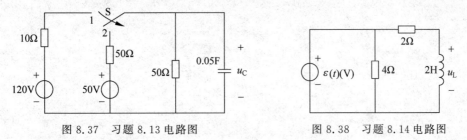

图 8.37　习题 8.13 电路图　　　　图 8.38　习题 8.14 电路图

8.15　如图 8.39 所示电路,在 $t<0$ 时,电路已处于稳定,$t=0$ 时,开关 S 闭合,求电压 $u_L$ 和电流 $i$。

8.16　如图 8.40 所示电路,在 $t<0$ 时,电路已处于稳定,$t=0$ 时,开关 S 由 1 扳向 2,求电压 $u_C$ 和电流 $i_C$。

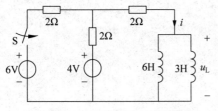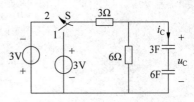

图 8.39　习题 8.15 电路图　　　　图 8.40　习题 8.16 电路图

8.17 如图 8.41 所示电路,在 $t<0$ 时,电路已处于稳定,$t=0$ 时,开关 S 由 1 扳向 2,求 $t>0$ 时的电压 $u(t)$。

8.18 如图 8.42 所示电路,在 $t<0$ 时,电路已处于稳定,$t=0$ 时,开关 S 由 1 扳向 2,求 $t>0$ 时的电压 $u_C$ 和电流 $i$。

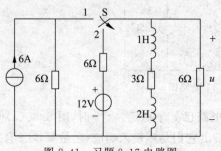

图 8.41 习题 8.17 电路图

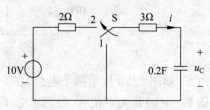

图 8.42 习题 8.18 电路图

# 电 动 机

第 9 章微课

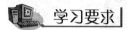 **学习要求**

本章主要介绍三相异步电动机的结构、各主要零部件的组成和作用；三相异步电动机的工作原理，旋转磁场的相关知识；三相异步电动机的机械特性以及三相异步电动机的铭牌数据。此外，还简要介绍直流电动机的结构、工作原理以及励磁方式等。

(1) 掌握三相异步电动机的结构、各主要零部件的组成和作用。

(2) 理解三相异步电动机的工作原理，旋转磁场的相关知识。

(3) 掌握三相异步电动机的机械特性以及三相异步电动机的铭牌数据。

(4) 了解直流电动机的结构、工作原理以及励磁方式。

电机是根据电磁感应的原理或电磁力定律工作的电气设备。用于能量转换的电机称为动力电机，如直流发电机、交流电动机等；用于信号转换的电机称为控制电机，如步进电动机、伺服电动机等。在动力电机中，将机械能转换成电能的电机称为发电机；相反，使用电能、将电能转换为机械能的电机称为电动机。电动机按电源种类的不同可分为交流电动机和直流电动机，现代各种机械都广泛应用电动机来拖动。

## 9.1  交流电动机

交流电动机分为感应电动机和同步电动机两种。其中，感应电动机也称为异步电动机，它具有结构简单、工作可靠、价格低廉、维护方便、效率较高等优点；它的缺点是功率因数较低，调速性能不如直流电动机。异步电动机是所有电动机中应用最广泛的一种。一般的机床、起重机、传送带、鼓风机、水泵以及各种农副产品的加工等都普遍使用的三相异步电动机，各种家用电器、医疗器械和许多小型机械则使用单相异步电动机，而在一些有特殊要求的场合则使用特种异步电动机。

目前，小型异步电动机的基本系列是 Y 系列，它采用 B 级绝缘材料和 D22，D23 硅钢片制成，是 20 世纪 80 年代取代 JO₂ 系列的更新换代产品。与以往的 J2、JO₂ 系列相比较，Y 系列具有效率高、节能、启动转矩大、振动小、噪声低、运行可靠等优点，由该系列又派生出各种特殊系列，例如具有电磁调速的 YCT 系列、能变级调速的 YD 系列，具有高启动转矩的 YQ 系列等。

### 9.1.1　三相异步电动机的结构

三相异步电动机的种类很多,从不同的角度看,可以有不同的分类方式。例如,其按转子绕组的结构方式,可分为笼型异步电动机和绕转转子异步电动机两类;按机壳的防护形式,可分为防护式、封闭式和开启式;还可按电动机的容量、耐压等级、冷却方式等进行分类。

不论三相异步电动机的分类方式如何,其基本结构是相同的,都由定子和转子两大部分构成。当然,在定子和转子之间还有气隙存在。

三相异步电动机的常见外形和结构如图9.1所示。

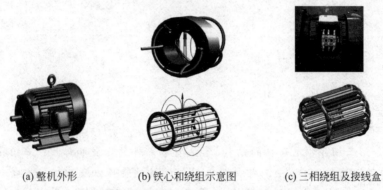

(a) 整机外形　　　　(b) 铁心和绕组示意图　　　　(c) 三相绕组及接线盒

图 9.1　三相异步电动机的常见外形和结构

三相异步电动机的结构分解图如图9.2所示。

图 9.2　三相异步电动机的结构分解图

下面介绍三相异步电动机主要零部件的结构及作用。

**1. 定子**

三相异步电动机的定子主要包含定子铁心、定子绕组和机座。定子的作用主要是通电产生旋转磁场,实现机电能量转换。

(1) 定子铁心

定子铁心是电动机磁路的一部分,定子的铁心槽需放置定子绕组。为了导磁性能良好和减少交变磁场在铁心中的铁心损耗,一般采用 0.5mm 厚的硅钢片叠压而成。定子铁心片如图 9.3(a)所示,定子铁心片压装成电子铁心如图 9.3(b)所示,叠片内圆冲有槽,定子绕组;定子铁心压装在机座内,如图 9.3(c)所示。

(2) 定子绕组

定子绕组的主要作用是通过电流产生旋转磁场以实现机电能量转换。定子绕组经常使用

(a) 定子铁心片　　　　　　(b) 定子铁心　　　　　(c) 定子铁心固定于机座

图 9.3　三相异步电动机的定子铁心

一股或几股高强度绝缘包线绕成不同形式的线圈,如图 9.4(a)所示;线圈嵌放在定子绕组铁心槽内,按一定规律连成三相对称绕组,如图 9.4(b)所示;绕组连好以后,还必须进行端部整形,形状成喇叭状,如图 9.4(c)所示;将嵌放了定子绕组的定子铁心压装在机座内,如图 9.4(d)所示。

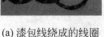

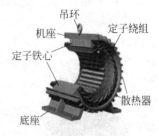

(a) 漆包线绕成的线圈　　(b) 定子三相绕组　(c) 绕组的端部形状　(d) 带绕组的基座

图 9.4　三相异步电动机的定子绕组

电动机的接线盒如图 9.5(a)所示,三相绕组在接线盒内通常有 6 个接线端子,3 个端段用 A、B、C 或 $U_1$、$V_1$、$W_1$ 表示,3 个尾端用 X、Y、Z 或 $U_2$、$V_2$、$W_2$ 表示,三相绕组可以连接成星形(Y形),如图 9.5(b)所示,或者连接成三角形(△形),如图 9.5(c)所示。

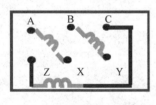
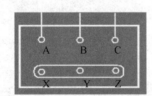
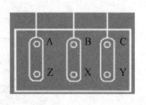

(a) 接线盒　　　　　　　(b) 星形联结　　　　　　(c) 三角形联结

图 9.5　三相异步电动机的二次接线

（3）机座

机座是电动机机械结构的组成部分,如图 9.6 所示,其主要作用是固定和支撑电子铁心,还有固定端盖。在中小型电动机中,端盖间有轴承座的作用,有时机座还起到支撑电动机的转动部分的作用,故机座要有足够的机械强度和刚度。中小型电动机一般采用铸铁机座,而大容量的异步电动机则采用钢板焊接机座,对于封闭式的小型异步电动机,其基座表面有散热筋片以增加散热面积,使紧贴在机座内壁上的定子铁心中的定子铁耗和铜耗产生的热量,通过基座表面加快散发到周围空气中,不使电动机过热。对于大型的异步电动机,机座内壁与定子铁心之间隔开一定的距离,作为冷却空气的通道,因而不需要散热筋片。

(a) 无铁心的机座　　　　　　　　　(b) 带铁心的机座

图 9.6　三相异步电动机的机座

**2. 转子**

转子由转子铁心、转子绕组和转轴风扇等组成。

(1) 转子铁心

转子铁心是电动机磁路的一部分,通常为圆柱形,由定子铁心冲片剩下的 0.5mm 内圆硅钢片制成,以减少铁心损耗,如图 9.7(a)所示,碟叠外圆周上有许多均匀分布的槽,已嵌放转子绕组,转子铁心固定在转轴上,如图 9.7(b)、图 9.7(c)所示。转子铁心与定子铁心之间有微小的气隙,它们共同组成电动机的磁路。

  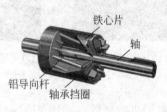

(a) 转子铁心片　　　　　　　(b) 轴　　　　　　　　(c) 带铁心的转子

图 9.7　三相异步电动机的转子铁心

(2) 转子绕组

转子绕组是电动机的电路部分,有笼型和绕线型两种结构,如图 9.8 所示。

(a) 笼型电动机　　　　　　　(b) 绕线型转子电动机

图 9.8　三相异步电动机的转子绕组结构

笼型转子绕组是由嵌在转子铁心槽内的若干铜条组成的,两端分别焊接在两个短接的端环上。如果去掉铁心,转子绕组的外形就像一个鼠笼,故称笼型转子。目前,中小型笼型电动机大都在转子铁心槽中浇铸铝液,铸成笼型绕组,并在端环上铸出许多叶片,作为冷却的风扇。笼型转子的结构如图 9.9 所示。

绕线型转子的绕组与电子绕组相似,在转子铁心槽内嵌放对称的三相绕组,作星形联结。

(a) 笼型转子　　　　　(b) 转子铁心　　　　　(c) 笼型导条

图 9.9　笼型转子的结构

三相绕组的三个尾端连接在一起,三个首端分别接到装在转轴上的三个铜制集电环上,通过电刷与外电路的可变电阻器相连接,用于启动或调速,如图 9.10 所示。

  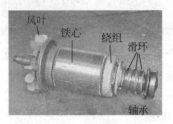

(a) 三相绕组　　　　　(b) 集电环　　　　　(c) 绕线转子

图 9.10　绕线型转子的结构

绕线型转子异步电动机由于其结构复杂,价格较高,一般只用于对启动和调速有较高要求的场合,如立式车床、起重机等。

**3. 气隙**

三相异步电动机的定子与转子之间的气隙比同容量的直流电动机的气隙要小得多,一般仅为 0.2~1.5mm。气隙的大小对三相异步电动机的性能影响极大。气隙大,则磁阻大,由电网提供的励磁电流(滞后的无功电流)大,使电动机运行时的功率因数降低,但如果气隙过小,将使装配困难,运行不可靠。另外,高次谐波磁场增强,会使附加损耗增加以及启动性能变差。

## 9.1.2　三相异步电动机的工作原理

三相异步电动机的工作原理,是基于定子旋转磁场(定子绕组内三相电流所产生的合成磁场)和转子电流(转子绕组内的电流)的相互作用。

**1. 转动原理**

图 9.11 是三相异步电动机转子转动的示意图。若用手摇动手柄,使磁场以转速 $n$ 顺时针方向旋转,则旋转磁场切割转子铜条,在铜条中产生感应电动势(用右手定则判定),从而产生感应电流。电流与磁场相互作用产生电磁力 $F$(用左手定则判定),由电磁力产生电磁转矩 $T$,若 $T$ 大于所带的机械负载,转子便会转动,而且转子转动的方向与磁场方向相同。三相异步电动机转子转动的原理如图 9.11(a)所示。

三相异步电动机的工作过程大致可以分三步,如图 9.11(b)所示。

(1) 电生磁:三相对称绕组通入三相电流,产生以一定速度旋转的磁场,磁场的速度通常用 $n_1$ 表示。

(2) 磁生电:转子导条切割磁力线产生感应电动势、感应电流。

(3) 产生电磁力、形成电磁转矩:载流导体在磁场中受到电磁力的作用,形成电磁转矩,

(a) 三相异步电动机转子转动原理图

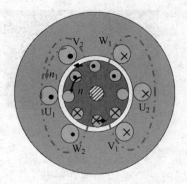
(b) 三相异步电动机的工作过程

图 9.11　三相异步电动机转子转动的示意图

拖动电机转子旋转,旋转的速度通常用 $n$ 表示。

可是在异步电动机中并没有看到具体的磁极,那么旋转的磁场从何而来呢? 转子又是如何旋转的呢?

下面研究异步电动机的旋转磁场。

**2. 旋转磁场**

(1) 旋转磁场的产生

三相异步电动机的定子铁心中放有三相对称绕组 AX、BY、CZ,如图 9.12 所示。图中 A、B、C 和 X、Y、Z 分别代表各相绕组的首端和末端。为了分析方便,假设每相绕组只有一个线圈,分别嵌放在定子圈内圆周的铁心槽中。

三相对称绕组是指三相绕组的几何尺寸、匝数、连接规律等相同,另外,三相绕组的首端(或末端)在空间中必须相差 120°电角度。

现在假设三相对称定子绕组连接成星形,如图 9.12 所示。当定子绕组接通三相电源时,便在绕组中产生了三相对称电流。定子绕组中,电流的正方向规定为自各相绕组的首端到它的末端,并取流过 U 相绕组的电流 $i_U$ 作为参考正弦量,即 $i_U$ 的初相位为零,则各相电流的瞬时值可表示为(相序为 U-V-W):

$$i_U = I_m \sin\omega t$$
$$i_V = I_m \sin(\omega t - 120°)$$
$$i_W = I_m \sin(\omega t - 240°)$$

电流的参考方向如图 9.12 所示,三相电流的波形图如图 9.13 所示。在电流的正半周时,其值为正,实际方向与参考方向相同;在电流的负半周时,其值为负,实际方向与参考方向相反。下面分析不同时间的合成磁场。

在 $\omega t = 0$ 时,$i_U = 0$,$i_V$ 为负,电流实际方向与正方向相反,即电流从 $V_2$ 端流到 $V_1$ 端,为正,电流实际方向与正方向一致,即电流从 $W_1$ 端流到 $W_2$ 端。

按右手定则确定三相电流产生的合成磁场,如图 9.14(a)中箭头所示。

在 $\omega t = 120°$,$i_U$ 为正,$i_V = 0$,$i_W$ 为负。此时的合成磁场如图 9.14(b)所示,合成磁场已从 $t = 0$ 瞬间所在位置顺时针旋转了 120°。

在 $\omega t = 240°$,$i_U$ 为负,即电流从 $U_2$ 端流到 $U_1$ 端;$i_V$ 为正,即电流从 $V_1$ 端流到 $V_2$ 端;$i_W = 0$。此时的合成磁场如图 9.14(c)所示,合成磁场已从 $t = 0$ 瞬间所在位置顺时针方向旋转了 240°。

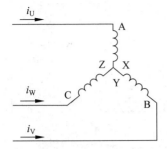

图 9.12　星形联结的三相对称绕组

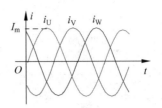

图 9.13　三相对称电流

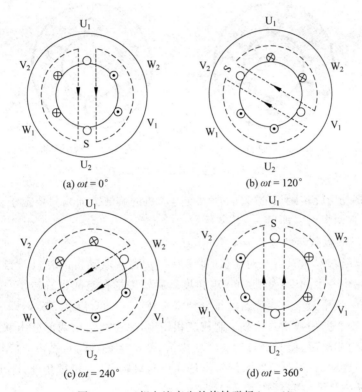

(a) $\omega t = 0°$

(b) $\omega t = 120°$

(c) $\omega t = 240°$

(d) $\omega t = 360°$

图 9.14　三相电流产生的旋转磁场($p = 1$)

在 $\omega t = 360°$,$i_U = 0$,$i_V$ 为负;$i_W$ 为正,合成磁场已从 $t = 0$ 瞬间所在位置顺时针方向旋转了 $360°$。

由以上分析可以证明:当三相电流随时间不断变化时,合成磁场在空间也不断旋转,这样就产生了旋转磁场。

(2) 旋转磁场的转向

从图 9.14 和图 9.15 可见,U 相绕组内的电流,超前于 V 相绕组内的电流 120°,而 V 相绕组内的电流又超前于 W 相绕组内的电流 120°,同时图 9.15 中所示旋转磁场的转向也是 U-V-W,即顺时针方向旋转。所以,旋转磁场的转向与三相电流的相序一致。

如果将定子绕组接至电源的三根导线中任意两根线对调,例如将 V、W 两根线对调,如图 9.15 所示,则 V 相与 W 相绕组中电流的相位就对调,此时 U 相绕组内的电流超前于 W 相绕组内的电流 120°,因此旋转磁场的转向也将变为 U-V-W,向逆时针方向旋转,即与对调前的转向相反,如图 9.16 所示。

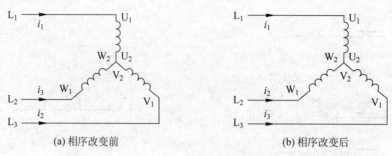

图 9.15  改变电流相序示意图

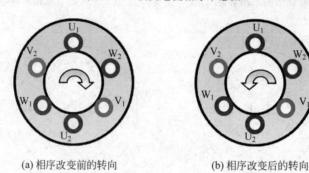

图 9.16  改变旋转磁场方向示意图

由此可见,要改变旋转磁场的转向(即改变电动机的旋转方向),只要定子绕组接到电源的三根导线中的任意两根对调即可。

（3）旋转磁场的极数与转速

以上讨论的旋转磁场,只有一对磁极,即 $p=1$($p$ 表示电动机的磁极对数)。从上述分析可以看出,电流变化一个周期(变化 360°电角度),旋转磁场在空间也旋转了一圈,转了 360°机械角度。若电流的频率为 $f_1$,旋转磁场每分钟将旋转 $60f_1$ 圈,以 $n_1$ 表示,即 $n_1=60f_1$。

如果把定子铁心的槽数增加一倍,制成三相绕组,每相绕组由两部分串联组成,再将这三相绕组接到对称三相电源,使其通过对称三相电流,便产生具有两对磁极的旋转磁场。此情况下,电流变化半个周期(180°电角度),旋转磁场在空间只转了 90°机械角度,即 1/4 圈。电流变化一个周期,旋转磁场在空间只转了 1/2 圈。

由此可知,当旋转磁场具有两对磁极 $p=2$ 时,其转速仅为一对磁极时的一半,即每分钟 $60f_1/2$,以此类推,当有 $p$ 对磁极时,其转速为

$$n_1=\frac{60f_1}{p} \tag{9.1}$$

所以旋转磁场的转速(即同步转速)$n_1$ 与电流的频率成正比而与磁极对数成反比。因为标准工业频率及电流频率为 50Hz,因此对应于不同的磁极对数时,同步转速如表 9.1 所示。

表 9.1  不同磁极对数对应的同步转速

| $p$ | 1 | 2 | 3 | 4 | 5 | 6 |
| --- | --- | --- | --- | --- | --- | --- |
| $n_1/(\text{r/min})$ | 3000 | 1500 | 1000 | 750 | 600 | 500 |

实际上,旋转磁场不仅可以由三相交流电获得,任何两项以上的多相交流电,流过相应的多相绕组,都能产生旋转磁场。

**3. 三相异步电动机的"异步"的由来**

（1）异步电动机的由来

现在我们已经知道了两个转速，一个是电动机转子的转速 $n$，另一个是旋转磁场的转速 $n_1$，那么这两个速度会不会相等呢？

答案是不可能相等。因为一旦转子的转速和旋转磁场的转速相同，两者便无相对转动，转子也就不能产生感应电动势和感应电流，也就没有电磁转矩了。只有当两者转速有差异时，才能产生电磁转矩，驱使转子转动。可见，转子转速 $n$ 总是略小于旋转磁场的转速 $n_1$，也正是由于这个原因，这种电动机被称为异步电动机。

（2）转差率

旋转磁场的转速 $n_1$ 与转子转速 $n$ 的差称为转差或转差速度，用 $\Delta n$ 表示，即 $\Delta n = n_1 - n$，转差与同步转速的比值称为异步电动机的转差率，用字母 $s$ 表示，则有

$$s = \frac{n_1 - n}{n_1} = \frac{\Delta n}{n_1} \tag{9.2}$$

异步电动机是通过转差率来影响电量的变化以实现能量的转换和平衡的，因此转差率是分析异步电动机运行特征的一个重要参数。转差率 $s$ 常用百分数来表示。电动机启动瞬间时，$n=0$，$s=1$；随着 $n$ 的上升，$s$ 不断下降。由于异步电动机转子的转速是随着负载而变化的，因此转差率 $s$ 也是随之变化的，在额定负载强光下 $s=0.03\sim0.06$，这时 $n=(0.94\sim0.97)n_1$，与同步转速十分接近。若 $n=n_1$，$s=0$，为理想空载情况，所以，异步电动机的工作范围是 $0 < s < 1$。

**【例 9.1】** 一台三相六极异步电动机，额定功率为 50Hz，额定转速 $n_N=950\text{r/min}$，计算额定转差率 $s_N$。

**解：**
$$n_1 = \frac{60 f_1}{p} = \frac{60 \times 50}{3} = 1000(\text{r/min})$$

$$s_N = \frac{n_1 - n_N}{n_1} = \frac{1000 - 950}{1000} = 0.05$$

### 9.1.3　三相异步电动机的转矩和机械特性

电磁转矩 $T$ 是驱动电动机转子运转的主要动力，是电动机的主要物理量，而机械特性则是分析电动机运行特性的主要依据。

**1. 三相异步电动机的电磁转矩**

三相异步电动机的电磁转矩表达式很多，有物理表达式、参数表达式和实用表达式。

（1）物理表达式
$$T = C_T \Phi_1 I_2' \cos \Psi_2 \tag{9.3}$$

通过式（9.3）可得出结论，三相异步电动机的电磁转矩与气隙每极磁通、转子电流的有功分量成正比。

三相异步电动机电磁转矩的物理表达式经常用来定性分析三相异步电动机的运行问题。

**【例 9.2】** 为何农村的用电高峰期间，作为动力设备的三相异步电动机容易烧毁？

电动机的烧毁是指绕组过电流严重，绕组的绝缘过热而损坏，造成绕组短路等事故。由于用电高峰期间，水泵、脱粒机等农用机械用量大，用电量增加很多，电网电流增大，线路电压降增大，使电源电压下降过多，这样势必影响到农村电动机，使其主磁通大大下降。在同样的负载转矩下，由式（9.3）可知，转子电流将大大增加，尽管主磁通下降，空载电流会下降，但它下降

的程度远比转子电流增加的程度小,根据电流形式的磁通式平衡方程式。定子电流也将大大增加,使电动机长时间工作在过载状态,就会发生"烧机"现象。

(2) 参数表达式

$$T = \frac{m_1 p u_1^2 \frac{r_2'}{s}}{2\pi f_1 \left[\left(r_1 + \frac{r_2'}{s}\right)^2 + (x_1 + x_2')^2\right]} \tag{9.4}$$

式(9.4)反映了三相异步电动机的电磁转矩 $T$ 与电源相电压 $u_1$、频率 $f_1$、电动机的参数 $r_1$、$r_2'$、$x_1$、$x_2'$、$p$ 及 $m_1$ 以及转差率 $s$ 之间的关系,称为参数表达式。显然,当电源参数及电动机的参数不变时,电磁转矩 $T$ 仅与转差率 $s$ 有关。

参数表达式可以精准计算和考察电动机参数对三相异步电动机运行性能的影响。

(3) 实用表达式

在实际中,用式(9.4)进行计算比较麻烦,而且在电动机手册和产品目录中往往只给出额定功率、额定转速、过载能力等,而不给出电动机的内部参数。

因此,需要将式(9.4)进行简化(推导从略),得出电磁转矩的实用表达式为

$$T = \frac{2T_{max}}{\frac{s_m}{s} + \frac{s}{s_m}} \tag{9.5}$$

式中:$T_{max}$ 代表电动机能达到的最大转矩;$s_m$ 代表电动机取得最大转矩时对应的转差率,实用表达式多用于工程计算。

**2. 三相异步电动机的机械特性**

在实际应用中,需要了解异步电动机在电源电压一定时,转速 $n$ 与电磁转矩 $T$ 的关系。把 $n=f(T)$ 关系曲线或转换后的 $T=f(s)$ 关系曲线称为三相异步电动机的机械特性曲线,如图 9.17 所示。用它来分析电动机的运行情况更为方便。

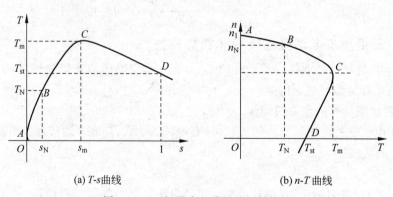

(a) T-s曲线　　(b) n-T曲线

图 9.17　三相异步电动机的机械特性

在机械特性曲线上值得注意的是两个区和四个特殊点。

以最大转矩 $T_m$ 为界,分为两个区,上部为稳定区,下部为不稳定区。当电动机工作在稳定区内某一点时,电磁转矩与负载转矩相平衡而保持匀速转动。如果负载转矩变化,则电磁转矩将自动适应随之变化达到新的平衡而稳定运行。当电动机工作在不稳定区时,则电磁转矩将不能自动适应负载转矩的变化,因而不能稳定运行。

机械特性曲线的四个特殊点是:同步点、额定工作点、最大转矩点(又称为临界点)和启动

转矩点。

（1）同步点

同步点在图 9.17(a)、图 9.17(b)上对应 $A$ 点。此时电动机的转速是同步转速,电磁转矩为 0,因此是电动机的理想工作状态。

（2）额定工作点

额定工作在图 9.17(a)、图 9.17(b)上对应 $B$ 点。电动机在额定电压下,带上额定负载,以额定转速运行,输出额定功率时的电磁转矩称为额定转矩。在忽略空载转矩的情况下,就等于额定输出转矩,用 $T_N$ 表示。

$$T_N = 9550 \frac{P_N}{n_N} \tag{9.6}$$

式中:$P_N$ 为异步电动机的额定功率,单位为 kW;$n_N$ 为异步电动机的额定转速,单位为 r/min;$T_N$ 为异步电动机的额定转矩,单位为 N·m。

（3）最大转矩点

最大转矩点在图 9.17(a)、图 9.17(b)上对应 $C$ 点。转矩的最大值称为最大转矩,它是稳定区与不稳定区的分界点,因此又称为临界点。电动机正常运行时,最大负载转矩不可超过最大转矩,否则电动机将带不动,转速越来越低,发生所谓的"闷车"现象,此时电动机电流会升高到电动机额定电流的4~7倍,使电动机过热,甚至烧坏。为此将额定转矩 $T_N$ 选得比最大转矩 $T_m$ 低,使电动机能有短时过载运行的能力。通常用最大转矩 $T_m$ 与额定转矩 $T_N$ 的比值 $\lambda_m$ 来表示过载能力,即 $\lambda_m = T_m/T_N$。一般三相异步电动机的过载能力 $\lambda_m = 1.8\sim2.2$。

理论分析和实际测试都可以证明,最大转矩 $T_m$ 和临界转差率 $s_m$ 具有以下特点。

① $T_m$ 与 $U_1^2$ 成正比,$s_m$ 与 $U_1$ 无关。电源电压的变化对电动机的工作影响很大。

② $T_m$ 与 $f_1^2$ 成反比。电动机变频时要注意对电磁转矩的影响。

③ 与 $R_2$ 无关,$s_m$ 与 $R_2$ 成正比。改变转子电阻可以改变转差率和转速。

当通过电动机铭牌数据 $P_N$、$n_N$、$\lambda_m$ 求取电动机电磁转矩的实用表达式时,可以采用下面的方法。

① 求 $T_N$,$T_N = 9550 \frac{P_N}{n_N}$。

② 求 $T_m$,$T_m = \lambda_m \cdot T_N$。

③ 求 $s_N$,$s_N = \frac{n_1 - n_N}{n_1}$。

④ 求 $s_m$,$s_m = s_N(\lambda_m + \sqrt{\lambda_m^2 - 1})$。

最后,将 $T_m$、$s_m$ 的具体数值代入式(9.5),就得到了三相异步电动机电磁转矩的实用表达式。

【例 9.3】 一台三相异步电动机的额定数据为 $P_N = 7.5\text{kW}$,$f_N = 50\text{Hz}$,$n_N = 1440\text{r/min}$,$\lambda_m = 2.2$。求:(1)临界转差率 $T_m$、$s_m$;(2)机械特性实用表达式。

解:(1) $T_N = 9550 \frac{P_N}{n_N} = 9550 \times \frac{7.5}{1440} = 49.74(\text{N·m})$

$T_m = \lambda_m \cdot T_N = 2.2 \times 49.74 = 109.43(\text{N·m})$

$s_m = s_N(\lambda_m + \sqrt{\lambda_m^2 - 1}) = 0.04 \times (2.2 + \sqrt{2.2^2 - 1}) = 0.1664$

(2) $T = \dfrac{2T_{\max}}{\dfrac{s_{\mathrm{m}}}{s} + \dfrac{s}{s_{\mathrm{m}}}} = \dfrac{2 \times 109.43}{\dfrac{0.1664}{s} + \dfrac{s}{0.1664}} = \dfrac{218.86}{\dfrac{0.1664}{s} + \dfrac{s}{0.1664}}$

(4) 启动转矩点

启动转矩点在图 9.17(a)、图 9.17(b)上对应 $D$ 点。电动机在接通电源启动的最初瞬间，$n=0,s=1$ 时的转矩称为启动转矩，用 $T_{\mathrm{st}}$ 表示。启动时，要求 $T_{\mathrm{st}}$ 大于负载转矩 $T_{\mathrm{L}}$，此时电动机的工作点就会沿着 $n=f(T)$ 曲线上升，电磁转矩增大，转速 $n$ 越来越高，很快越过最大转矩 $T_{\mathrm{m}}$，然后随着 $n$ 的增高，$T$ 又逐渐减小，直到 $T=T_{\mathrm{L}}$ 时，电动机以某一转速稳定运行。可见，只要 $T_{\mathrm{st}} > T_{\mathrm{L}}$，电动机一经启动，便迅速进入稳定区运行。

当 $T_{\mathrm{st}} < T_{\mathrm{L}}$ 时，则电动机无法启动，出现堵转现象，电动机的电流达到最大，造成电动机过热。此时应立即切断电源，减轻负载或在排除故障后再重新启动。

异步电动机的启动能力常用启动转矩与额定转矩的比值 $\lambda_{\mathrm{st}} = T_{\mathrm{st}}/T_{\mathrm{N}}$ 来表示。一般笼型电动机的启动能力 $\lambda_{\mathrm{m}} = 1.3 \sim 2.2$。

**3. 固有机械特性与人为机械特性**

图 9.17 所示的曲线是在额定电压、额定频率、转子绕组短接情况下的机械特性，称为固有机械特性。如果降低电压，改变频率或转子电路中串入附加电阻，就会使机械特性曲线的形状发生变化。这种改变了电动机参数后的机械特性称为人为机械特性。不同的人为机械特性提供了多种启动方法和调速方法，为灵活使用电动机提供了方便。

人为机械特性很多，具体如下。

① 降低定子端电压的人为特性。

② 改变转子回路电阻的人为特性。

③ 改变定转子回路电抗的人为特性。

④ 改变极数后的人为特性。

⑤ 改变输入频率的人为特性等。

下面重点研究降低定子端电压的人为特性和改变转子回路电阻的人为特性。

(1) 降低定子端电压的人为特性

三相异步电动机的同步转速 $n_1$ 与电压无关，而最大转矩与电压的二次方成正比，因此降压时的人为机械特性如图 9.18 所示。

下面重点来观察一下四个点的变化情况。

① 很明显，人为机械特性的同步点与固有机械特性的同步点重合。

② $T_{\mathrm{m}}$ 与 $U_1^2$ 成正比，$s_{\mathrm{m}}$ 与 $U_1$ 无关，电源电压的降低将造成最大转矩的下降。

③ 负载转矩一定时，电压越低，额定工作点的转速也越低，所以降低电压也能调节转速。降压调速的优点是电压调节方便，对于通风机型负载，调速范围较大。因此，目前大多数的电风扇都采用串电抗器或双向晶闸管降压调速。其缺点是对于常见的恒转矩负载，调速范围很小，实用价值不大。

④ $T_{\mathrm{m}}$ 与 $U_1^2$ 成正比，电压的下降同样造成了启动转矩的下降，不适合重载启动。

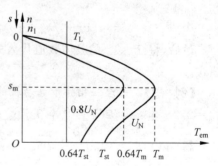

图 9.18　三相异步电动机降压的人为机械特性

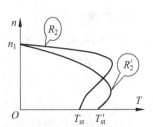

图 9.19　绕线型转子电动机
回路串联电阻的
人为机械特性

（2）改变转子回路电阻的人为特性

转子回路串联电阻是针对绕线转子异步电动机、笼型异步电动机由于工艺的限制，能在转子回路串联电阻的。绕线型转子异步电动机工作时，如果在转子回路中串入电阻，改变电阻的大小，就得到了区别于固有机械特性的人为机械特性。转子串联电阻的机械特性如图 9.19 所示。

再来观察四个点的变化情况。

① 人为机械特性的同步点与固有机械特性的同步点重合。

② 转子回路电阻的增加没有改变最大转矩 $T_m$ 的大小，但最大转矩点对应的转速下降了，临界转差率 $s_m$ 增加了。

③ 负载转矩一定时，转子回路电阻的增加使机械特性变软，额定工作点下移，转速下降，转子回路串接的电阻越大，则转速越低。因此转子回路串电阻能进行调速。其优缺点是设备简单、成本低，但低速时机械特性软，转速不稳定，电能浪费多，电动机的效率低，轻载时调速效果差。因此，主要用于恒转矩负载，如起重运输设备中。转子串电阻调速存在的问题，可以通过使用晶闸管串级调速系统来解决。原来在转子电阻中消耗的电能，先整流为直流电，再逆变为交流电送回电源。一方面节能，另一方面还能提高机械特性的硬度。

④ 转子回路串联电阻后，启动点的变化分为两种情况：当人为机械特性的临界点落在第一象限，即 $s_m < 1$，$T_m$ 随电阻的增大而增大；当人为机械特性的临界点落在第四象限，即 $T_{st}$ 随电阻的增大而减小。

### 9.1.4　三相异步电动机的铭牌数据

三相异步电动机的机座上都有一块铭牌，上面标注有电动机的型号、规格和有关技术数据，如图 9.20 所示。要正确使用电动机，就必须看懂铭牌。

（a）铭牌固定在机座上

（b）铭牌示例

图 9.20　三相异步电动机的铭牌

现以图 9.20(b)所示 Y132S-6 型电动机铭牌为例，说明电动机铭牌上各数据的含义，如表 9.2 所示。

表 9.2　三相异步电动机的铭牌数据

| 三相异步电动机 | | | | | | | |
|---|---|---|---|---|---|---|---|
| 型号 | Y132S-6 | 功率 | 3kW | 电压 | 380V |
| 电流 | 7.2A | 频率 | 50Hz | 转速 | 960r/min |
| 接法 | Y | 工作方式 | | 外壳防护等级 | |
| 产品编号 | ×××××× | 重量 | | 绝缘等级 | B级 |
| ××电机厂 | ××××年××月 | | | | |

### 1. 型号

型号是电动机类型、规格的代号。国产异步电动机的型号由汉语拼音字母以及国际通用符号和阿拉伯数字组成。如在 Y132S-6 型电动机铭牌中有：

(1) Y 表示三相笼型异步电动机。

(2) 132 表示机座中心高 132mm。

(3) S 表示机座长度代号(S 表示短机座,M 表示中机座,L 表示长机座)。

(4) 6 表示磁极数是 6,磁极对数 $p=3$。

### 2. 接法

接法是指电动机在额定电压下,三相定子绕组的联结方式,丫形或△形。一般功率在 3kW 及以下的电动机为丫形,连接 4kW 及以上的电动机为△形联结。

### 3. 额定频率 $f_N$(Hz)

额定频率是指电动机定子绕组所加交流电源的频率,我国工业用交流电源的标准频率为 50Hz。

### 4. 额定电压 $U_N$(V)

额定电压是指电动机在正常运行时加到定子绕组上的线电压。

### 5. 额定电流 $I_N$(A)

额定电流是指电动机在正常运行时定子绕组线电流的有效值。

### 6. 额定功率 $P_N$(kW)和额定效率 $\eta_N$

额定功率也称额定容量,是指在额定电压、额定频率、额定负载运行时,电动机轴上输出的机械功率。

额定效率是指输出机械功率与输入电功率的比值。

额定功率与额定电压、额定电流之间存在以下关系:

$$P_N = \sqrt{3}U_N I_N \cos\varphi\eta_N \tag{9.7}$$

### 7. 额定转速 $n_N$(r/min)

额定转速是指在额定频率、额定电压和额定输出功率时,电动机每分钟的转数。

### 8. 温升和绝缘等级

电动机运行时,其温度高出环境温度的容许值叫作容许温升。环境温度为 40℃,温升为 65℃的电动机最高容许温度为 105℃。

绝缘等级是指电动机定子绕组所用绝缘材料允许的最高温度等级,有 A、E、B、F、H、C 六级。目前,一般电动机采用较多的是 E 级和 B 级。

容许温升的高低与电动机所采用的绝缘材料的绝缘等级有关。常用绝缘材料的绝缘等级及其最高容许温度如表 9.3 所示。

表 9.3　绝缘等级及其最高容许温度

| 绝缘等级 | A | E | B | F | H | C |
|---|---|---|---|---|---|---|
| 最高容许温度/℃ | 105 | 120 | 130 | 155 | 180 | >180 |

### 9. 功率因数 $\cos\varphi$

三相异步电动机的功率因数较低,在额定运行时为 0.7~0.9,空载时只有 0.2~0.3,因此,必须正确选择电动机的容量,防止"大马拉小车",并力求缩短空载运行时间。

**10. 工作方式**

异步电动机常用的工作方式有以下三种。

（1）续工作方式。可按铭牌上规定的额定功率长期连续使用，而温升不会超过容许值，可用代号 S1 表示。

（2）时工作方式。每次只允许在规定时间以内按额定功率运行，如果运行时间超过规定时间，则会使电动机过热而损坏，可用代号 S2 表示。

（3）断续工作方式。电动机以间歇方式运行。如起重机械的拖动多为此种方式，用代号 S3 表示。

## 思考与练习

9.1.1 三相异步电动机的工作原理是什么？

9.1.2 三相异步电动机的额定电压、额定电流、额定功率的定义是什么？

9.1.3 三相异步电动机的转向主要取决于什么？如何实现异步电动机的反转？

9.1.4 一台三相异步电动机，额定功率 $P_N$ 为 5kW，额定电压 $U_N$ 为 380V，功率因数 $\cos\varphi_N$ 为 0.86，额定效率 $\eta_N$ 为 0.88，求三相异步电动机的额定电流。

## 9.2 直流电动机

直流电机包括直流电动机和直流发电机两类。将机械能转换成直流电能的电机称为直流发电机，将直流电能转换成机械能的电机称为直流电动机。直流电机具有可逆性，一台直流电机工作在发电机状态，还是工作在电动机状态，取决于电机的运行条件。

直流电动机和交流电动机相比，它具有调速范围广、调速平滑、方便，过载能力大，能承受频繁的冲击负载，可实现频繁的无级快速启动、制动和反转；能满足生产过程自动化系统各种不同的特殊运行要求。直流发电机则具有提供无脉动的电力，输出电压便于精确地调节和控制等特点。但直流电动机也有它显著的缺点，一是制造工艺复杂，消耗有色金属较多，生产成本高；二是直流电动机在运行时由于电刷与换向器之间易产生火花，因而运行可靠性较差，维护比较困难，所以在一些领域中已被交流变频调速系统所取代，但是直流电动机的应用目前仍占有较大的比重。

### 9.2.1 直流电动机的结构

直流电动机由定子与转子（电枢）两大部分组成，定子部分包括机座、主磁极、换向极、端盖、电刷等装置；转子部分包括电枢铁心、电枢绕组、换向器、转轴、风扇等部件。直流电动机的基本结构如图 9.21 所示。小型直流电动机的解剖图如图 9.22 所示。

下面介绍直流电动机主要零部件的结构及作用。

**1. 定子部分**

（1）主磁极

主磁极的作用是产生气隙磁场，由主磁极铁心和主磁极绕组（励磁绕组）构成，如图 9.23 所示。主磁极铁心一般由 1.0～1.5mm 厚的低碳钢板冲片叠压而成，包括极身和极靴两部分。极靴做成圆弧形，以使磁极下气隙磁通较均匀。极身上面套励磁绕组（由绝缘铜线绕制而成），绕组中通入直流电流，整个磁极用螺钉固定在机座上。直流电动机的主磁极总是成对的，相邻主磁极的极性按 N 极和 S 极交替排列。

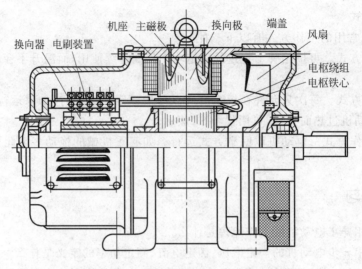

图 9.21　直流电动机的结构

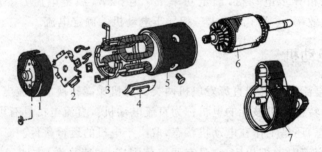

图 9.22　小型直流电动机的解剖图

1—前端盖；2—电刷和刷架；3—励磁绕组；4—磁极铁心；5—机壳；6—电枢；7—后端盖

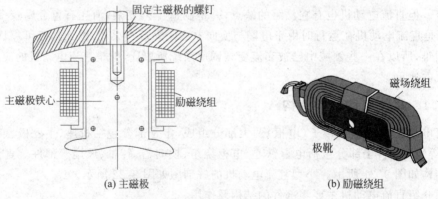

(a) 主磁极　　　　　　　　　　　(b) 励磁绕组

图 9.23　直流电动机的主磁极

（2）换向极

换向极用来改善换向,由铁心和套在铁心上的绕组构成,如图 9.24 所示。换向极铁心一般用整块钢制成,如换向要求较高,则用 1.0～1.5mm 厚的钢板叠压而成,其绕组中流过的是电枢电流。换向极装在相邻两主极之间,用螺钉固定在机座上。

（3）机座

机座可以固定主磁极、换向极、端盖等,又是电动机磁路的一部分(称为磁轭)。

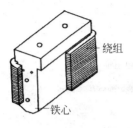

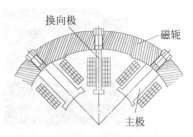

(a) 换向极    (b) 安装在机座里面的换向极    (c) 换向极安装示意图

图 9.24  直流电动机的换向极

机座一般用铸钢或厚钢板焊接而成,具有良好的导磁性能和机械强度。

(4) 电刷装置

电刷与换向器配合可以把转动的电枢绕组电路和外电路相连接,并把电枢绕组中的交流电转换成电刷两端的直流电。电刷装置由电刷、刷握、刷杆架、弹簧、铜辫构成。电刷是用碳-石墨等做成的导电块,电刷装在刷握的刷盒内,用弹簧把它紧压在换向器表面上。电刷组的个数,一般等于主磁极的个数。

**2. 转子部分**

转子又称电枢。转子部分的主要作用是实现机电能量的转换。转子部分包括电枢铁心、电枢绕组、换向器、转轴、轴承、风扇等。

(1) 电枢铁心

电枢铁心是电动机磁路的一部分,其外圆周开槽,用来嵌放电枢绕组。电枢铁心一般用0.5mm 厚、两边涂有绝缘漆的硅钢片叠压而成,如图 9.25 所示。电枢铁心固定在转轴或转子支架上。铁心较长时,为加强冷却,可把电枢铁心沿轴向分成数段,段与段之间留有通风孔。

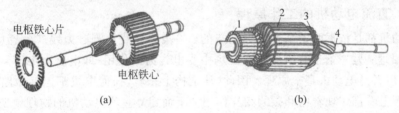

图 9.25  直流电动机的电枢铁心

1—换向器;2—铁心;3—绕组;4—转轴

(2) 电枢绕组

电枢绕组是用绝缘铜线绕制的线圈按一定规律嵌放到电枢铁心槽中,并与换向器作相应连接。线圈与铁心之间以及线圈的上、下层之间均要妥善绝缘,用槽楔压紧,再用玻璃丝带或钢丝扎紧。电枢绕组是电动机的核心部件,电动机工作时在其中产生感应电动势和电磁转矩,实现机电能量的转换,如图 9.26 所示。

(3) 换向器

换向器是由许多带有燕尾槽的楔形铜片组成的一个圆筒,铜片之间用云母片绝缘,用套筒、云母环和螺帽紧固成一个整体,换向片套筒之间要妥善绝缘。

电枢绕组中每个线圈上的两个端头接在不同换向片上。金属套筒式换向器如图 9.27 所示。小型直流电动机的换向器是用塑料紧固的。换向器的作用是与电刷一起,起转换电动势和电流的作用。

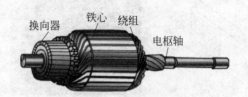

(a) 还未与转向器连接的电枢绕组　　　　(b) 与转向片连接好的电枢绕组

图 9.26　直流电动机的电枢绕组

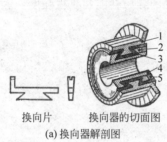

换向片　　换向器的切面图

(a) 换向器解剖图　　　　　　　　　(b) 换向器

1—换向片；2—垫圈；3—绝缘层；
4—套筒；5—螺帽

图 9.27　直流电动机的换向器

**3. 气隙**

定子与转子之间有空隙,称为气隙。在小容量电动机中,气隙为 0.5~3mm。气隙数值虽小,磁阻很大,为电动机磁路中的主要组成部分。气隙的大小对电动机运行性能有很大影响。

### 9.2.2　直流电动机的工作原理

所有电动机都是依据两条基本原理制造的:一条是导线切割磁力线产生感应电动势,即电磁感应的原理;另一条是载流导体在磁场中受电磁力的作用,即电磁力定律。前者是发电机基本原理,后者是电动机基本原理。因此,从结构上来看,任何电机都包括磁路部分和电路部分。从原理上看都体现着电和磁的相互作用。下面建立直流电动机的物理模型来研究直流电动机的工作原理,如图 9.28 所示。

把电刷 A、B 接到直流电源上,假定电流从电刷 A 流入线圈,沿 $a \rightarrow b \rightarrow c \rightarrow d$ 方向,从电刷 B 流出。由电磁力定律知,载流的线圈将受到电磁力的推动,其方向按左手定则确定,$ab$ 边受力向左,$cd$ 边受力向右,形成转矩,结果使电枢逆时针方向转动,如图 9.29(a)所示,当电枢转过 180° 时,如图 9.29(b)所示,电流仍从电刷 A 流入线圈,沿 $d \rightarrow c \rightarrow b \rightarrow a$ 方向,从电刷 B 流出。与图 9.29(a)比较,通过线圈的电流方向改变了,但两个线圈边受电磁力的方向却没有改变,即电动机只向一个方向旋转。若要改变其转向,必须改变电源的极性,使电流从电刷 B 流入,从电刷 A 流出才行。

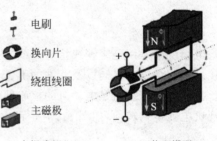

电刷

换向片

绕组线圈

主磁极

(a) 各组成部分　　　(b) 物理模型

图 9.28　直流电动机的物理模型

由以上分析可知,一个线圈边从一个磁极范围经过中性面到相邻的异性磁极范围时,电动

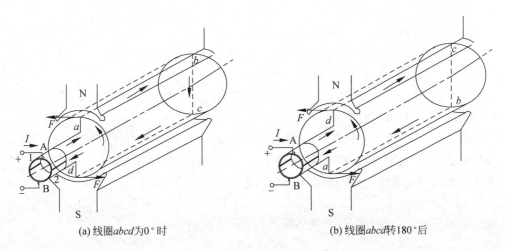

(a) 线圈abcd为0°时　　　　　　　　　(b) 线圈abcd转180°后

图9.29　直流电动机的原理图

机线圈中的电流方向改变一次,而电枢的转动方向却始终不变,通过电刷与外电路连接的电动势、电流方向也不变。这就是换向器的作用了。

因此,直流电动机运行时可以得出以下几点结论。

(1) 直流电动机外施电压、电流是直流电,但电枢线圈内的电流是交流电。直流电动机换向器将外部的直流电转换成了内部交替变化的电流。

(2) 线圈是旋转的,电枢电流是交变的。电枢电流产生的磁场在空间上是恒定不变的。

(3) 电动机产生的电磁转矩 $T$ 与转子转向相同,是驱动性质的转矩。

### 9.2.3　直流电动机的铭牌数据

直流电动机的机座上和三相异步电动机一样也都有一块铭牌,上面标有电动机的型号、规格和有关技术数据,如图9.30所示。要正确使用电动机,就必须看懂铭牌。

(a) 铭牌固定在机座外

(b) 直流电动机铭牌示例

图9.30　直流电动机的铭牌

**1. 直流电动机型号的表示方法**

第一部分用大写的拼音首字母表示产品代号;第二部分用阿拉伯数学表示设计序号;第三部分用阿拉伯数字表示机座代号;第四部分用阿拉伯数字表示电枢铁心长度代号。

例如,直流电动机的铭牌 Z2-92,字母和数字表示的意思依次如下。

(1) Z:一般用途直流电动机。

(2) 2:设计序号,第二次改型设计。

(3) 9:机座代号。

(4) 2: 电枢铁心长度代号。

**2. 直流电机的额定值**

额定值是根据电机制造厂对电机正常运行时有关的电量或机械量所规定的数据。额定值是选用电机的依据。直流电机的制定值如下。

(1) 定功率：电机在额定情况下允许输出的功率。对于发电机,是指输出的电功率;对于电动机是指轴上所输出的机械功率,单位一般都为 W 或 kW。

(2) 额定电压：在额定情况下,电刷两端输出或输入的电压,单位为 V。

(3) 额定电流：在额定情况下,电机流出或流入的电流,单位为 A。

直流发电机额定功率、电压、电流之间的关系是

$$P_N = U_N \cdot I_N \tag{9.8}$$

直流电动机额定功率、电压、电流之间的关系是

$$P_N = U_N \cdot I_N \cdot \eta_N \tag{9.9}$$

式中：$\eta_N$ 为额定效率。

(4) 额定转速：在额定功率、额定电压、额定电流时电机的转速,单位为 r/min。

(5) 额定励磁电压：在额定情况下,励磁绕组所加的电压,单位为 V。

(6) 额定励磁电流：在额定情况下,通过励磁绕组的电流,单位为 A。

若电机运行时,各物理量都与额定值一样,称额定状态。电机在实际运行时,由于负载的变化,往往不是总在额定状态下运行。电机在接近额定的状态下运行,才是合理的。

**【例 9.4】** 一台直流电动机额定数据为：$P_N = 13\text{kW}$,$U_N = 220\text{V}$,$n_N = 1500\text{r/min}$,$\eta_N = 87.6\%$,求额定输入功率、额定电流。

**解**：已知额定输出功率 $P_N = 13\text{kW}$,额定效率 $\eta_N = 87.6\%$,所以额定输入功率为

$$P_{1N} = \frac{P_N}{\eta_N} = \frac{13}{0.876} = 14.84(\text{kW})$$

额定电流为

$$I_N = \frac{P_N}{U_N \eta_N} = \frac{13}{220 \times 0.876} = 67.45(\text{A})$$

**3. 直流电动机的分类**

直流电动机的分类方式很多,可以按照励磁方式进行分类,还可以分别按转速、电流、电压、工作定额以及按防护形式、安装结构形式和通风冷却方式等特征来分类。下面重点介绍按照励磁方式进行分类。

直流电动机按励磁方式的不同,可分为他励和自励两大类。自励电动机按励磁绕组与电枢绕组的连接方式的不同,又可分为并励、串励和复励三种,如图 9.31 所示。

(1) 他励直流电动机

励磁绕组与电枢绕组无电路上的联系,励磁电流由一个独立的直流电源提供,与电枢电流无关,如图 9.31(a)所示。

(2) 并励直流电动机

励磁绕组与电枢绕组并联,如图 9.31(b)所示。对发电机而言,励磁电流由发电机自身提供;对电动机而言,励磁绕组与电枢绕组并接于同一外加电源。

(3) 串励直流电机

励磁绕组与电枢绕组串联,如图 9.31(c)所示。对发电机而言,励磁电流由发电机自身提

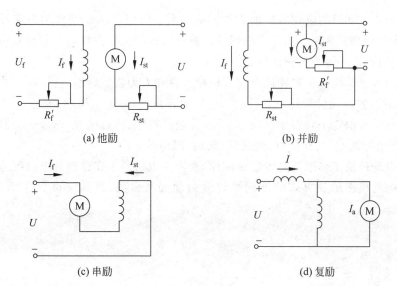

(a) 他励　　　　　　　　　　　(b) 并励

(c) 串励　　　　　　　　　　　(d) 复励

图 9.31　直流电动机的励磁方式

供;对电动机而言,励磁绕组与电枢绕组串接于同一外加电源。

(4) 复励直流电机

励磁绕组的一部分和电枢绕组并联,另一部分与电枢绕组串联,如图 9.31(d)所示。

## 思考与练习

9.2.1　直流电动机和交流电动机相比具有哪些优势和不足?

9.2.2　直流电动机的工作原理是什么?

9.2.3　怎样改变他励直流电动机的旋转方向?

9.2.4　直流电动机的换向装置由哪些部件构成?它在电动机中起什么作用?

9.2.5　一台四极直流发电机,额定功率 $P_N$ 为 50kW,额定电压 $U_N$ 为 220V,额定转速 $n_N$ 为 1500r/min,额定效率 $\eta_N$ 为 0.88,求额定状态下电动机的输入功率 $P_1$ 和额定电流 $I_N$。

## 本章小结

1. 三相异步电动机的结构主要由定子和转子组成。定子主要包含定子铁心、定子绕组和基座,定子的作用主要是产生旋转磁场;转子由转子铁心、转子绕组、转轴、风扇等构成,转子的作用是实现机电能量的转换。

2. 三相异步电动机的工作原理是电磁感应,当三相对称绕组通以三相交流电时,就产生了旋转磁场,旋转磁场与转子绕组的相对运动,在转子回路就产生了感应电动势和感应电流,最后形成了电磁力和电磁转矩,拖动电动机旋转。

3. 三相异步电动机的磁场是旋转磁场,磁场的转速称为同步速度,同步速度的计算公式为 $n_1 = \dfrac{60f}{p}$。三相异步电动机转子的转速总是略低于同步速度,它们之间的差异是用转差率来衡量的,转差率的计算公式为 $s = (n_1 - n)/n_1$。三相异步电动机额定运行时,转差率很小。三相异步电动机做电动运行时,转差率为 0~1。

4. 改变三相异步电动机的转向只要改变旋转磁场的转向,只要将三相异步电动机接电源的三根进线中任意两根对调即可。

5. 三相异步电动机的电磁转矩的表达式有三种：物理表达式经常用来定性分析三相异步电动机的运行问题；参数表达式可以精确计算和考查电动机参数对三相异步电动机运行性能的影响；实用表达式用于工程计算。

6. 三相异步电动机的机械特性有固有机械特性和人为机械特性，在绘制三相异步电动机机械特性曲线时，要抓住启动转矩点、同步点、最大转矩点、额定工作点。

7. 直流电动机由定子和转子组成，定子部分包括机座、主磁极、换向极、端盖和电刷装置，转子部分包括电枢铁心、电枢绕组、换内器、转轴、风扇等。

8. 直流电动机的工作原理是电磁力定律，直流发电机的工作原理是电磁感应。

9. 直流电动机按励磁方式的不同可以分为他励和自励，自励又可分并励、串励和复励三种。

## 习题

9.1　填空题。

(1) 三相异步电动机的定子由_____、_____、_____三部分构成。

(2) 直流电机的电磁转矩是由_____和_____共同作用产生的。

(3) 三相异步电动机按转子绕组的结构可以分为_____和_____两大类。

(4) 异步电动机也称为_____。

(5) 直流电动机的换向极安装在_____，作用是_____。

(6) 并励直流电动机当电源反接时，其中 $I_a$ 的方向_____，转速方向_____。

9.2　三相绕线转子异步电动机与笼型异步电动机结构上有什么区别？

9.3　三相异步电动机正常工作时，转子突然被卡住而不能转动。这时电动机的电流有什么改变？对电动机有影响吗？

9.4　直流电动机中换向器-电刷的作用是什么？

9.5　直流电动机主要由定子和转子组成，其中转子部分主要由哪些部分构成？各个部分的作用分别是什么？

9.6　一台直流电动机的额定数据：额定功率 $P_N$ 为 15kW，额定电压 $U_N$ 为 220V，额定转速 $n_N$ 为 1500r/min，额定效率 $\eta_N$ 为 0.85，求它的额定电流 $I_N$ 及额定负载时的输入功率 $P_1$。

9.7　一台三相六极异步电动机，额定功率为 50Hz，额定转速 $n_N = 900$r/min，计算额定转差率 $s_N$。

9.8　一台三相异步电动机，其额定功率为 5kW，绕组丫-△联结，额定电压为 380V/220V，额定转速为 1450r/min，功率因数为 0.8，效率为 0.7。求：

(1) 接成丫联结及△联结时的额定电流。

(2) 同步转速及定子磁极对数。

(3) 带额定负载时的转差率。

# 继电器-接触器控制系统

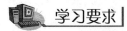 学习要求

　　本章介绍刀开关、组合开关、按钮开关、交流接触器、电磁式继电器、热继电器、熔断器以及自动空气开关等常用低压电器的结构、原理、型号、规格、选择和使用等方面的知识和技能,重点介绍由各种低压电器组成的鼠笼式异步电动机的点动控制、长动控制、正反转控制等基本控制电路。

　　(1)掌握刀开关、组合开关、按钮开关、交流接触器、电磁式继电器、热继电器、熔断器以及自动空气开关等常用低压电器的结构与工作原理。

　　(2)掌握鼠笼式异步电动机的点动控制、长动控制、正反转控制等基本控制电路的电路结构及其工作原理。

　　(3)了解鼠笼式异步电动机的行程控制与时间控制。

　　20 世纪 20 年代出现的将各种接触器、继电器、定时器以及其他电器按一定逻辑关系连接的继电器-接触器控制系统,以其结构简单、价格便宜、便于掌握等特点在工业控制中广泛运用。

## 10.1　常用低压电器

　　电器是所有电工器械的简称,即凡是根据外界特定的信号和要求自动或手动接通与断开电路,断续或连续地改变电路参数,实现对电路或非电对象的切换、控制、保护、检测和调节的电工器械称为电器。低压电器通常指工作在交流 1200V 以下,直流 1500V 以下电路中的电器。工作电压高于交流 1200V,直流 1500V 以上的各种电器则属于高压电器。

### 10.1.1　刀开关与组合开关

#### 1. 刀开关

　　刀开关是一种手动电器,在低压电路中用于不频繁地接通和分断电路,或用于隔离电源,故又称为"隔离开关"。隔离开关断开时有明显的断开点,有利于检修人员的停电检修工作。由于隔离开关没有灭弧装置,因此不能操作带负荷的电路,只能操作空载线路或电流很小的线路,如小型空载变压器、电压互感器等。

　　操作时应注意,停电时应先将线路的负荷电流用断路器、负荷开关等开关电器切断后再将

隔离开关断开,送电时操作顺序相反。另外,由于隔离开关控制负荷的能力很小,也没有保护线路的功能,因此通常不能单独使用,一般要与能切断负荷电流和故障电流的电器(如熔断器、断路器、负荷开关等电器)一起使用。装有灭弧装置的刀开关可以控制一定范围内的负荷线路。

常用的刀开关型号有 HD 型单极刀开关、HS 型双极刀开关、HR 型熔断式刀开关、HK 型闸刀开关、HH 型铁壳刀开关、HY 型倒顺刀开关等。这里主要介绍 HK 型闸刀开关和 HH 型铁壳刀开关两种类型。

(1) HK 型闸刀开关

闸刀开关也叫开启式负荷开关或胶壳刀开关,它由于结构简单、价格便宜、使用维修方便得到广泛应用。该开关主要用作电气照明电路、电热电路、小容量电动机电路的不频繁控制开关,也可用作分支电路的配电开关。

这里重点介绍 HK 型闸刀开关。

① HK 型闸刀开关外形。HK 型闸刀开关外形如图 10.1 所示。

图 10.1　HK 型闸刀开关外形

② HK 型闸刀开关的结构。HK 型闸刀开关主要由上胶盖、下胶盖、插座、触刀、瓷手柄、胶盖紧固螺母、出线端、熔丝、触刀座、瓷底板、进线端等组成。其结构示意图如图 10.2 所示。由于此种刀开关装有熔丝,因而可起短路保护作用。

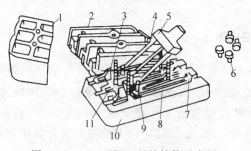

图 10.2　HK 型闸刀开关结构示意图

1—上胶盖;2—下胶盖;3—插座;4—触刀;5—瓷手柄;6—胶盖紧固螺母;7—出线座;8—熔丝;
9—触刀座;10—瓷底板;11—进线座

③ HK 型闸刀开关的安装。闸刀开关在安装时,瓷手柄要向上,不得倒装或平装,以避免由于重力自动下落而引起误动合闸。接线时,应将电源线接在上端,负载线接在下端,这样拉闸后刀开关的刀片与电源隔离,既便于更换熔丝,又可防止发生意外事故。

（2）HH 型铁壳刀开关

① HH 型铁壳刀开关结构。铁壳刀开关又称封闭式负荷开关。其一般用于电力排灌、电热器、电气照明线路的配电设备中，用来不频繁地接通与分断电路，也可以直接用于异步电动机的非频繁全压启动控制。铁壳刀开关主要由钢板外壳、触刀、操作机构、熔丝等组成，如图 10.3 所示。

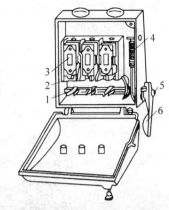

② HH 型铁壳刀开关的特点。铁壳刀开关的操作结构有两个特点：一是采用储能合闸方式，即利用一根弹簧以执行合闸和分闸的功能，使开关闭合和分断时的速度与操作速度无关。它既有助于改善开关的动作性能和灭弧性能，又能防止触点停滞在中间位置。二是设有联锁装置，以保证开关合闸后便不能打开箱盖，而在箱盖打开后，不能再合闸。

图 10.3　HH 型铁壳开关结构示意图

1—触刀；2—夹座；3—熔断器；4—速断弹簧；5—转轴；6—手柄

（3）刀开关的主要技术参数

刀开关的主要技术参数有额定电压、额定电流、通断能力、动稳定电流、热稳定电流等。

① 动稳定电流是当电路发生短路故障时，刀开关并不因短路电流产生的电动力作用而发生变形、损坏或触刀自动弹出之类的现象，这一短路电流峰值即为刀开关的动稳定电流，可高达额定电流的数十倍。

② 热稳定电流是指发生短路故障时，刀开关在一定时间（通常为 1s）内，通过某一短路电流，并不会因温度急剧升高而发生熔焊现象，这一最大短路电流称为刀开关的热稳定电流。刀开关的热稳定电流也高达额定电流的数十倍。

（4）刀开关的图形符号

刀开关按刀数的不同可分为单极、双极和三极三种类型。

三种类型的文字符号均为 QS，图形符号如图 10.4 所示。

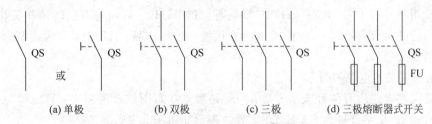

(a) 单极　　　　(b) 双极　　　　(c) 三极　　　　(d) 三极熔断器式开关

图 10.4　刀开关的图形及文字符号

（5）刀开关的选择原则

① 根据使用场合，选择刀开关的类型、极数及操作方式。

② 刀开关额定电压应大于或等于线路电压。

③ 刀开关额定电流应大于或等于线路的额定电流。对于电动机负载，开启式刀开关额定电流可取为电动机额定电流的 3 倍；封闭式刀开关额定电流可取为电动机额定电流的 1.5 倍。

**2. 组合开关**

（1）组合开关的定义

组合开关又称转换开关，是一种多触点、多位置式，可控制多个回路的电器。一般用于电气设备中非频繁地通断电路、换接电源和负载,测量三相电压以及控制小容量感应电动机等。

（2）组合开关的结构

组合开关由动触点（动触片）、静触点（静触片）、转轴、手柄、定位机构及外壳等部分组成。其动、静触点分别叠装于数层绝缘壳内。图 10.5 所示为 HZ10 型三极组合开关结构示意图。当转动手柄时,每层的动触点随方形转轴一起转动,从而实现对电路的通、断控制。图 10.6 所示为 HZ10 型三极组合开关实物图。

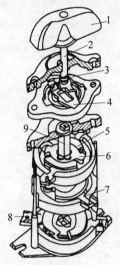

图 10.5　HZ10 型三极组合开关结构示意图

图 10.6　HZ10 型三极组合开关实物图

1—手柄；2—转轴；3—弹簧；4—凸轮；5—绝缘垫板；
6—动触点；7—静触点；8—接线柱；9—绝缘方轴

（3）组合开关的主要技术参数

组合开关的主要技术参数有额定电压、额定电流、极数等。其中额定电流有 10A、25A、60A 等。常用型号有 HZ5、HZ10、HZ15 等系列。其中,HZ5 系列与万能转换开关相似,其结构与一般组合开关有所不同；HZ10 系列为全国统一设计产品；HZ15 系列为新型的全国统一设计的更新换代产品。

（4）组合开关的电气符号

组合开关在电路中有两种表示方法：一种是触点状态图结合通断表；另一种与手动刀开关图形符号相似,文字符号为 SA 或 QS。具体表示如图 10.7 所示。

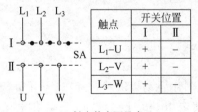

| 触点 | 开关位置 | |
|---|---|---|
| | I | II |
| $L_1$-U | + | − |
| $L_2$-V | + | − |
| $L_3$-W | + | − |

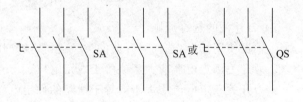

(a)触点状态图及表

(b) 文字符号及图形符号

图 10.7　组合开关的电气符号及文字符号

（5）组合开关的选用

组合开关选用时要注意以下两点。

① 用组合开关控制小容量(如7kW以下)电动机的启动与停止,则组合开关额定电流应为电动机额定电流的3倍。

② 用组合开关接通电源,则组合开关的额定电流稍大于电动机的额定电流即可。

### 10.1.2　按钮开关

按钮开关也叫控制按钮,是一种通过其内部触点的接通或断开控制电路,从而达到控制电动机或其他电气设备运行目的的常用电器开关。

常用于在控制电路中发出手动指令远距离控制其他电器,再由其他电器去控制主电路或转移各种信号,也可以直接用来转换信号电路和电器联锁电路等。按钮开关种类繁多,复杂程度不一,简单的仅为单刀单掷;复杂的包括照明和标识显示,有若干单元且各种锁定状态,以便于暗处或夜间操作指示用,兼作开关和指示灯双重功能,并且备有多种颜色指示。带照明的按钮开关因灯泡易失效,灯泡的失效不等于开关失效,照明灯泡能从面板前置换。常见的按钮开关实物如图10.8所示。

图10.8　常见按钮开关实物

多单元按钮开关常成排安装,每个单元能各自独立动作。按钮开关的特点是安装在工作进行中的机器、仪表中,大部分时间处于初始自由状态位置上,只是在有要求时才在外力作用下转换到第二种状态(位置),当外力一旦拆去,由于弹簧的作用,开关又回到初始位置。

#### 1. 结构、图形及文字符号

按钮开关一般由按钮帽、复位弹簧、触点和外壳等部分组成,其结构及外形如图10.9所示,图形及文字符号如图10.10所示。每个按钮中触点的形式和数量可根据需要装配成1常开、1常闭到6常开、6常闭形式。控制按钮可做成单式(一个按钮)、复式(两个按钮)和三联式(三个按钮)的形式。为便于识别各个按钮的作用,避免误操作,通常在按钮帽上做出不同标志或涂以不同颜色,表示不同作用。一般使用时用红色作为停止按钮,绿色作为启动按钮。

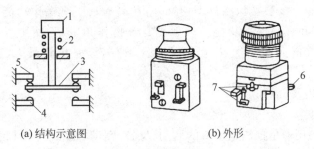

(a) 结构示意图　　　　(b) 外形

图10.9　按钮开关

1—按钮帽;2—复位弹簧;3—动触头;4—常开触点的静触头;5—常闭触点的静触头;6,7—触头接线柱

**2. 工作原理**

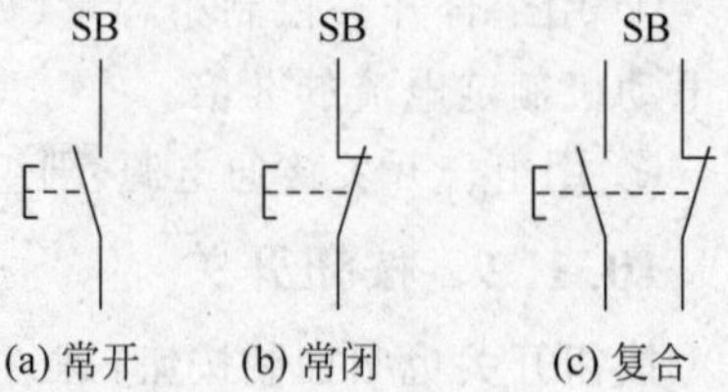

按钮开关是由与按钮行程同一直线的推动力来驱动内部触点转换的开关。当按下按钮时,先断开常闭触点,然后才接通常开触点;释放按钮后,在复位弹簧作用下使触点复位。所以,按钮开关常用来控制电器的点动。按钮接线没有进线和出线之分,直接将所需的触点连入电路即可。在没有按动按钮时,接在常开触点接线柱上的线路是断开的,常闭触点接线柱上的线路是接通的。当按下按钮时,两种触点的状态改变,同时也使与之相连的电路状态改变。

(a) 常开    (b) 常闭    (c) 复合
图 10.10    按钮的图形及文字符号

**3. 按钮开关的分类**

根据触点结构类型的不同,可将按钮开关分为以下三种类型。

(1) 常开(动合)按钮开关。按钮未按下时触点是断开的,按下时触点闭合接通。当松开按钮后,按钮开关在复位弹簧的作用下复位断开。在控制电路中,常开(动合)按钮开关常用来启动电动机,所以也称启动按钮。

(2) 常闭(动断)按钮开关。与常开(动合)按钮开关相反,按钮未按下时触点是闭合的,按下时触点断开。当松开按钮后,按钮开关在复位弹簧的作用下复位闭合。常闭(动断)按钮开关常用于控制电动机停车,所以也称自复位按钮。

(3) 复合按钮开关。复合按钮开关是将常开与常闭按钮开关组合为一体的按钮开关,即同时具有常闭触点和常开触点。按钮未按下时,常闭触点是闭合的,常开触点是断开的。按下按钮时,首先常闭触点断开,然后常开触点闭合,可认为是自锁型按钮。当松开按钮后,按钮开关在复位弹簧的作用,首先将常开触点断开,继而将常闭触点闭合。复合按钮开关常用于联锁控制电路中。

**4. 按钮开关的选择原则**

选用按钮开关时,要注意以下几点。

(1) 根据使用场合,选择控制按钮的种类。例如,开启式、防水式、防腐式等。

(2) 根据用途,选用合适的形式。例如,钥匙式、紧急式、带灯式等。

(3) 按控制回路的需要,确定不同的按钮数。例如,单按钮、双按钮、三按钮、多按钮等。

(4) 按工作状态指示和工作情况的要求,选择按钮及指示灯的颜色。

## 10.1.3　交流接触器

接触器是一种用于频繁地接通或断开交直流主电路、大容量控制电路等大电流电路的自动切换电器。在功能上接触器除能自动切换外,还具有远距离操作功能和失压(或欠压)保护功能,但没有过载和短路保护功能。接触器具有操作频率高、使用寿命长、工作可靠、性能稳定、成本低廉、维修简便等优点,因而用途十分广泛,是用量最大、应用面最宽的电器之一。

**1. 接触器的用途及分类**

(1) 接触器的用途

接触器最主要的用途是控制电动机的启动、反转、制动和调速等,因此它是电力拖动控制系统中最重要也是最常用的控制电器之一。它具有低电压释放保护功能,同时具有比工作电流大数倍乃至十几倍的接通和分断能力,但不能分断短路电流。它是一种执行电器,即使在先进的可编程控制器应用系统中,它一般也不能被取代。

（2）接触器的分类

① 按驱动触头系统的动力不同分为电磁接触器、液压接触器和气动接触器等，以电磁接触器应用最为广泛。

② 按灭弧介质的不同分为空气电磁式接触器、油浸式接触器和真空接触器等。

③ 按其主触点的极数（即主触点的个数）的不同分有单极、双极、三极、四极和五极等多种。

④ 按主触头控制的电路中电流种类不同分为交流接触器和直流接触器等。

本节主要介绍交流接触器。常用电磁式接触器实物如图 10.11 所示。

图 10.11　接触器实物图

**2. 交流接触器的结构**

交流接触器和直流接触器结构相似，主要由电磁机构、主触点和灭弧系统、辅助触点、反力装置、支架和底座五部分组成。图 10.12 所示为交流接触器结构示意图。

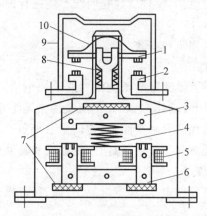

图 10.12　交流接触器结构示意图

1—动触点；2—静触点；3—衔铁；4—缓冲弹簧；5—电磁线圈；6—铁心；7—垫毡；8—触点弹簧；
9—灭弧罩；10—触点压力簧片

（1）电磁机构

电磁机构由线圈、铁心和衔铁等组成。小容量接触器的铁心一般都为双 E 形，衔铁采用直动式结构。为了减少涡流损耗，交流接触器的铁心都要用硅钢片叠铆而成，并在铁心的端面上装有分磁环（短路环）。交流接触器的吸引线圈（工作线圈）一般做成有架式，形状较扁，以避免与铁心直接接触，改善线圈的散热情况。交流线圈的匝数较少，纯电阻小，因此在接通电路的瞬间，由于铁心气隙大，电抗小，电流可达到 15 倍的工作电流，所以交流接触器不适合应用于极频繁启动、停止的工作场合。而且要特别注意，千万不要将交流接触器的线圈接在直流电源上,否则将因电阻小而流过很大的电流使线圈烧坏。目前,常用的交流接触器型号有 CJ20、CJX1 等系列。

（2）主触点和灭弧系统

根据主触点的容量大小,有桥式触点和指形触点两种结构形式,且直流接触器和电流在 20A 以上的交流接触器均装有灭弧罩,有的还带有栅片或磁吹灭弧装置。为使触头接触时导电性能好、接触电阻小,触头常用铜、银及其合金制成。但是在铜的表面上易于产生氧化膜,并且在断开和接通处,电弧常易将触头烧损,造成接触不良。因此,大容量的接触器,其触头常采用滚动接触的指形触点形式。

（3）辅助触点

① 接触器中有两类辅助触点:一类是常开(动合)触点;另一类是常闭(动断)触点。

常开(动合)触点是指原始状态(电器未受外力或线圈未通电)时,固定触点与可动触点处于分开状态的触点;常闭(动断)触点是指原始状态(电器未受外力或线圈未通电)时,固定触点与可动触点处于闭合状态的触点。

② 接触器动合触点,就是当接触器线圈内通有电流时触点闭合,而线圈断电时触点断开,即线圈通电时触点闭合,而线圈断电时触点断开。辅助触点在结构上均为桥式双断点形式,其容量较小。

③ 接触器安装辅助触点的目的是使其在控制电路中起联动作用,用于和接触器相关的逻辑控制。辅助触点不设灭弧装置,所以它不能用来分合大电流的主电路。

（4）反力装置

反力装置由复位弹簧和触点弹簧组成,且它们均不能进行弹簧松紧的调节。

（5）支架和底座

支架和底座用于接触器的固定和安装。

**3. 交流接触器的工作原理**

交流接触器工作原理如下:接触器电磁机构的线圈通电后,在铁心中产生磁通。在衔铁气隙处产生吸力,使衔铁产生闭合动作,主触头在衔铁的带动下也闭合,于是电路接通。与此同时,衔铁带动辅助触头动作,使常开触头闭合,常闭触头断开。当线圈断电或电压显著降低时,吸力消失或减弱,衔铁在释放弹簧作用下打开,主触头和辅助触头又恢复到原来状态。

**4. 接触器的主要技术参数**

接触器的主要技术参数有额定电压、额定电流、寿命、额定操作频率等。

（1）额定电压

接触器铭牌上标注的额定电压是指主触点的额定电压。常用的电压等级如下。

① 对于直流接触器有 110V、220V、440V、660V,在特殊场合,额定电压可高达 1140V。

② 对于交流接触器有 127V、220V、380V、500V、660V 等。

（2）额定电流

接触器铭牌上标注的额定电流是指主触点的额定电流。

① 常用的电流等级有:对于直流接触器有 5A、10A、20A、40A、60A、100A、150A、250A、400A、600A;对于交流接触器有 5A、10A、20A、40A、60A、100A、150A、250A、400A、600A。上述电流是指接触器安装在敞开式的控制屏上,触点工作时不超过额定温升,负载为间断/长期工作制时的电流值。

② 所谓间断/长期工作制是指连续接通时间不超过 8h。如果实际情况不能满足上述条

件,则电流值要留有余量或作相应处理。当接触器安装在无强迫风冷的箱柜内时,电流要降低10%～20%使用。当接触器工作于长期工作制时,若超过8h,则必须空载开合3次以上,以消除表面氧化膜。

（3）线圈的额定电压

① 接触器线圈的额定电压常用的等级有：直流线圈为24V、48V、110V、220V、440V；交流线圈为36V、127V、220V、380V。

② 一般情况下,交流负载选用交流线圈的交流接触器,直流负载选用直流线圈的直流接触器,但交流负载频繁动作时应选用直流线圈的交流接触器。按规定,在接触器线圈已经发热稳定时,加上85%的额定电压,衔铁应可靠吸合。如果工作中电压过低或消失,则衔铁应可靠释放。

（4）额定操作频率

额定操作频率是指每小时通断次数。根据型号和性能的不同而不同,交流线圈接触器最高操作频率为600次/h,直流线圈接触器最高操作频率为1500次/h。操作频率不仅直接影响到接触器的使用寿命,还会影响交流线圈接触器的线圈温升。

（5）动作值

动作值是指接触器的吸合电压和释放电压。规定接触器的吸合电压大于线圈额定电压的85%时应可靠吸合,释放电压不高于线圈额定电压的70%。

（6）线圈消耗功率

线圈消耗功率可分为启动功率和吸收功率两种。对于直流接触器,两者相等；对于交流接触器,一般情况下,启动功率为吸收功率的5～8倍。

（7）机械寿命和电气寿命

接触器的机械寿命一般可达数百万次以至1000万次；电气寿命一般是机械寿命的5%～20%。正常使用情况下,接触器的电气寿命为50万～100万次,机械寿命为500万～1000万次。

**5. 接触器的常用型号和电气符号**

（1）常用的交流接触器有CJ0、CJ10、CJ12、CJ10X、CJ20、CJX2、CJX1、3TB、3TD、LC1-D、LC2-D等系列。其中CJ0、CJ10、CJ12系列为早期全国统一设计的系列产品,目前仍在广泛地使用。CJ10X系列为消弧接触器,适用于条件差、频繁启动和反接制动电路中。

（2）常用的直流接触器有CZ0、CZ18、CZ21、CZ22等系列。

接触器的文字符号为KM,图形符号如图10.13所示。

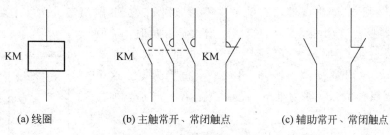

（a）线圈　　　　　（b）主触常开、常闭触点　　　　（c）辅助常开、常闭触点

图10.13　接触器的图形符号

**6. 接触器的选择**

在接触器的选择上主要考虑以下几方面。

（1）根据负载性质选择接触器类型。

（2）额定电压应不小于主电路工作电压。

（3）额定电流应不小于被控电路额定电流,对于电动机负载还应根据其运行方式适当增减。

（4）吸引线圈的额定电压和功率应与所控制电路的选用电压、功率相一致。

### 10.1.4 电磁式继电器

继电器是一种根据电气量(电压、电流等)或非电气量(温度、压力、转速、时间等)的变化接通或断开控制电路的自动切换电器。

继电器与接触器的主要区别在于以下两个方面。

（1）接触器的输入只能是电压,而继电器的输入可以是各种物理量。

（2）接触器的主要任务是控制主电路的通断,所以它强化执行功能,而继电器实现对各种信号的感测,并且通过比较确定其动作值,所以它强化感测的灵敏度、动作的准确性以及反应的快速性,其触点通常接在小容量的控制电路中,一般不采用灭弧装置。

继电器的种类繁多、应用广泛,可分为以下几类。

（1）按输入信号的不同可分为电压继电器、电流继电器、时间继电器、温度继电器、速度继电器、压力继电器等。

（2）按工作原理可分为电磁式继电器、感应式继电器、电动式继电器、热继电器和电子式继电器等。

（3）按用途可分为控制继电器、保护继电器等。

（4）按动作时间可分为瞬时继电器、延时继电器等。

上述各种继电器中,电磁式继电器结构简单、价格低廉、使用维护方便,广泛地应用于控制系统中。本节以电磁式继电器为主介绍几种常用的继电器,包括电压继电器、电流继电器、中间继电器等。

**1. 电磁式继电器的结构与工作原理**

电磁式继电器的结构和工作原理与接触器相似,即感受机构是电磁系统,执行机构是触点系统。其主要用于控制电路中,具有触点容量小(一般在 5A 以下),触点数量多且无主、辅之分,无灭弧装置,体积小,动作迅速、准确,控制灵敏、可靠等特点。

**2. 电磁式继电器的特性**

继电器的主要特性是输入-输出特性,又称为继电特性。当以继电器的输入量 $x$ 为横坐标,输出量 $y$ 为纵坐标,得出的曲线就称为继电特性曲线,如图 10.14 所示。

由图 10.14 可知,当继电器输入量 $x$ 由零增加到 $x_1$ 之前,输出量 $y$ 为零。当输入量增加到 $x_2$ 时继电器吸合,输出量为 $y_1$。当继续增大输入量时,$y_1$ 值不变。当 $x$ 减小到 $x_2$ 时,$y_1$ 值仍不变,当 $x$ 再继续减小到 $x_1$ 时,继电器释放,输出量 $y$ 降至零,$x$ 再减小 $y$ 值仍为零。这里 $x_2$ 称为继电器吸合值,$x_1$ 称为继电器释放值。$K = x_1/x_2$ 称为继电器的返回系数。

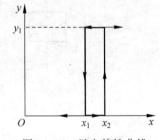

图 10.14 继电特性曲线

电流继电器的返回系数称为电流返回系数,用 $K_i = I_1/I_2$ 表示($I_2$ 为动作电流,$I_1$ 为复归电流)。电压继电器的返回系数称为电压返回系数,用 $K_u = U_1/U_2$ 表示($U_2$ 为动作电压,$U_1$ 为复归电压）。

**3．继电器的主要技术参数**

（1）额定参数

继电器的额定参数有额定电压（电流）、吸合电压（电流）和释放电压（电流）。

① 额定电压（电流）是指继电器线圈电压（电流）的额定值，用 $U_N$（$I_N$）表示。

② 吸合电压（电流）是指使继电器衔铁开始运动时线圈的电压（电流）值。

③ 释放电压（电流）是衔铁开始返回动作时，线圈的电压（电流）值。

（2）时间特性

时间特性包括动作时间（吸合时间）和返回时间（断开时间）两个参数。一般继电器的吸合时间与返回时间为 0.05～0.15s，快速继电器的吸合时间与返回时间可达 0.005～0.05s，它们的大小影响着继电器的操作频率。

① 动作时间是指从接通电源到继电器的承受机构起，至继电器的常开触点闭合为止所经过的时间。它通常由启动时间和运动时间两部分组成，前者是从接通电源到衔铁开始运动的时间间隔，后者是由衔铁开始运动到常开触点闭合为止的时间间隔。

② 返回时间是指从断开电源（或将继电器线圈短路）起，至继电器的常闭触点闭合为止所经过的时间。它也由两部分组成，即返回启动时间和返回运动时间。前者是从断开电源起至衔铁开始运动的时间间隔，后者是由衔铁开始运动到常闭触点闭合为止的时间间隔。

（3）整定值

执行元件（如触头系统）在进行切换工作时，继电器相应输入参数的数值称为整定值。大部分继电器的整定值是可以调整的。一般电磁继电器是调节反作用弹簧和各工作气隙，使其在一定电压或电流时继电器动作。

（4）灵敏度

继电器能被吸动所必须具有的最小功率或安匝数称为灵敏度。由于不同类型的继电器当动作安匝数相同时，却往往因线圈电阻不一样，消耗的功率也不一样，因此，比较继电器灵敏度时，应以动作功率为准。

（5）返回系数

如前所述，返回系数为复归电压（电流）与动作电压（电流）之比。对于不同用途的继电器，要求有不同的返回系数。如控制用继电器，其返回系数一般要求在 0.4 以下，以避免电源电压短时间的降低而自动释放；对于保护用继电器，则要求 0.6 以上较高的返回系数，使之能反应较小输入量的波动范围。

（6）接触电阻

接触电阻是指从继电器引出端测得的一组闭合触点间的电阻值。

（7）寿命

寿命是指继电器在规定的环境条件和触点负载下，按产品技术要求能够正常动作的最少次数。

**4．常用典型电磁式继电器**

（1）电流继电器

电流继电器的线圈串联在被测量的电路中，电流值由电路负载决定。此时，继电器所反映的是电路中电流的变化，为了使串入电流继电器后并不影响电路工作，线圈应匝数少、导线粗、阻抗小。图 10.15 为某电流继电器实物图。

电流继电器又有欠电流继电器和过电流继电器之分。

① 过电流继电器在电路正常工作时,衔铁不动作;当电流超过规定值时,衔铁才吸合。

② 欠电流继电器在电路正常工作时,衔铁处在吸合状态;当电流低于规定值时,衔铁才释放。欠电流继电器的吸引电流为线圈额定电流的30%～65%,释放电流为额定电流的10%～20%。过电流继电器的动作电流的额定范围通常为1.1～4倍额定电流。

DL-10系列电磁式电流继电器的内部结构如图10.16所示。由图可知,当继电器线圈通过电流时,电磁铁中产生磁通,力图使"Z"形钢舌片向凸出磁极偏转。与此同时,轴上的弹簧又力图阻止钢舌片偏转。当继电器线圈中的电流增大到使钢舌片所受的转矩大于弹簧的反作用力矩时,钢舌片被吸近磁极,使动合触点闭合,动断触点断开。在电流继电器动作后,减小线圈中的电流到一定值,钢舌片在弹簧作用下返回起始位置。

图10.15　电流继电器实物图

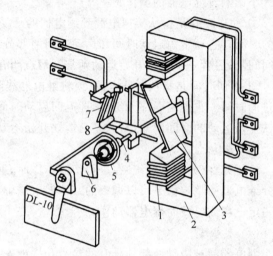

图10.16　DL-10系列电磁式电流继电器的内部结构

1—线圈；2—电磁铁；3—钢舌片；4—轴；5—弹簧；

6—轴承；7—静触头；8—动触头

电磁式电流继电器的动作极为迅速,可认为是瞬间动作,因此,这种继电器也称为瞬时继电器,广泛用于电机、变压器和输电线路的过负荷及短路保护线路中。

（2）电压继电器

电压继电器的线圈与电压源并联,电流值由电路电压和线圈阻抗决定。此时,继电器所反映的是电路中电压的变化,为了使并入电压继电器后并不影响电路工作,线圈应匝数多、导线细、阻抗大。图10.17为某电压继电器的实物图。

根据动作电压值的不同,电压继电器有过电压、欠电压和零电压继电器之分。

① 过电压继电器在电路正常工作时,衔铁不动作;当电压超过规定值时,衔铁才吸合。

② 欠电压继电器在电路正常工作时,衔铁处在吸合状态,当电压低于规定值时,衔铁才释放。

③ 零电压继电器在电路正常工作(有电压)时,衔铁处在吸合状态,当失去电压(电压为零)时,衔铁才释放。

一般过电压继电器在电压为额定电压$U_N$的110%～115%以上时衔铁吸合,欠电压继电器在电压为$U_N$的40%～70%时释放,零电压继电器当电压降至$U_N$的5%～25%时释放,它们分别用作过电压、欠电压和零压保护。

（3）中间继电器

中间继电器实质上是电压继电器，但它的触头对数多（6对甚至更多），触头容量较大（额定电流5～10A），动作灵敏（动作时间小于0.05s）。其主要用途为：当其他继电器的触头对数或触头数或触头容量不够时，可借助中间继电器来扩大它们的触头容量，起到中间转换作用。图10.18为某中间继电器的实物图。

图10.17  电压继电器实物图          图10.18  中间继电器实物图

**5. 电磁式继电器的图形符号和文字符号**

电磁式继电器的图形符号和文字符号如图10.19所示。

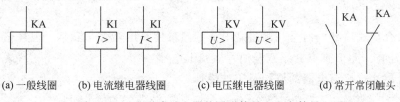

(a) 一般线圈   (b) 电流继电器线圈   (c) 电压继电器线圈   (d) 常开常闭触头

图10.19  电磁式继电器的图形符号和文字符号

**6. 电磁式继电器的选择原则**

继电器是组成各种控制系统的基础元件，选用时应综合考虑继电器的适用性、功能特点、使用环境、工作制、额定工作电压及额定工作电流等因素，做到合理选择。

电磁式继电器的选择具体应从以下几方面考虑。

（1）类型和系列的选用。

（2）使用环境的选用。

（3）使用类别的选用。典型用途是控制交、直流电磁铁，如交、直流接触器线圈，使用类别如AC-11、DC-11。

（4）额定工作电压、额定工作电流的选用。继电器线圈的电流种类和额定电压应与系统要求一致。

（5）工作制的选用。工作制不同对继电器的过载能力要求也不同。

## 10.1.5  热继电器

热继电器的作用是对连续运行的电动机作过载及断相保护，可防止因过热而损坏电动机的绝缘材料。由于热继电器中发热元件有热惯性，在电路中不能作瞬时过载保护，更不能作短路保护，因此它不同于过电流继电器和熔断器。图10.20为两种常用热继电器的实物图。

(a) JR36热继电器　　　　　(b) JR20热继电器

图 10.20　常用热继电器实物图

**1. 热继电器的类型**

(1) 按相数的不同来分,热继电器有单相、两相和三相三种类型,每种类型按发热元件的额定电流又有不同的规格和型号。三相式热继电器常用于三相交流电动机作过载保护。按职能的不同,三相式热继电器又有不带断相保护和带断相保护两种类型。

(2) 按感测元件的不同来分,热继电器有双金属片式、热敏电阻式和易熔合金式三种类型。

① 双金属片式热继电器是利用两种膨胀系数不同的金属(通常为锰镍和铜板)辗压制成的双金属片受热弯曲去推动拨杆,从而带触头动作。

② 热敏电阻式热继电器是利用热敏电阻的阻值随温度变化而变化的特性制成的热继电器。

③ 易熔合金式热继电器是利用过载电流的热量使易熔合金达到某一温度值时,合金熔化而使继电器动作。本节重点介绍双金属片式热继电器。

**2. 双金属片式热继电器的结构及工作原理**

双金属片式热继电器主要由热元件、双金属片和触头三大部分组成。

(1) 热继电器

热继电器中产生热效应的发热元件,应串接于电动机绕组电路中,这样,热继电器便能直接反映电动机的过载电流。但其触点应接在控制电路中,其触点一般有常开和常闭两种类型,作过载保护用时常使用其常闭触点串联在控制电路中。

(2) 双金属片热继电器

双金属片是热继电器的感测元件。所谓双金属片,就是将两种膨胀系数不同的金属片以机械辗压方式使之形成一体。膨胀系数大的称为主动片,膨胀系数小的称为被动片。双金属片受热后产生膨胀,由于两层金属的膨胀系数不同,且两层金属又紧紧地黏合在一起,因此使得双金属片向被动片一侧弯曲,如图 10.21 所示,由双金属片弯曲产生的机械力便带动触点动作。

双金属片的受热方式有 4 种,即直接受热式、间接受热式、复合受热式和电流互感器受热式,如图 10.22 所示。其中电流互感器受热式的发热元件不直接串接于电动机电路中,而是接于电流互感器的二次侧,这种方式多用于电动机电流比较大的场合,以减少通过发热元件的电流。

(3) 热继电器的结构原理

热继电器的结构原理如图 10.23 所示。使用时发热

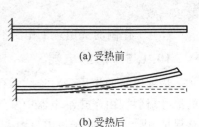

(a) 受热前

(b) 受热后

图 10.21　双金属片工作原理

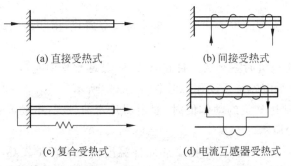

(a) 直接受热式　　　　　　(b) 间接受热式

(c) 复合受热式　　　　　　(d) 电流互感器受热式

图 10.22　双金属片的受热方式

元件 3 串接在电动机定子绕组中,电动机绕组电流即为流过热元件的电流。当电动机正常运行时,发热元件产生的热量虽能使双金属片 2 弯曲,但还不足以使继电器动作;当电动机过载时,发热元件产生的热量增大,使双金属片 2 弯曲位移增大,经过一定时间后,双金属片 2 弯曲到推动导板 4,并通过补偿双金属片 5 与推杆 14 将触点 9 和 6 分开。触点 9 和 6 为热继电器串于接触器线圈回路的常闭触点,断开后使接触器线圈失电,接触器的常开触点断开电动机的电源以保护电动机。调节旋钮 11 是一个偏心轮,它与支撑件 12 构成一个杠杆,13 是一个压簧,转动偏心轮,改变它的半径即可改变补偿双金属片 5 与导板 4 的接触距离,达到调节整定动作电流的目的。此外,靠调节复位螺钉 8 来改变常开静触点 7 的位置,使热继电器能工作在手动复位和自动复位两种工作状态。工作在手动复位时,热继电器动作后,经过一段时间待双金属片冷却,按复位按钮 10 才能使动触点 9 恢复到与常闭静触点 6 相接触的位置。工作在自动复位时,热继电器可自行复位。

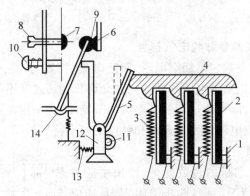

图 10.23　热继电器的结构原理

1—双金属片固定支点；2—双金属片；3—发热元件；4—导板；5—补偿双金属片；6—常闭静触点；7—常开静触点；8—复位螺钉；9—动触点；10—复位按钮；11—调节旋钮；12—支撑件；13—压簧；14—推杆

### 3. 带断相保护的热继电器

电动机断相运行是电动机烧毁的主要原因之一。对于电动机绕组为丫形接法的过载保护采用三相结构热继电器即可；但对于△形接法的电动机,当发生故障时,若线电流达到额定电流,则在电动机绕组内部,电流较大的那一相绕组的相电流将超过额定相电流。因发热元件串接于电源进线中,故热继电器不动作,此时电动机长期运行绕组会因过热而烧毁。为此需采用带断相保护的热继电器。

JR16 系列为带断相保护的热继电器。带断相保护热继电器的导板结构采用的是差动形式,如图 10.24 所示。

（1）图中元件 1、2、4 组成差动结构,元件 3 为双金属片,虚线表示动作位置,图 10.24(a)为断电时的位置。

（2）当电流为额定电流时三个热元件正常发热,其端部均向左弯曲并推动上、下导板同时左移,但程度不足以使继电器触点动作,如图 10.24(b)所示。

（3）当电流过载到达整定的动作值时,双金属片弯曲较大,推动导板使触点动作,实现过载保护,如图 10.24(c)所示。

（4）当一相(设 W 相)断路时,该相发热元件温度由原来正常发热状态下降,双金属片由弯曲状态伸直,推动上导板向右移;由于 U、V 相电流较大,故推动下导板向左移,使杠杆扭转,继电器动作,从而实现断相保护,如图 10.24(d)所示。

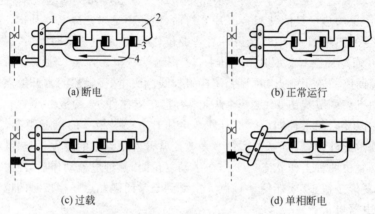

(a) 断电      (b) 正常运行

(c) 过载      (d) 单相断电

图 10.24　带断相保护的热继电器结构图

1—杠杆；2—上导板；3—双金属片；4—下导板

#### 4. 热继电器的主要技术参数和电气符号

热继电器的主要技术参数包括额定电压、额定电流、相数、发热元件型号及整定电流调节范围等。其中整定电流是指热继电器的发热元件允许长期通过又不致引起继电器动作的最大电流值。对于某一发热元件,可通过调节其电流调节旋钮,在一定范围内调节其整定电流。

在电气原理图中,热继电器的发热元件和触点的图形符号如图 10.25 所示。

#### 5. 热继电器的选择原则

热继电器主要用于电动机的过载保护,使用中应考虑电动机的工作环境、启动情况、负载性质等因素,具体应按以下几个方面来选择。

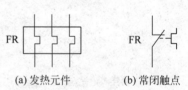

(a) 发热元件      (b) 常闭触点

图 10.25　热继电器的图形符号

（1）热继电器结构型式的选择：星形接法的电动机可选用两相或三相结构热继电器；三角形接法的电动机应选用带断相保护装置的三相结构热继电器。

（2）根据被保护电动机的实际启动时间选取 6 倍额定电流下具有相应可返回时间的热继电器。一般热继电器的可返回时间大约为 6 倍额定电流下动作时间的 50%～70%。

（3）发热元件额定电流一般可按下式确定：

$$I_N = (0.95 \sim 1.05)I_{MN}$$

式中：$I_N$ 为发热元件额定电流；$I_{MN}$ 为电动机的额定电流。

对于工作环境恶劣、启动频繁的电动机,则按下式确定：

$$I_N = (1.15 \sim 1.5)I_{MN}$$

发热元件选好后,还需用电动机的额定电流来调整它的额定值。

(4) 对于重复短时工作的电动机(如起重机电动机),由于电动机不断重复升温,热继电器双金属片的温升跟不上电动机绕组的温升,电动机将得不到可靠的过载保护。因此,不宜选用双金属片热继电器,而应选用过电流继电器或能反映绕组实际温度的温度继电器来进行保护。

### 10.1.6 熔断器

熔断器是低压配电系统和电力拖动系统中起过载和短路保护作用的电器。使用时,熔体串接于被保护的电路中,当电路发生短路或严重过载时,以其自身产生的热量使熔体迅速熔断,从而自动切断电路,实现过载和短路保护。由于它结构紧凑、价格低廉、工作可靠、使用和维护方便,因而应用十分广泛。图 10.26 是几种常用熔断器的外观图。

(a) 插入式        (b) 螺旋式        (c) 密封式

图 10.26 熔断器外观图

**1. 熔断器的结构及分类**

熔断器由熔体和安装熔体的绝缘底座(或称熔管)组成。熔体由易熔金属材料铅、锌、锡、铜、银及其合金制成,形状常为丝状或网状。由铅锡合金和锌等低熔点金属制成的熔体,因不易灭弧,多用于小电流电路。由铜、银等高熔点金属制成的熔体,易于灭弧,多用于大电流电路。绝缘底座一般由陶瓷、胶木或塑料等组成。

熔断器种类很多,按结构分为插入式、螺旋式、密封式等,如图 10.26 所示;按有无填料分为有填料式、无填料式等;按用途分为工业用熔断器、保护半导体器件熔断器及自复式熔断器等。

**2. 熔断器的主要技术参数**

熔断器的主要技术参数包括额定电压、熔体额定电流、熔断器额定电流、极限分断能力等。

(1) 额定电压:指保证熔断器能长期正常工作的电压。

(2) 熔体额定电流:指熔体长期通过而不会熔断的电流。

(3) 熔断器额定电流:指保证熔断器(指绝缘底座)能长期正常工作的电流。

实际应用中,厂家为了减少熔断器额定电流的规格,熔断器的额定电流等级比较少,而熔体的额定电流等级较多。应该注意的是使用过程中,熔断器的额定电流应大于或等于所装熔体的额定电流。

(4) 极限分断能力:指熔断器在额定电压下所能开断的最大短路电流。在电路中出现的最大电流一般是指短路电流值。所以,极限分断能力也反映了熔断器分断短路电流的能力。

**3. 熔断器的安装注意事项**

(1) 熔断器应完整无损,安装低压熔断器时应保证熔体和夹头以及夹头和夹座接触良好,并具有额定电压、额定电流值标志。

(2) 瓷插式熔断器应垂直安装,螺旋式熔断器的电源线应接在瓷底座的下接线座上,负载线应接在螺纹壳的上接线座上。这样在更换熔断管时,旋出螺帽后螺纹壳上不带电,保证操作者的安全。

(3) 安装熔体时,必须保证接触良好,不允许有机械损伤。若熔体为熔丝时,应预留安装长度,固定熔丝的螺钉应加平垫圈,将熔丝两端沿压紧螺钉顺时针方向绕一圈,压在垫圈下,用适当的力拧紧螺钉,以保证接触良好。同时注意不能损伤熔丝,以免减小熔体的截面积,产生局部发热而产生误动作。

(4) 熔断器内应安装合格的熔体,不能用多根小规格熔体代替一根大规格熔体。各级熔体应相互配合,并做到下一级熔体规格比上一级熔体规格小。

(5) 更换熔体或熔管时,必须切断电源。尤其不允许带负荷操作,以免发生电弧灼伤。

(6) 熔断器兼做隔离器件使用时应安装在控制开关的电源进线端。若仅做短路保护用,应装在控制开关的出线端。

(7) 安装熔断器除保证适当的电气距离外,还应保证安装位置间有足够的间距,以便于拆卸、更换熔体。

**4. 熔断器的文字符号和图形符号**

熔断器的文字符号为 FU,图形符号如图 10.27 所示。

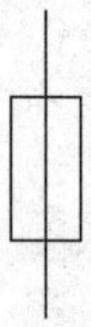

**5. 熔断器的选择原则**

熔断器的选择主要是选择熔断器类型、熔断器额定电压、熔断器额定电流及熔体的额定电流等。

图 10.27　熔断器符号

(1) 熔断器类型的选择。根据负载的保护特性、短路电流大小、使用场合、安装条件和各类熔断器的适用范围等来选择熔断器类型。

(2) 熔断器额定电压的选择。熔断器额定电压应大于或等于线路的工作电压。

(3) 熔体额定电流的确定。

① 对于电阻性负载,熔体的额定电流等于或略大于电路的工作电流。

② 对于电容器设备的容性负载,熔体的额定电流应大于电容器额定电流的 1.6 倍。

③ 对于电动机负载,要考虑启动电流冲击的影响,计算方法如下。

a. 对于单台电动机:

$$I_{NF} \geqslant (1.5 \sim 2.5) I_{NM}$$

式中:$I_{NF}$ 为熔体额定电流(A);$I_{NM}$ 为电动机额定电流(A)。

b. 对于多台电动机:

$$I_{NF} \geqslant (1.5 \sim 2.5) I_{NMmax} + \sum I_{NM}$$

式中:$I_{NMmax}$ 为容量最大一台电动机额定电流(A);$\sum I_{NM}$ 为其余各台电动机额定电流之和(A)。

(4) 熔断器额定电流的确定。熔断器的额定电流应大于或等于熔体的额定电流。

(5) 额定分断能力的选择。额定分断能力必须大于电路中可能出现的最大短路电流。

(6) 熔断器上、下级的配合。为满足选择保护的要求,应注意熔断器上、下级之间的配合,为此要求两级熔体额定电流的比值不小于 1.6∶1。

## 10.1.7　自动空气断路器

自动空气断路器又称自动开关或自动空气开关,是一种既能作开关用,又具有电路自动保护功能的低压电器。它相当于刀开关、熔断器、热继电器、过电流继电器和欠电压继电器的组合,是一种既有手动开关作用又能自动进行欠电压、失电压、过载和短路保护的电器。它是低压配电网络中非常重要的保护电器,且在正常条件下,也可用于不频繁地接通和分断电路及频繁地启动电动机。当电路发生过载、短路以及失电压或欠电压等故障时,自动空气断路器能自动切断故障电路。

自动空气断路器与接触器不同的是:接触器允许频繁地接通和分断电路,但不能分断短路电流;而自动空气断路器不仅可分断额定电流、一般故障电流,还能分断短路电流,但单位时间内允许的操作次数较低。图10.28所示为常见自动空气断路器的外观图。

图 10.28 自动空气断路器外观图

### 1. 自动空气断路器的结构及工作原理

自动空气断路器主要由操作机构、触头、保护装置(各种脱扣器)、灭弧系统等组成。具体如图 10.29 所示。

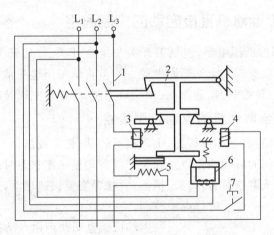

图 10.29 自动空气断路器工作原理图

1—主触头;2—自由脱扣机构;3—过电流脱扣器;4—分励脱扣器;5—热脱扣器;6—欠电压脱扣器;7—启动按钮

自动空气断路器的主触头1是靠手动操作或电动合闸的。主触头1闭合后,自由脱扣机构2将主触头锁定在合闸位置上。过电流脱扣器3的线圈和热脱扣器5的发热元件与主电路串联,欠电压脱扣器6的线圈和电源并联。当电路发生短路或严重过载时,过电流脱扣器3的衔铁吸合,使自由脱扣机构2动作,主触点断开主电路。当电路过载时,热脱扣器5的发热元件发热使双金属片向上弯曲,推动自由脱扣机构2动作。当电路欠电压时,欠电压脱扣器6的衔铁释放,也使自由脱扣机构2动作。分励脱扣器4则作为远距离控制用,在正常工作时,其线圈是断电的,在需要远距离控制时,按下启动按钮,使线圈通电,衔铁带动自由脱扣机构2动作,使主触点断开。

**2. 自动空气断路器的文字符号及图形符号**

自动空气断路器的文字符号为 QF,图形符号如图 10.30 所示。

**3. 自动空气断路器的选用**

自动空气断路器的选用要注意以下几点。

(1)自动空气断路器的额定电压和额定电流应大于或等于线路、设备的正常工作电压和工作电流。

(2)自动空气断路器的极限通断能力大于或等于电路最大短路电流。

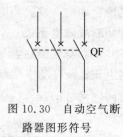

图 10.30　自动空气断路器图形符号

(3)欠电压脱扣器的额定电压等于线路的额定电压。

(4)过电流脱扣器的额定电流大于或等于线路的最大负载电流。

## 思考与练习

10.1.1　在使用和安装刀开关时,应注意些什么?铁壳开关的结构特点是什么?

10.1.2　接触器是怎样选择的?主要考虑哪些因素?

10.1.3　热继电器在电路中的作用是什么?带断相保护和不带断相保护的三相式热继电器各用在什么场合?

10.1.4　熔断器的额定电流、熔体的额定电流和熔体的极限分断电流三者有何区别?

10.1.5　自动空气断路器具有哪些脱扣装置?试分别说明其功能。

## 10.2　笼型异步电动机直接启动的控制线路

10.1 节学习了常用的低压电器,包括刀开关与组合开关、按钮开关、交流接触器、电磁继电器、热继电器、熔断器以及自动空气断路器等。本节将学习用这些常用低压电器来控制笼型电动机直接启动,包括点动控制、长动控制、正反转控制、行程控制以及时间控制等。

### 10.2.1　笼型异步电动机的点动控制线路

点动俗称"点车",其特点是按下按钮,电动机就转动,松开按钮,电动机就停转。点动控制一般适合于电动机短时间的启动操作以及在生产设备调整工作状态时的应用。在日常生产实践中机床常常需要试车或调整对刀,刀架、横梁、立柱等需要快速移动,这时就需要电动机能够进行点动控制。

另一种生产机械电动葫芦用点动控制方式主要是为了操作者与操作设备的安全,以及操作的简单便捷。电动葫芦装有上、下、左、右四个按钮,按住任意一个按钮,吊钩会按所指示方向运行,松开该按钮,吊钩就停止不动了。也就是说,要想得到预想的行进位移,必须维持该方向上按钮的闭合状态。由此,通过点动控制,电动葫芦可以到达平面内任意一点位置。

**1. 电路结构**

图 10.31 是采用接触器控制的单向运行点动控制线路,分为主电路和控制电路两大部分。主电路由接触器的主触点接通与断开。控制电路由按钮、接触器吸引线圈组成,通过控

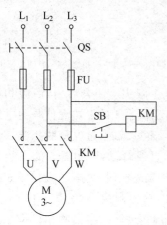

图 10.31　单向运行点动控制线路

制接触器线圈的通断电,来实现对主电路的通断控制。

**2. 工作原理**

(1) 主电路:由电路可知,当 QS 合上后,只有控制接触器 KM 的触头合上或断开时,才能控制电动机接通或断开电源而启动运行或停止运行,即要求控制回路能控制 KM 的动合主触头合上或断开。

(2) 控制电路:当 QS 合上后,回路两端有电压。初始状态时,接触器 KM 的线圈失电,其动合主触头和动合辅助触头均为断开状态。电路工作原理如下。

① 启动:合上电源开关 QS,按下启动按钮 SB,接触器 KM 线圈通电,主触点闭合后,电动机接通电源启动。

② 停止:松开启动按钮 SB,接触器 KM 线圈失电,主触点断开后,电动机脱离电源停止转动。

**3. 保护环节**

图 10.31 中熔断器 FU 串联在主电路中,起短路保护作用。刀开关 QS 起隔离电源的作用,当更换熔断器、检修电机和控制线路时,用它断开电源,确保操作安全。

## 10.2.2　笼型异步电动机的长动控制线路

长动控制也叫连续运行控制或自锁控制,其特点是按下某一启动按钮,电动机就单向运行,当松开启动按钮时,电动机保持单向运行状态,直到按下停止按钮,电动机才停止运转。为使电动机启动后能连续运行,必须采用自锁环节。自锁控制一般用于单方向运转的小功率电动机的控制,如自动旋转门、小型水泵,以及各类普通机床的主轴控制等机械设备,要求线路具有电动机连续运转控制功能。以车床为例,车床在进行机加工时,其主轴带动工件的旋转,通过对刀具的调整,进行切削加工。在加工过程中,主轴电动机需要连续稳定的旋转,从而得到预期的加工效果。

**1. 电路结构**

图 10.32 所示为三相异步电动机单向连续运行控制线路。图中由刀开关 QS、熔断器 $FU_1$、接触器 KM 的主触点、热继电器 FR 的发热元件以及电动机 M 构成主电路。

停止按钮 $SB_1$、启动按钮 $SB_2$、接触器 KM 的吸引线圈及其常开辅助触点、热继电器 FR 的常闭触点以及熔断器 $FU_2$ 构成控制电路。与图 10.31 单向运行点动控制线路的区别在于电

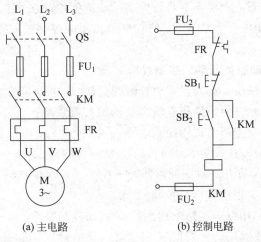

(a) 主电路　　　　　　　(b) 控制电路

图 10.32　三相异步电动机单向连续运行控制线路

路中增加了一个停止按钮 $SB_1$ 和接触器 KM 的常开辅助触点(该触点与启动按钮 $SB_2$ 并联)。同时设置了用于过载保护的热继电器 FR,其发热元件串接在主电路中,而常闭触点串接在控制电路中。

**2. 工作原理**

(1) 启动:合上电源开关 QS,按下启动按钮 $SB_2$,接触器 KM 吸引线圈通电,KM 的主触点闭合,电动机 M 启动。同时与 $SB_2$ 并联的 KM 常开辅助触点闭合,相当于将 $SB_2$ 短接,所以当松开启动按钮 $SB_2$ 后,KM 吸引线圈仍然通电,电动机继续运行,实现长动。这种依靠接触器自身的辅助触点来使其线圈保持通电的电路,称为自锁或自保电路,起自锁作用的常开辅助触点称自锁触点。

(2) 停止:按下停止按钮 $SB_1$,切断 KM 吸引线圈电路,使线圈失电,常开触点全部断开,切断主电路和控制电路,电动机 M 停转。当松开停止按钮 $SB_1$ 后,控制电路已经断开,只有再次按下启动按钮 $SB_2$,电动机才能重新启动。

**3. 保护环节**

(1) 熔断器 $FU_1$、$FU_2$ 分别串联在主电路和控制电路中,起短路保护作用,但是不起过载保护作用。

(2) 热继电器 FR 具有过载保护作用。电动机在较长时间过载下 FR 才动作,其常闭触点断开,使接触器 KM 吸引线圈断电,主触点断开,切断电动机的电源,实现了过载保护。

(3) 接触器 KM 具有欠压和失压(零压)保护功能,此功能是依靠接触器的电磁机构来实现的。因为电动机的电磁转矩与电压的平方成正比($T \propto U^2$),所以当电动机正常启动后,由于某种原因而使电源电压过分降低时,会使电动机的转速大幅度下降,最终使绕组电流大大增加。如果电动机长时间在这种欠压状态下工作,将会使电动机严重损坏。为防止电动机在欠压状态下工作的保护叫作欠压保护。当因某种原因电源电压突然消失而使电动机停转,那么,电源电压恢复时,电动机不应自行启动,否则可能造成人身事故或设备事故,这种保护称为失压保护(也称零电压保护)。

在本电路中,当电动机运行时,若电源电压降至额定电压的 85% 以下或失压时,接触器吸引线圈产生的磁通大为减小,电磁吸力不够,接触器所有常开触点均断开,自锁作用也解除,电动机脱离电源而停转,所以,接触器具有欠压保护功能。当电源电压恢复正常时,接触器的吸引线圈不能自动通电,因而电动机不会自行启动。可避免各种意外事故发生。所以,接触器还具有失压(零电压)保护功能。由此可见,带有自锁功能的控制线路都具有欠压和失压(零电压)保护功能。

**4. 单向运行既能点动也能长动的控制线路**

实际生产中,同一机械设备有时候需要长时间运转,即电动机持续工作,有时候需要手动控制间断工作,这就需要能方便地操作点动和长动的控制线路。图 10.33 所示电路是既能实现点动,同时也能实现长动控制的常用控制电路。

(1) 图 10.33(a)是带转换开关 SA 的长动-点动控制线路。

当需要点动时,将 SA 打开→自锁回路断开→按下 $SB_2$ 实现点动。若需长期运行,合上开关 SA,将自锁触点接入,实现连续运行控制。

(2) 图 10.33(b)是利用复合按钮实现的长动-点动控制线路。

当按下 $SB_2$ 时实现连续运转。当按下 $SB_3$ 时→常闭触点先断开→自锁回路断开→常开触点闭合→实现点动控制。

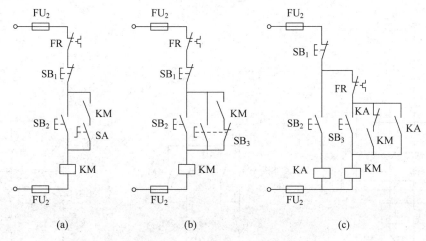

图 10.33 长动-点动控制线路

（3）图 10.33(c)是利用中间继电器实现的长动-点动控制线路。

① 当按下 SB$_2$ 时→继电器 KA 线圈得电→辅助常闭触点断开自锁回路；同时辅助常开触点闭合→接触器 KM 线圈得电→电动机 M 得电启动运转。

② 当松开 SB$_2$ 时→中间继电器 KA 线圈失电→常开触点分断→接触器 KM 线圈失电→电动机 M 失电停机，实现点动控制。

③ 当按下 SB$_3$ 时→接触器 KM 线圈得电并自锁→KM 主触点闭合→电动机 M 得电连续运转。需要停机时，按下 SB$_1$ 即可。

综上所述，电动机长动与点动控制的关键环节是自锁触点是否接入。若能实现自锁，则电动机连续运转；若断开自锁回路，则电动机实现点动控制。

**5. 多地控制线路**

在大型生产设备上，为使操作人员在不同位置均能进行启、停操作，常常要求组成多地控制线路。其接线的原则是将各启动按钮的常开触点并联，各个停止按钮的常闭触点串联，分别安装在不同的地方，即可进行多地操作。如图 10.34 所示为多地控制线路。其中 SB$_2$、SB$_3$、SB$_4$ 均为启动按钮，SB$_1$、SB$_5$、SB$_6$ 均为停止按钮。

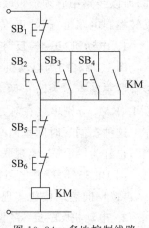

图 10.34 多地控制线路

### 10.2.3 笼型异步电动机的正反转控制线路

在生产上往往要求运动部件向正、反两个方向运动。例如，机床工作台的前进与后退，主轴的正转与反转，起重机的提升与下降等。根据电动机工作原理可知，只要改变电动机电源相序（即交换三相电源进线中的任意两根相线）就能改变电动机的转向。

为此可用两个接触器的主触点来对调电动机定子绕组电源的任意两根接线，就可实现电动机的正、反转。图 10.35 所示为电动机的正、反转控制线路。其中图 10.35(a)为主电路，当接触器 KM$_1$ 工作时，KM$_1$ 的三对主触点把三相电源和电动机的定子绕组按顺相序 L$_1$、L$_2$、L$_3$ 连接，电动机正转。当接触器 KM$_2$ 工作时，KM$_2$ 的三对主触点把三相电源和电动机的定子绕组按反相序 L$_3$、L$_2$、L$_1$ 连接，电动机反转。

但是，如果两个接触器同时工作，那么从图中可以看到，将由两根电源线通过它们的主触

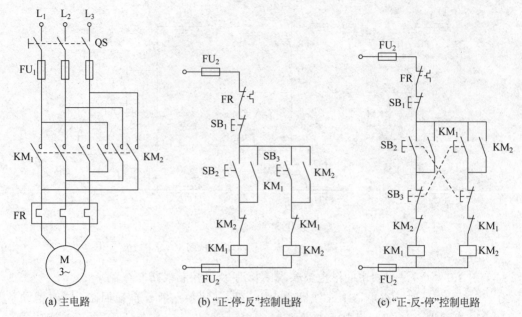

(a) 主电路      (b) "正-停-反"控制电路      (c) "正-反-停"控制电路

图 10.35 三相异步电动机正反转控制电路

点而将电源短路了。所以对正反转控制电路最根本的要求是：保证两个接触器不能同时工作，所以线路中必须加设联锁机构。按照电动机正、反转操作顺序的不同，三相异步电动机正、反转控制电路可分为"正-停-反"和"正-反-停"两种控制电路。

**1. 电动机"正-停-反"控制电路**

图 10.35(b)为电动机"正-停-反"控制电路，主电路中，$KM_1$、$KM_2$ 分别为实现正、反转的接触器主触点。为防止两个接触器同时得电而导致电源短路，利用两个接触器的常闭触点 $KM_1$、$KM_2$ 分别串接在对方的工作线圈电路中，构成相互制约关系，以保证电路安全可靠的工作。这种在同一时间里两个接触器只允许其中一个接触器工作的相互制约的关系，称为"联锁"，也称为"互锁"，实现联锁的常闭辅助触点称为联锁(或互锁)触点。

图 10.35(b)控制电路作正、反转操作控制时，必须先按下停止按钮 $SB_1$，工作接触器断电后，再按反向启动按钮实现反转，故它具有"正-停-反"控制特点。

**2. 电动机"正-反-停"控制电路**

在实际应用中，为提高工作效率，减少辅助工时，要求直接实现正、反转的控制。图 10.35(c)所示为电动机"正-反-停"控制电路。

在图 10.35(c)中采用复合按钮来控制电动机的正、反转。在这个控制电路中，正转启动按钮 $SB_2$ 的常开触点串接于正转接触器 $KM_1$ 线圈回路，用于接通 $KM_1$ 线圈；而 $SB_2$ 的常闭触点则串接于反转接触器 $KM_2$ 线圈回路中，首先断开 $KM_2$ 的线圈，以保证 $KM_1$ 的可靠得电。反转启动按钮 $SB_3$ 的接法与 $SB_2$ 类似，常开触点串接于反转接触器 $KM_2$ 线圈回路；常闭触点串接于 $KM_1$ 线圈回路中，从而保证按下 $SB_3$，$KM_2$ 能可靠得电，实现电动机的反转。

图 10.35(b)中由接触器 $KM_1$、$KM_2$ 常闭触点实现的互锁称为"电气互锁"；图 10.35(c)中由复合按钮 $SB_2$、$SB_3$ 常闭触点实现的互锁称为"机械互锁"。图 10.35(c)中既有"电气互锁"，又有"机械互锁"，故称为"双重互锁"。此种控制电路工作可靠性高，操作方便，为电力拖动系统所常用。

#### 10.2.4 行程控制

生产中由于工艺和安全的要求,常常需要控制某些机械的行程和位置。例如,某些运动部件(如机床工作台)在工艺上要求进行往复运动加工产品,这就要对其进行位置和行程、自动换向、往复循环、终端限位保护等进行控制。因此,电动机行程控制就是按运动部件移动的距离通过行程开关发出指令的一种控制方式,是机械设备应用较广泛的控制方式之一。

**1. 行程开关**

用于检测工作机械的位置,发出命令以控制其运行方向或行程长短的主令电器,称为行程开关或位置开关。将位置开关安装于生产机械行程终点处,可限制其行程,因此行程开关也称为限位开关或终点开关。

行程开关的工作原理和按钮相同,区别在于它不靠手的按压,而是利用生产机械运动部件的挡铁碰压而使触点动作。行程开关按结构分为机械结构的接触式有触点行程开关和电气结构的非接触式接近开关。

(1) 有触点行程开关

机械结构的接触式行程开关靠移动物体碰撞其可动部件使常开触头接通、常闭触头分断,实现对电路的控制。移动物体(或工作机械)一旦离开,行程开关复位,其触点恢复为原始状态。机械结构的接触式行程开关按其结构可分为直动式、滚轮式和微动式三种。图 10.36 为几种行程开关的实物图。图 10.37 为直动式、滚轮式和微动式三种行程开关的内部结构。

(a) 直动式　　　　　(b) 单轮滚轮式　　　　(c) 双轮滚轮式

图 10.36　行程开关的实物图

直动式行程开关的结构原理如图 10.37(a)所示。它的动作原理与按钮相同。但它的缺点是触点分合速度取决于生产机械的移动速度,当移动速度低于 0.4m/min 时触点分断太慢,易受电弧烧伤。为此,应采用有盘形弹簧机构瞬时动作的滚轮式行程开关,如图 10.37(b)所示。当生产机械的行程比较小而作用力也很小时,可采用具有瞬时动作和微小动作的微动行程开关,如图 10.37(c)所示。

实际应用中,行程开关的选择主要从以下几个方面考虑。

① 根据应用场合及控制对象选择。

② 根据安装环境选择防护类型,如开启式或保护式。

③ 根据控制回路的电压和电流选择行程开关系列。

④ 根据机械与行程开关的传力与位移关系选择合适的头部类型。

(2) 无触点行程开关

无触点行程开关又称接近开关,是当运动的金属片与开关接近到一定距离时发出接近信

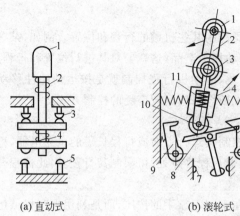

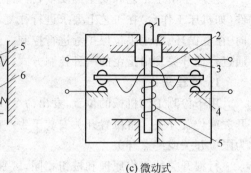

| (a) 直动式 | (b) 滚轮式 | (c) 微动式 |
|---|---|---|
| 1—顶杆；2—弹簧；3—常闭触点；<br>4—触点弹簧；5—常开触点 | 1—滚轮；2—上轮臂；3,5,11—弹簧；<br>4—套架；6,9—压板；7—触点；<br>8—触点推杆；10—小滑轮 | 1—推杆；2—弯形片状弹簧；<br>3—常开触点；4—常闭触点；<br>5—复位弹簧 |

图 10.37　行程开关的内部结构

号,以不直接接触方式进行控制。无触点行程开关具有工作稳定可靠,寿命长,重复定位精度高等特点。它不仅用于行程控制、限位保护等,还可用于高速计数、测速、检测零件尺寸、液面控制、检测金属体的存在等。

① 无触点行程开关的主要技术参数有工作电压、输出电流、动作距离、重复精度以及工作响应频率等。主要系列型号有 LJ2、LJ6、LXJ6 和 3SG、LXT3 等。

② 按工作原理分,接近开关有高频振荡型、电容型、电磁感应型、永磁型与磁敏元件型等。其中以高频振荡型最常用。图 10.38 为两种无触点行程开关的实物图。

③ 晶体管停振型接近开关属于高频振荡型。高频振荡型接近信号的发生机构实际上是一个 LC 振荡器,其中 L 是电感式感辨头。当金属检测体接近感辨头时,在金属检测体中将产生涡流,由于涡流的去磁作用使感辨头的等效参数发生变化,改变振荡回路的谐振阻抗和谐振频率,使振荡停止,并以此发出接近信号。LC 振荡器由 LC 谐振回路、放大器和反馈电路构成。LC 振荡器按反馈方式可分为电感分压反馈式、电容分压反馈式和变压器反馈式等。

图 10.38　两种无触点行程开关实物图

图 10.39 所示为晶体管停振型接近开关电路的方框图。

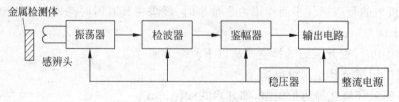

图 10.39　晶体管停振型接近开关电路的方框图

④ 晶体管停振型接近开关的实际电路。

图 10.40 所示为晶体管停振型接近开关的实际电路。图中采用了电容式三点式振荡器,感辨头仅有两根引出线,因此也可作为分离式结构。由 $C_2$ 取出的反馈电压经 $R_2$ 和 $R_f$ 加到

晶体管 $V_1$ 的基极和发射极两端,取分压比等于1,即 $C_1 = C_2$,其目的是能够通过改变 $R_f$ 来调整开关的动作距离。由 $V_2$、$V_3$ 组成的射极耦合触发器不仅用作鉴幅,同时也起电压和功率放大作用。$V_2$ 的基射结还兼作检波器。为了减轻振荡器的负担,选用较小的耦合电容 $C_3$ (510pF)和较大的耦合电阻 $R_4$(10kΩ)。振荡器输出的正半周电压使 $C_3$ 充电。负半周 $C_3$ 经过 $R_4$ 放电,选择较大的 $R_4$ 可减小放电电流,由于每周内的充电量等于放电量,所以较大的 $R_4$ 也会减小充电电流,使振荡器在正半周的负担减轻。但是 $R_4$ 也不应过大,以免 $V_2$ 基极信号过小而在正半周内不足以饱和导通。检波电容 $C_4$ 不接在 $V_2$ 的基极而接在集电极上,其目的是为了减轻振荡器的负担。由于充电常数 $R_5C_4$ 远大于放电时间常数($C_4$ 通过半波导通向 $V_2$ 和 $V_7$ 放电),因此当振荡器振荡时,$V_2$ 的集电极电位基本等于其发射极电位,并使 $V_3$ 可靠截止。当有金属检测体接近感辨头 $L$ 使振荡器停振时,$V_3$ 的导通因 $C_4$ 充电约有数百微秒的延迟。$C_4$ 的另一作用是当电路接通电源时,振荡器虽不能立即起振,但由于 $C_4$ 上的电压不能突变,使 $V_3$ 不致有瞬间的误导通。

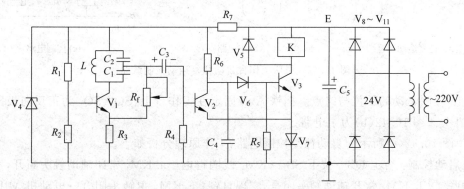

图 10.40　晶体管停振型接近开关的实际电路

⑤ 无触点行程开关的选用主要考虑以下三点。

a. 因价格高,仅用于工作频率高,可靠性及精度要求均较高的场合。

b. 按应答距离要求选择型号、规格。

c. 按输出要求的触点形式(有触点、无触点)及触点数量,选择合适的输出形式。

**2. 行程开关的文字符号与图形符号**

行程开关的文字符号为 SQ,图形符号如图 10.41 所示。

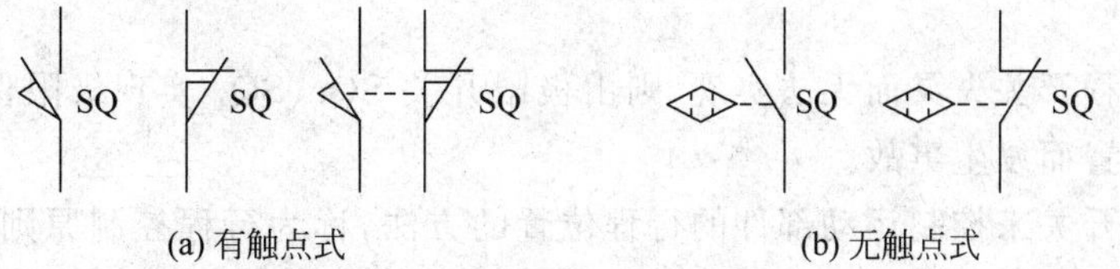

<table>
<tr><td>SQ</td><td>SQ</td><td>SQ</td><td>SQ</td><td>SQ</td></tr>
</table>

(a) 有触点式　　　　　　　　　　(b) 无触点式

图 10.41　行程开关图形符号

**3. 具有自动往返的正、反转控制线路**

在实际应用中,有些生产机械的工作台需要自动往复运动,如龙门刨床、导轨磨床等。自动往返的可逆运行通常是利用行程开关来检测往返运动的相对位置,进而控制电动机的正反转来实现生产机械的往复运动,如图 10.42 所示。

(1) 图 10.42(a)所示为机床工作台往复运动示意图。行程开关 $SQ_1$、$SQ_2$ 分别固定安装

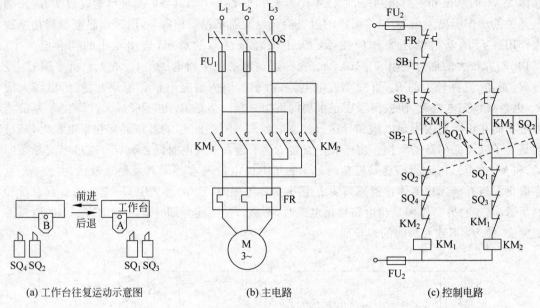

(a) 工作台往复运动示意图　　　　　　(b) 主电路　　　　　　　(c) 控制电路

图 10.42　机床工作台自动往复运动控制线路

在床身上,反映运动的原位与终点。挡铁 A、B 固定在工作台上,$SQ_3$、$SQ_4$ 为正反向极限保护用行程开关。图 10.42(b)为主电路。

(2) 图 10.42(c)所示为自动往复控制电路,工作原理分析如下。

① 启动控制:合上 QS→按下 $SB_2$→$KM_1$ 线圈得电→a. $KM_1$ 常闭辅助触头断开,实现与 $KM_2$ 的联锁;b. $KM_1$ 常开辅助触头闭合,实现自锁;c. $KM_1$ 主触头闭合→电动机 M 得电→电动机正转,工作台向前运动→当挡铁 B 压下 $SQ_2$→a. $SQ_2$ 常闭触头断开,$KM_1$ 线圈断电,从而 $KM_1$ 常闭触头闭合;b. $SQ_2$ 常开触头闭合→$KM_2$ 线圈得电→a. $KM_2$ 常闭辅助触头断开,实现与 $KM_1$ 的联锁;b. $KM_2$ 常开辅助触头闭合,实现自锁;c. $KM_2$ 主触头闭合→电动机 M 得电→电动机反转,工作台向后运动→当挡铁 A 压下 $SQ_1$→a. $SQ_1$ 常闭触头断开,$KM_2$ 线圈断电,从而 $KM_2$ 常闭触头闭合;b. $SQ_1$ 常开触头闭合→$KM_1$ 线圈得电→如此周而复始,实现工作台的自动往返运动。

② 停机控制:按下 $SB_1$→$KM_1$、$KM_2$ 线圈失去电源→电动机 M 断电→电动机停机,工作台停止运动。

若换向因行程开关失灵而无法实现,则由极限开关 $SQ_3$、$SQ_4$ 实现极限保护,避免运动部件因超出极限位置而发生事故。

上述用行程开关来控制运动部件的行程位置的方法,称为行程控制原则。行程控制原则是机械设备自动化和生产过程自动化中应用最广泛的控制方法之一。

### 10.2.5　时间控制

生产中,很多加工和控制过程是以时间为依据进行控制的。例如,工件加热时间控制,电动机按时间先后顺序启动、停机控制等,这类控制都是利用时间继电器来实现的。本小节先介绍时间继电器,然后介绍其应用实例。

**1. 时间继电器**

时间继电器是一种延时动作的继电器,它从得到输入信号(即线圈通电或断电)开始,经过一定的延时后才输出信号(延时触点状态变化)。此延时时间可按需要预先设定,以协调和控制生产机械的各种动作。

(1) 时间继电器的触头系统有延时动作触头和瞬时动作触头两种类型。其中瞬时动作触头又分常开触头和常闭触头两种,延时动作触头又分通电延时型和断电延时型两种。

(2) 延时间继电器种类很多,可分为以下几种类型。

① 按功能可分为通电延时型和断电延时型两种类型。

a. 通电延时型,就是当接受输入信号后延迟一定时间,输出信号才发生变化;当输入信号消失后,输出瞬时复原。

b. 断电延时型,则是当接受输入信号时,瞬时产生相应的输出信号;当输入信号消失后,延迟一定的时间,输出信号才复原。

② 按原理可分为电磁式、空气阻尼式、电动式和电子式等类型。图10.43为几种常用时间继电器的实物图。本小节以电子式时间继电器为例进行介绍。

(a) 空气阻尼式时间继电器(JS7系列)

(b) 晶体管式时间继电器(JS14)

(c) 数字式时间继电器(JSS14)

(d) JSM8时间继电器

图 10.43 几种常用时间继电器的实物图

(3) 带瞬动触点的时间继电器电路。图10.44是JS20型带瞬动触点的时间继电器电路。与不带瞬动触点的电路相比,带瞬动触点的电路增加了一个瞬时动作的继电器,采用了电阻降压法取代原来的电源变压器。延时和瞬时动作的两个继电器均采用交流继电器。延时继电器$K_1$由接在桥式整流直流侧的晶闸管控制。接通电源,$K_2$吸合,同时交流电源经降压,$V_3$、$V_5$整流和$C_1$滤波之后向延时电路提供直流稳压电源。当$K_1$吸合后,利用其常开触点将晶闸管VT短接,使VT以前的电路不再有电压和电流,从而提高了电路的可靠性。电路还利用$K_2$的一对常闭触点将电容$C_2$短接,这样电源在任何情况下断电,电容上电压总能在断电后立即迅速放电。

(4) 时间继电器的文字符号为KT,图形符号如图10.45所示。

(5) 时间继电器的选择应考虑以下几个方面的因素。

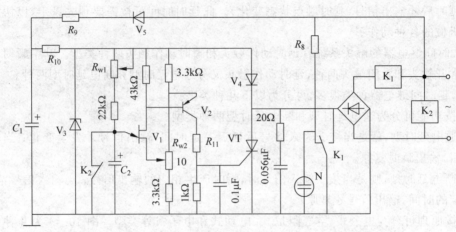

图 10.44　JS20 型带瞬动触点的时间继电器电路

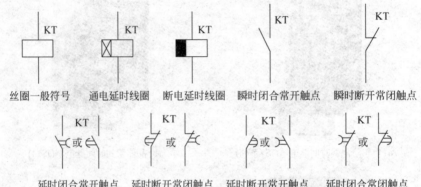

图 10.45　时间继电器的图形符号

① 根据控制电路对延时触点的要求选择延时方式,即通电延时型或断电延时型。

② 根据延时范围和精度要求选择继电器类型。

③ 根据使用场合、工作环境选择时间继电器的类型。如电源电压波动大的场合可选空气阻尼式或电动式时间继电器,电源频率不稳定场合不宜选择电动式。环境温度变化大的场合不宜选用空气阻尼式和电子式时间继电器。

**2. 定子绕组串电阻降压启动自动控制电路**

降压启动也叫减压启动,是指利用启动设备将电压适当降低后加到电动机的定子绕组上进行启动,待电动机启动运转后,再使其电压恢复到额定值正常运行。由于电流随电压的降低而减小,从而达到限制启动电流的目的。由于电动机转矩与电压平方成正比,故降压启动将导致电动机启动转矩大为降低,因此降压启动适用于空载或轻载下启动。

(1) 三相笼型异步电动机常用的降压启动方法有四种,分别是定子绕组中串接电阻降压启动、Y-△降压启动、自耦变压器降压启动和延边三角形降压启动。

(2) 定子绕组串电阻降压启动自动控制电路。

① 图 10.46 是定子绕组串电阻降压启动自动控制电路。电动机启动时在三相定子绕组中串接电阻,使定子绕组上电压降低,启动结束后再将电阻短接,使电动机在额定电压下运行。图中 $KM_1$ 为接通电源接触器,$KM_2$ 为短接电阻接触器,KT 为启动时间继电器,R 为降压启

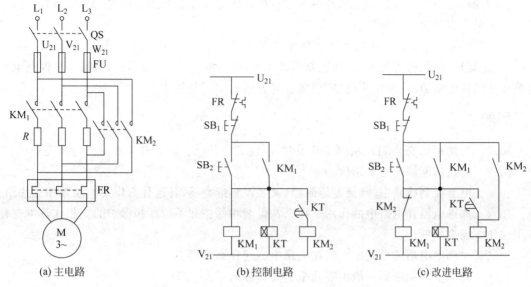

图 10.46    定子绕组串电阻降压启动控制电路

动电阻,FR 为过载保护用热继电器,FU 为短路保护用熔断器。

② 电路工作原理如下:合上电源开关 QS,按下启动按钮 $SB_2$,接触器 $KM_1$ 通电并自锁,同时时间继电器 KT 通电,电动机定子串入电阻 $R$ 进行降压启动。经过一段时间延时后,时间继电器 KT 的常开延时触点闭合,接触器 $KM_2$ 通电,三对主触点将主电路中的启动电阻 $R$ 短接,电动机进入全电压运行。KT 的延时长短根据电动机启动过程时间长短来调整。

③ 本电路正常工作时,$KM_1$、$KM_2$、KT 均工作,不但消耗了电能,而且增加了出现故障的可能性。若发生时间继电器 KT 常开触点不动作的故障,将使电动机长期在降压下运行,造成电动机无法正常工作,甚至烧毁电机。若在电路中作适当修改,可使电动机启动后,只有 $KM_2$ 工作,$KM_1$、KT 均断电,从而达到减少回路损耗的目的。图 10.46(b)所示线路就解决了这个问题。当 $KM_2$ 线圈得电后,其常闭触点将断开,使 $KM_1$ 线圈断电并失去自保,从而使时间继电器 KT 断电。即电动机正常工作时,只有 $KM_2$ 线圈通电工作。其具体的工作原理请读者自行分析。

## 思考与练习

10.2.1    点动和长动有什么不同?各应用在什么场合?同一电路如何实现既有点动又有长动的控制?

10.2.2    什么是失压保护和欠压保护?哪些电器可以实现欠压保护和失压保护?

10.2.3    为什么说带有自锁功能的控制线路都具有欠压和失压(零电压)保护功能?

10.2.4    在可逆运转(正反转)控制电路中,为什么采用了按钮的机械互锁还要采用电气互锁?

10.2.5    三相笼型异步电动机的降压启动有哪些方法?各适用于什么场合?

## 本章小结

本章主要介绍了常用低压电器和笼型异步电动机直接启动的控制电路。

(1) 常用低压电器部分主要包括刀开关、组合开关、按钮开关、交流接触器、电磁式继电器、热继电器、熔断器以及自动空气开关等。每种低压电器重点介绍其结构、原理、型号、规格、选择和使用等方面的知识和技能。

（2）笼型异步电动机直接启动的控制电路部分主要包括笼型异步电动机的点动控制、长动控制、正反转控制、行程控制、时间控制等基本控制电路。大家在学习时，对每一种控制电路应重点掌握其电路结构、工作原理、应用场合等方面的知识和技能。

### 习题

10.1 在使用和安装 HK 系列刀开关时，应注意些什么？铁壳开关的结构特点是什么？

10.2 简述熔断器的主要结构。

10.3 电器控制线路中，既装设熔断器，又装设热继电器，各起什么作用？能否相互代用？

10.4 热继电器在电路中的作用是什么？带断相保护和不带断相保护的三相式热继电器各用在什么场合？

10.5 时间继电器和中间继电器在电路中各起什么作用？

10.6 自动空气断路器一般由哪几个主要部件组成？

第 11 章 ——————————————————— **Chapter 11**

# 工厂供电与安全用电

第 11 章微课

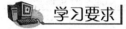 学习要求

本章介绍电力系统的组成和工厂供电系统的组成,触电的定义和分类,电流对人体的影响,人体触电的方式、触电的急救以及触电预防,重点介绍安全用电的基本技能和预防措施。

(1)了解电能的产生和输送,掌握电力系统的组成及各部分的作用。

(2)理解工厂供电系统的组成。

(3)掌握触电的定理和分类,理解电流对人体影响因素。

(4)了解人体触电的几种主要方式,以及触电事故现场急救的方法;了解触电预防的主要技术措施。

## 11.1 发电、输电概述

### 11.1.1 电能的产生

电能被动力、照明、化学、纺织、通信和广播等诸多领域广泛应用,是现代工业生产、科学技术发展和人民经济飞跃的主要动力,在人们的生活中起到重大的作用。

电能是由发电厂生产的。发电厂的修建通常选择燃料、水力丰富的地方,但与用户的距离就比较远,发电厂生产电能后,为了降低输电线路的电能损耗和提高传输效率,需要经过升压变压器升压,再经输电线路传输。电能经高压输电线路送到距离用户较近的变电所,经变电所降压后再分配给用户使用。这就是发电、变电输电、配电和用电的完整过程。其中,连接发电厂和用户之间的环节称为电力网。发电厂、电力网和用户组成的统一整体称为电力系统,实现电能的生产、传输与分配,如图 11.1 所示。

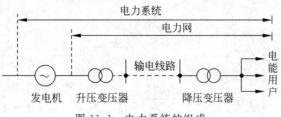

图 11.1 电力系统的组成

### 11.1.2 电力系统

**1. 发电厂**

发电厂即生产电能的工厂,它将水力、火力、风力、核能和沼气等非电形式的能量转换成电能,是整个电力系统的核心。

电能是二次能源,根据转换电能的一次能源不同,发电厂可分为以下几类,如表 11.1 所示。

表 11.1  发电厂的分类

| 项　目 | 发电厂类型 | | | | |
|---|---|---|---|---|---|
| | 火力发电厂 | 水力发电厂 | 核电厂 | 风力发电厂 | 太阳能发电厂 |
| 一次能源 | 煤、油、天然气 | 水势能 | 原子能 | 风能 | 太阳能 |
| 基本原理 | 水流位能→机械能→电能 | 化学能→热能→机械能→电能 | 核裂变能→热能→机械能→电能 | 利用风力的动能生产电能 | 利用太阳光的热能生产电能 |

**2. 电力网**

电力网是将发电厂和用户联系起来的中间环节,一般由变电所和输电线路组成,如图 11.2 所示。

电力网的任务是将发电厂生产的电能输送、变换和分配到电能用户。

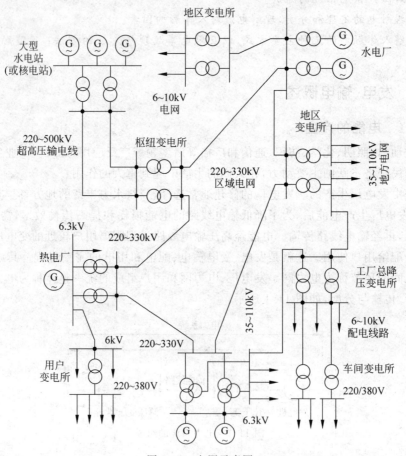

图 11.2  电网示意图

（1）输电线路是输送电能的通道，是电力系统中实施电能远距离传输的环节，是将发电厂、变电所和电力用户联系起来的纽带。

（2）变电所是接受电能、变换电压和分配电能的场所，一般可分为升压变电所和降压变电所两大类。

① 升压变电所是将低电压变换为高电压，一般建在发电厂。

② 降压变电所是将高电压变换为一个合理、规范的低电压，一般建在靠近负荷中心的地方。

电力网不同的分类如下。

（1）根据电压的高低和供电的范围大小，电力网可分为区域电网和地方电网。区域电网的范围大，电压一般在 220kV 以上；地方电网的范围小，最高电压不超过 110kV。

（2）根据电力网的结构方式可分为开式电网和闭式电网。用户从单方向得到电能的电网称为开式电网，用户从两个及两个以上方向得到电能的电网称为闭式电网。

**3. 用户**

用户是指电力系统中的用电负荷，电能的生产和传输最终是为了供给用户使用。不同用户对供电可靠性的要求是不一样的，根据用户对供电可靠性的要求以及中断供电造成的危害或影响程度，把用电负荷分为以下三级。

（1）一级负荷。这类负荷一旦中断供电，将造成人身事故，重大电气设备损坏，使生产、生活秩序很难恢复。

一级负荷的供电一般最少采用两个独立电源供电，其中一个为备用电源。特别重要的一级负荷，除备用电源之外，还应增设应急电源。

（2）二级负荷。这类负荷一旦中断供电，将造成主要电气设备损坏，造成较大经济损失，影响群众生活秩序。

二级负荷的供电，一般由两个回路供电，两个回路的电源线应尽量引自不同的变压器或两段母线。

（3）三级负荷。一级、二级负荷以外的其他负荷为三级负荷。

对于三级负荷的供电方式没有特殊要求，单电源供电即可。

**4. 电力系统的运行特点**

（1）电能的生产、输送、分配和消费是同时进行的。

（2）系统中发电机、变压器、输电线路和用电设备等的投入和撤除都是在一瞬间完成的，所以系统的暂态过程非常短暂。

## 思考与练习

11.1.1　电力系统是什么？

11.1.2　发电厂生产电能后，为什么需要经过升压变压器升压后再传输？

11.1.3　工厂供电系统对一级负荷的要求是什么？

## 11.2　工厂供电概述

### 11.2.1　工厂供电的意义和要求

工厂是电力系统中的用户，它接受从发电厂生产、经电力网传输和变换送来的电能。工厂供电，就是指工厂所需电能的供应和分配，也称作工厂配电，是企业内部的供电系统。

工厂供电工作对于发展工业生产、保证生活用电、节约能源和支援国家经济建设具有重大的作用,做好工厂供电工作,必须达到以下基本要求。

(1) 安全:在电能的供应分配和使用中,不应发生人身和设备事故。

(2) 可靠:应满足电能用户对供电的可靠性要求。

(3) 优质:应满足电能用户对电压和频率的质量要求。

(4) 经济:供电系统投资要少,运行费用要低,并尽可能地节约电能和材料。

此外,工厂供电工作还要合理地处理局部和全局、当前和长远等关系,既要照顾局部和当前利益,又要有全局观点、统筹兼顾,适应发展要求。

### 11.2.2 工厂供电系统的组成

工厂供电系统是指从工厂所需电力电源线路进厂起,到厂内高低压用电设备进线端为止的整个电路系统,包括工厂内的所有高压和低压供配电线路、变电所(包括配电所)和用电设备。

**1. 供电系统**

(1) 大、中型工厂的供电系统

① 当电源进线电压为 35kV 及以上且厂内用电容量较大和车间变电所较多时,宜设置总降压变电所。一般大、中型工厂均设有总降压变电所,把 35～110kV 电压降为 6～10kV 电压,向车间变电所或高压电动机和其他高压用电设备供电,总降压变电所通常设有一两台降压变压器。

② 当电源进线电压为 6～10kV 且厂内用电容量较大和车间变电所较多或者还有高压用电设备时,则最好设置高压配电所。在一个生产车间内,根据生产规模、用电设备的布局和用电量的大小等情况,可设立一个或几个车间变电所(包括配电所),也可以几个相邻且用电量不大的车间共用一个车间变电所。车间变电所一般设置一两台变压器(最多不超过三台),其单台容量一般为 1000kV·A 或 1000kV·A 以下(最大不超过 1800kV·A),将 6～10kV 电压降为 220/380V 电压,对低压用电设备供电。

一般大、中型工厂的供电系统如图 11.3 所示。

(2) 小型工厂的供电系统

一般小型工厂,所需容量一般为 1000kV 或稍多,只需设一个降压变电所,由电力网以 6～10kV 电压供电,其供电系统如图 11.4 所示。图 11.4(a)装有一台变压器;图 11.4(b)装有两台变压器。

**2. 变电所**

变电所中的主要电气设备是降压变压器和受电、配电设备及装置。用来接受和分配电能的电气装置称为配电装置,其中包括开关设备、母线、保护电器、测量仪表及其他电气设备等。对于 10kV 及 10kV 以下系统,为了安装和维护方便,总是将受电、配电设备及装置做成成套的开关柜。

**3. 高压和低压供配电线路**

(1) 工业企业高压配电线路主要作为厂区内输送、分配电能之用。高压配电线路应尽可能采用架空线路,因为架空线路建设投资少且便于检修维护。但在厂区内,由于对建筑物距离的要求和管线交叉、腐蚀性气体等因素的限制,不便于架设架空线路时,可以敷设地下电缆线路。

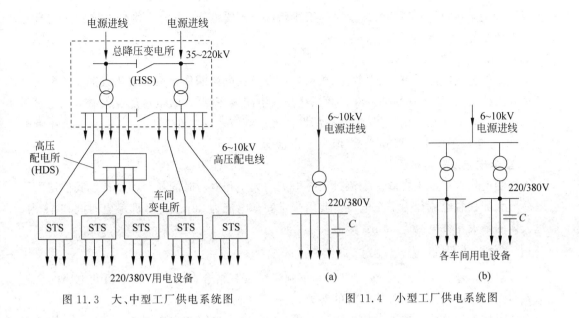

图 11.3　大、中型工厂供电系统图　　　图 11.4　小型工厂供电系统图

（2）工业企业低压配电线路主要作为向低压用电设备输送、分配电能之用。户外低压配电线路一般采用架空线路，因为架空线路与电缆相比有较多优点，如成本低、投资少、安装容易、维护和维修方便、易于发现和排除故障等。

电缆线路与架空线路相比，虽具有成本高、投资大、维修不便等缺点，但是它具有运行可靠、不易受外界影响、不需架设电杆、不占地面空间、不碍观瞻等优点，特别是在有腐蚀性气体和易燃、易爆场所，不宜采用架空线路时，则只能敷设电缆线路。随着经济发展，在现代化工厂中，电缆线路得到了越来越广泛的应用。在车间内部则应根据具体情况，或用明敷配电线路或用暗敷配电线路。

在工厂内，照明线路与电力线路一般是分开的，可采用 220/380V 三相四线制，尽量由一台变压器供电。

## 思考与练习

11.2.1　工厂供电指的是什么？

11.2.2　配电所与变电所是否一样？若不一样，有什么区别？

11.2.3　对工厂供电的要求是什么？

## 11.3　电流对人体的效应

### 11.3.1　有关术语

**1. 触电**

当人体因触碰到带电体承受过高的电压而导致死亡或局部受伤的现象称为触电。触电事故是由电流形式的能量造成的事故，是最常见的电气事故，根据伤害程度不同可分为电击和电伤两种。

（1）电击

电击是指当电流流过人体使内部器官受到损害，形成危及生命的伤害，是最危险的触电事故。电击多发生在对地电压为 220V 的低压线路或带电设备上,因为这些带电体是人们日常工作和生活中易接触到的。

(2) 电伤

电伤是指电流的热效应、化学效应、机械效应以及在电流的作用下使熔化或蒸发的金属微粒等侵入人体皮肤,使皮肤局部发红、起泡、烧焦或组织破坏,严重时也可危及人命。电伤包括电烧伤、电烙印、皮肤金属化、电光眼等局部性伤害。电伤多发生在 1000V 及以上的高压带电体上,它的危险虽不像电击那样严重,但也不容忽视。

**2. 安全电流及安全电压**

人体触电伤害程度主要取决于流过人体电流的大小和电击时间长短等因素。我们把人体触电后最大的摆脱电流称为安全电流。我国规定安全电流为 30mA·s,即触电时间在 1s 内,通过人体的最大允许电流为 30mA。

### 11.3.2　人体阻抗

人体阻抗是包括人体皮肤、血液、肌肉、细胞组织及其结合在内的含有电阻和电容的全阻抗。人体阻抗是确定和限制人体电流的参数之一。

人体阻抗等于皮肤阻抗加上体内阻抗。皮肤阻抗在人体阻抗中占有较大的比例;体内阻抗是除去表皮之后的人体阻抗。人的皮肤状态、接触电压、电流、接触面积、接触压力等多种因素都影响着人体阻抗,其变化范围很大。

角质层的击穿强度只有 500~2000V/m,数十伏的电压即可击穿角质层,使人体阻抗大大降低。接触电压在 50~100V 时,随着接触电压升高,人体阻抗明显降低。在角质层击穿后,人体阻抗变化不大。皮肤击穿后,人体阻抗约等于体内阻抗。

随着电流增加,皮肤局部发热增加,使汗液增多,人体阻抗下降。电流持续时间越长,人体阻抗下降越多。

皮肤沾水、有汗、损伤、表面沾有导电性粉尘等都会使人体阻抗降低。接触压力增加、接触面积增大也会使人体阻抗降低。例如,干燥条件下的人体阻抗为 1000~3000Ω,而用导电性溶液浸湿皮肤后,人体阻抗锐减为干燥条件下的一半。

此外,女子的人体阻抗比男子的小;儿童的比成人的小;青年人的比中年人的小。遭受突然的生理刺激时,人体阻抗也可能会降低。

### 11.3.3　电流对人体的影响

当人体不慎接触到带电体,就有电流通过人体。当电流通过人体时,能使肌肉收缩产生运动,造成机械性损伤,电流产生的热效应和化学效应可引起一系列急骤的病理变化,使肌体遭受严重的损害,特别是电流流经心脏,对心脏损害极为严重。极小的电流可引起心室纤维性颤动,导致死亡。电击伤对人体的伤害程度与电流的种类、大小、途径、接触部位、持续时间、人体健康状态、精神状态等都有关系。

(1) 通过人体的电流越大,对人体的影响也越大,所以接触的电压越高,人体损伤越大。

人体触电时,如果接触电压在 36V 以下,通过人体的电流就不致超过 30mA,故一般将36V 以下的电压作为安全电压。但在特别潮湿的环境和能导电的厂房,即便接触 36V 的电源也有生命危险,所以在这种场所,将安全电压则规定为 24V 或 12V。

微小的电流通过人体是没有感觉的,但如果通过人体的工频电流超过 30mA,就有生命危险,肌肉的痉挛将迅速加剧,触电者不能自觉脱离带电体,最后由于中枢神经系统的麻痹,使呼吸或心脏跳动停止,甚至死亡。

(2) 电流持续时间与损伤程度有密切关系,通电时间短,对肌体的影响小;通电时间长,对肌体损伤就大,对人体的伤害也越严重,危险性也增大,特别是电流持续流过人体的时间超过人的心脏搏动周期,对心脏的威胁很大,极易产生心室纤维性颤动。

(3) 人体接触交流电比直流电受到的损害大,不同频率的交流电对人体影响也不同。

人体对工频交流电要比直流电敏感得多,接触直流电时,其强度达 250mA 有时也不引起特殊的损伤,而接触 50Hz 交流电时只要有 50mA 的电流通过人体,如持续数十秒,便可引起心脏心室纤维性颤动,导致死亡。交流电频率 28~300Hz 的电流对人体损害最大,极易引起心室纤维性颤动(电流对心脏影响最大)。20000Hz 以上的交流电对人体影响较小,故常用作理疗。我们平时采用的工频交流电 50Hz,从设计电气设备角度考虑是比较合理的,然而其对人体损害是较严重的,故一定要提高警惕,做好安全用电工作。

(4) 通过人体的电流途径不同时,对人体的伤害情况也不同。

通过心脏、肺和中枢神经系统的电流强度越大,其后果也就越严重。由于身体的不同部位触及带电体,所以通过人体的电流途径均不相同,因此流经身体各部位的电流强度也不同,对人体的损害程序也就不一样。所以通过人体的总电流,强度虽然相等,但电流途径不同,其后果也不相同。

## 思考与练习

11.3.1　简述触电的定义和分类。

11.3.2　电流对人体造成的危害程度与那些因素有关?其中最主要的因素是什么?

11.3.3　什么是人体阻抗?

## 11.4　防触电措施

### 11.4.1　人体触电方式

人体的触电一般可分为直接接触触电和间接接触触电两种主要触电方式,此外,还有高压电场、高频电磁场、静电感应、雷击等对人体造成的伤害。

**1. 直接接触触电**

人体直接触及或过分靠近电气设备及线路的带电导体而发生的触电现象称为直接接触触电,单相触电、两相触电、电弧伤害都属于直接接触触电。

(1) 单相触电

当人体与大地之间互不绝缘时,人体直接接触带电设备或电力线路其中一相带电导体时,或者与高压系统其中一相带电导体的距离小于该电压的放电距离造成对人体放电,这时电流将从带电导体经过人体流入大地而造成触电伤害,这种触电现象称为单相触电。单相触电又可分为中性点接地和中性点不接地两种情况,示意图如图 11.5 所示。

① 在中性点接地的电网中,发生单相触电的情形如图 11.5(a)所示。当人体接触到一根相线时,电流从相线经人体,再经大地回到中性点而形成通路,这时人体承受的是相电压,危险性较大。如果人体与地面的绝缘较好,危险性将大大减小。

② 在中性点不接地的电网中,发生单相触电的情形如图 11.5(b)所示。当人体接触到一根相线时,由于相线与大地之间有电容存在,所以有对地的电容电流从另外两相流入大地,并全部经人体流入人手触及的相线。一般导线越长,对地的电容电流越大,其危险性越大。

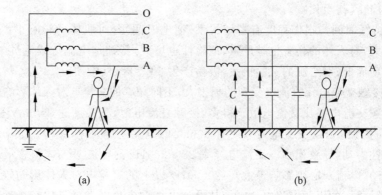

图 11.5　单相触电示意图

（2）两相触电

在人体与大地绝缘的情况下，人体同时接触电气设备或电力线路中两相带电导体，或者在高压系统中，人体同时分别靠近两相导体而发生电弧放电，则电流将从一相导体通过人体流入另一相导体，形成闭合回路，这种触电称为两相触电，也叫相间触电。示意图如图 11.6 所示。显然发生两相触电的后果比单相触电更严重，因为此时作用于人体上的是线电压。

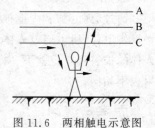

图 11.6　两相触电示意图

**2. 间接接触触电**

间接接触触电是指人体触及正常情况下不带电而故障情况下变为带电的设备外露导体引起的触电。

（1）跨步电压触电

当电气设备的绝缘损坏或电力线路的其中一相断线落地时，落地点的电位就是导线的电位，电流就会从落地点（或绝缘损坏处）流入地中。离落地点越远，电位越低。根据实际测量，在离导线落地点 20m 以外的地方，由于入地电流非常小，地面的电位近似为零。如果有人走近导线落地点附近，由于人的两脚电位不同，则在两脚之间出现电位差，这个电位差称为跨步电压。跨步电压的大小取决于人体距离电流入地点的距离和人体两脚之间的距离，离电流入地点越近，则跨步电压越大；反之，离电流入地点越远，则跨步电压越小；当距离超过 20m 时，跨步电压很小，可以认为是零。跨步电压触电情况如图 11.7 所示。当发现跨步电压威胁时应赶快把双脚并在一起，或赶快用一条腿跳着离开危险区，否则，触电时间长会导致触电死亡。

（2）接触电压触电

电气设备的金属外壳，本不应该带电，但由于设备使用时间过长，内部绝缘老化，造成击穿；或由于安装不良，造成设备的带电部分碰壳；或其他原因使电气设备的金属外壳带电时，人若碰到带电外壳就会触电，这种触电称为接触电压触电。接触电压的大小，随人体站立点的位置而异。人体距离接地点越远，受到的接触电压越高；离接地点越近，接触电压越小。

### 11.4.2　防止触电的保护措施

**1. 使用安全电压**

按照人体的最小电阻 $800\sim1000\Omega$ 和工频致命电流 $30\sim50\text{mA}$ 可求得对人体的危险电压。我国规定工频有效值 42V、36V、24V、12V 和 6V 为安全电压的额定值。安全电压的供电

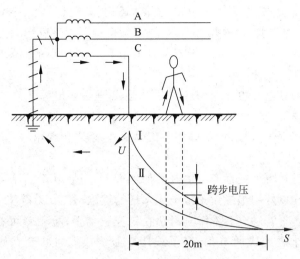

图 11.7　跨步电压触电示意图

电源除了必须采用独立电源外,供电电源的输入电路与输出电路之间必须实行电路上的隔离。

**2. 绝缘保护**

绝缘保护是用绝缘体把可能形成的触电回路隔开,以防止触电事故的发生,常见的有外壳绝缘、场地绝缘和用变压器隔离等方法。外壳绝缘是在电气设备的外壳装有防护罩;场地绝缘是在人体站立的地方用绝缘层垫起来,使人体与大地隔离;而变压器隔离是在用电器回路与供电电网之间加一个变压器,利用一、二次绕组之间的绝缘作电的隔离。

**3. 保护接地与保护接零**

电气设备的外壳大多是金属的,正常情况下并不带电。但万一绝缘损坏或外壳碰线,则外壳就会带电,这时人体一旦与其接触就可能造成间接接触触电事故。保护接地和保护接零是防止间接接触触电的最基本的措施,也是目前供电系统和用电设备常用的一种保护方法。详细内容参照 11.5.3 小节。

**4. 安装漏电断路器**

漏电断路器又称漏电保护器,是一种低压触电自动保护电器,预防因设备漏电、人身触电而造成危害。在电气设备中发生漏电或接地故障而人体尚未触及时,漏电保护装置已切断电源;或者在人体已触及带电体时,漏电保护器能在非常短的时间内切断电源,减轻对人体的危害。

## 思考与练习

11.4.1　触电的主要形式有哪几种?

11.4.2　如果电力线路恰巧断落在离自己很近的地面上,应如何离开现场而防止跨步电压触电?

11.4.3　我国的安全电压是多少?

## 11.5　触电急救方法

### 11.5.1　触电的现场抢救

**1. 迅速脱离电源**

发生触电事故时,首先必须用最快的速度使触电者脱离电源。触电急救的要点是动作迅速,救护得法,切不可惊慌失措,束手无策,要贯彻"迅速、就地、正确、坚持"的触电急救八字方针,进行抢救。脱离电源越快、抢救越及时,触电者救活的可能性就越大。

根据触电现场的环境和条件,采取最安全且最迅速的办法切断电源或使触电者脱离电源,基本的方法如下。

(1) 关闭电源。若触电发生在家中或开关附近,迅速关闭电源开关、拉开电源总闸刀是最简单、安全、有效的方法。

(2) 挑开电线。用干燥木棒、竹竿等将电线从触电者身上挑开,并将此电线固定好,避免他人触电。

(3) 斩断电路。若在野外或远离电源开关的地方,尤其是雨天,不便接近触电者以挑开电源线时,可在现场20m以外用绝缘钳子或干燥木柄的铁锹、斧头、刀等将电线斩断。

(4) "拉开"触电者。若触电者不幸全身趴在铁壳机器上,抢救者可在自己脚下垫一块干燥木板或塑料板,用干燥绝缘的布条、绳子或用衣服绕成绳条状套在触电者身上将其拉离电源。

在使触电者脱离电源的整个过程中必须防止自身触电,注意以下几点:①必须严格保持自己与触电者的绝缘,不直接接触触电者,选用的器材必须有绝缘性能。若对所用器材绝缘性能无把握,则在操作时,脚下垫干燥木块、厚塑料块等绝缘物品,使自己与大地绝缘。②在雨天野外抢救触电者时,一切原先有绝缘性能的器材都因淋湿而失去绝缘性能,因此更需注意。③野外高压电线触电,注意跨步电压的可能性并予以防止,最好是选择20m以外切断电源;确实需要进出危险地带,需保证单脚着地的跨跳步进出,绝对不许双脚同时着地。

**2. 采取现场急救措施**

当触电者脱离电源后,应根据触电者的具体情况,迅速组织现场救护工作。触电失去知觉后进行抢救,一般需要很长时间,必须耐心持续地进行。只有当触电者面色好转,口唇潮红,瞳孔缩小,心跳和呼吸逐步恢复正常时,才可暂停数秒进行观察。如果触电者还不能维持正常心跳和呼吸,则必须继续进行抢救。要视触电者身体状况,确定护理和抢救方法。

(1) 触电者神志清醒,但有些心慌、呼吸促迫、面色苍白、四肢发麻、全身乏力或触电者在触电过程中曾一度昏迷,但又清醒过来的,应使触电者躺平就地安静休息,不要走动以减轻心脏负担,严密观察观察呼吸和脉搏的变化。若发现触电者脉搏过快或过慢应立即送医院诊治。

(2) 触电者已经失去知觉,但心脏还在跳动,还有呼吸时,应使触电者在空气清新的地方舒适、安静地平躺,解开妨碍呼吸的衣扣、腰带。如果天气寒冷要注意保持体温,并迅速请医生到现场诊治。

(3) 如果触电者失去知觉,呼吸停止,但心脏还在跳动,应立即进行口对口(鼻)人工呼吸,并及时请医生到现场。

(4) 如果触电者呼吸和心脏完全停止,应立即进行口对口(鼻)人工呼吸和心脏按压急救,并迅速请医生到现场,应当注意,急救要尽快进行,即使送往医院的途中也应持续进行。

(5) 触电者心跳、呼吸均停,并伴有其他伤害时,应迅速进行心肺复苏急救,然后再处理外伤。对伴有颈椎骨折的触电者,在开放气道时,不应使头部后仰,以免高位截瘫,因此应用托领法。

(6) 当人遭受雷击时,由于雷电流将使心脏除极,脑部产生一过性代谢静止和中枢性无呼吸。因此受雷击者心跳、呼吸均停止时,应进行心肺复苏急救,否则将发生缺氧性心跳停止而死亡。不能因为被雷击者的瞳孔已放大,而不坚持用心复苏进行急救。

### 11.5.2　人工呼吸急救法

人工呼吸急救法有多种,以口对口(鼻)人工呼吸法最为简单且易掌握,效果也最好,同时还可以与胸外心脏按压法配合进行。其操作步骤和要领如下。

(1) 使触电者仰卧,迅速解开触电人的衣扣,松开紧身的内衣、腰带,头不要垫高,以利呼吸。

(2) 使触电者的头侧向一边,掰开触电人嘴巴(如果张不开嘴巴,可用小木片或金属片撬开),清除口腔中的痰液或血块。

(3) 使触电者的头部尽量后仰、鼻孔朝上,下巴尖部与前胸部大体保持在一条水平线上,这样舌根才不会阻塞气道。

(4) 救护人员蹲跪在触电者头部的左侧(或右侧),一只手捏紧触电者的鼻孔,另一只手用拇指和食指掰开嘴巴,若实在张不开嘴,可用口对鼻进行人工呼吸法,捏紧嘴巴,可垫一层纱布或薄布,准备给鼻孔吹气。

(5) 救护人员深吸气后,紧贴触电者嘴巴吹气,吹气时要使触电人的胸部膨胀,对成年人每分钟吹气 14～16 次,给儿童吹气时,每分钟吹气 18～24 次,不必捏鼻孔,让其自然漏气。

(6) 救护人员换气时,要放松触电者的嘴巴和鼻子,让其自动呼吸。

(7) 在进行人工呼吸的过程中,若发现触电者有轻微的自然呼吸时,人工呼吸应与自然呼吸的节律相一致。当正常呼吸有好转时,可暂停人工呼吸数秒钟并密切观察。若其正常呼吸仍然不能完全恢复,应立即继续进行人工呼吸。

### 11.5.3　触电预防

在使用电能的过程中,如果不注意用电安全,可能造成人身触电伤亡事故或电气设备的损坏,甚至影响到电力系统的安全运行,造成大面积的停电事故,使国家财产遭受损失,给生产和生活造成很大的影响。因此,我们在使用电能时,必须注意安全用电,以保证人身、设备、电力系统三方面的安全,防止发生事故。

在保证人身及设备安全的条件下,应采取科学措施和手段用电,即安全用电。安全用电通常从两个方面着手,一是建立健全各种操作规程和安全管理制度技术;二是技术防护措施。此处我们主要介绍技术防护措施。

为了防止人身触电事故,通常采用的技术防护措施有电气设备的接地和接零、安装低压触电保护器两种方式。

**1. 接地和接零**

电气设备在使用过程中,若设备绝缘损坏或击穿而造成外壳带电,人体触及外壳时有触电的可能。为此,电气设备必须与大地进行可靠的电气连接,即接地保护,使人体免受触电的危害。接地可分为工作接地、保护接地和保护接零。

工作接地是指电气设备(如变压器中性点)为保证其正常工作而进行的接地;保护接地是指为保证人身安全,防止人体接触设备外露部分而触电的一种接地形式。在中性点不接地系统中,设备外露部分(金属外壳或金属构架),必须与大地进行可靠电气连接,即保护接地。

接地装置由接地体和接地线组成,埋入地下直接与大地接触的金属导体称为接地体,连接接地体和电气设备接地螺栓的金属导体称为接地线。接地体的对地电阻和接地线电阻的总和称为接地装置的接地电阻。

在中性点不接地系统中,设备外壳不接地且意外带电,外壳与大地间存在电压,人体触及外壳,人体将有电容电流流过,如图 11.8(a)所示。如果将外壳接地,人体与接地体相当于电阻并联,流过每一通路的电流值将与其电阻的大小成反比。人体电阻通常为 $600\sim1000\Omega$,接地电阻通常小于 $4\Omega$,流过人体的电流很小,这样就完全能保证人体的安全,如图 11.8(b)所示。

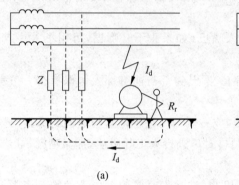
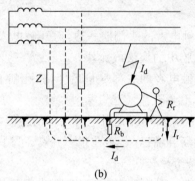

图 11.8 保护接地原理图

保护接地适用于中性点不接地的低压电网。在不接地电网中,由于单相对地电流较小,利用保护接地可使人体避免发生触电事故。但在中性点接地电网中,由于单相对地电流较大,保护接地就不能完全避免人体触电的危险,而要采用保护接零。

保护接零是指在电源中性点接地的系统中,将设备需要接地的外露部分与电源中性线直接连接,相当于设备外露部分与大地进行了电气连接。

当设备正常工作时,外露部分不带电,人体触及外壳相当于触及零线,无危险,如图 11.9 所示。采用保护接零时,应注意不宜将保护接地和保护接零混用,而且中性点工作接地必须可靠。

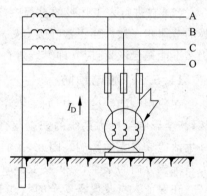

图 11.9 保护接零原理图

在电源中性线做了工作接地的系统中,为确保保护接零的可靠,还需相隔一定距将中性线或接地线重新接地,称为重复接地。

从图 11.10(a)可以看出,一旦中性线断线,设备外露部分带电,人体触及同样会有触电的可能。而在重复接地的系统中,如图 11.10(b)所示,即使出现中性线断线,但外露部分因重复接地而使其对地电压大大下降,对人体的危害也大大下降。不过应尽量避免中性线或接地线出现断线的现象。

保护接地和保护接零时需要注意以下几点。

(1) 对于中性点接地的三相四线制系统只能采用保护接零。

(2) 不允许在同一电流回路上,同时采用两种方式。

(3) 保护接零时,不允许在零线上装设开关或保险。

(4) 采用保护接零时,除系统中性点外,还必须在中性线上采用一处或多处接地,即重复接地。

### 2. 漏电保护

漏电保护是近年来推广采用的一种新的防止触电的保护装置,用来防止直接和间接触电。

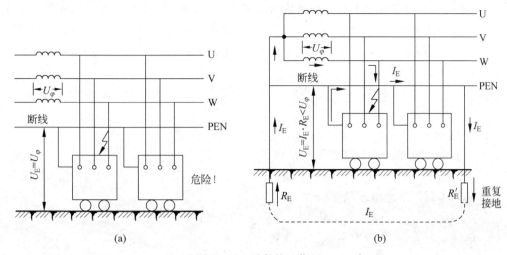

图 11.10 重复接地作用

在电气设备中发生漏电或接地故障而人体尚未触及时,漏电保护装置已切断电源;或者在人体已触及带电体时,漏电保护器能在非常短的时间内切断电源,减轻对人体的危害。

## 思考与练习

11.5.1 触电事故应怎样对症急救?

11.5.2 什么叫保护接地、保护接零?具体操作时应注意哪些事项?

11.5.3 漏电保护器的使用是为了防止什么?

## 本章小结

1. 电力系统由发电厂、电力网和用户组成,实现电能的生产、传输与分配。发电厂即生产电能的工厂,它将非电形式的能量转换成电能,是整个电力系统的核心;电力网的任务是将发电厂生产的电能输送、变换和分配到电能用户,是将发电厂和用户联系起来的中间环节,一般由变电所和输电线路组成。用户是电力系统中的用电负荷,电能的生产和传输最终是为了供给用户使用。

2. 工厂供电系统是指从工厂所需电力电源线路进厂起,到厂内高低压用电设备进线端止的整个电路系统,包括工厂内的所有高压和低压供配电线路。变电所(包括配电所)和用电设备。

3. 当人体因触碰到带电体承受过高的电压而导致死亡或局部受伤的现象称为触电,根据伤害程度不同可分为电击和电伤两种。电击伤对人体的伤害程度与电流的种类、大小、途径、接触部位、持续时间、人体健康状态、精神状态等都有关系,主要取决于流过人体电流的大小和电击时间长短等因素。我国规定安全电流为 $30\text{mA} \cdot \text{s}$,一般将 36V 以下的电压作为安全电压。

4. 人体的触电一般可分为直接接触触电和间接接触触电两种,人体直接触及或过分靠近电气设备及线路的带电导体而发生的触电现象称为直接接触触电。单相触电、两相触电、电弧伤害都属于直接接触触电。间接接触触电是指人体触及正常情况下不带电而故障情况下变为带电的设备外露导体引起的触电,如跨步电压触电、接触电压触电。

5. 触电的现场抢救主要有两大主要内容:迅速脱离电源、采取现场急救措施。

6. 安全用电是指在保证人身及设备安全的条件下,应采取科学措施和手段用电。安全用电通常从两个方面着手,一是建立健全各种操作规程和安全管理制度技术;二是技术防护措施。为了防止人身触电事故,通常采用的技术防护措施有电气设备的接地和接零、安装低压触电保护器两种方式。

## 习题

11.1 选择题。

(1) 电能生产、输送、分配及使用过程在(　　　)进行。

　　A. 不同时间　　　　B. 同一时间　　　　C. 同一瞬间　　　　D. 以上都不对

(2) 下列不属于安全电压的是(　　　)V。

　　A. 12　　　　　　　B. 24　　　　　　　C. 36　　　　　　　D. 110

(3) 电流流过人体,造成对人体的伤害称为(　　　)。

　　A. 电伤　　　　　　B. 触电　　　　　　C. 电击　　　　　　D. 电烙印

(4) 如果触电者伤势严重,呼吸停止或心脏停止跳动,应竭力施行(　　　)和胸外心脏按压。

　　A. 按摩　　　　　　B. 点穴　　　　　　C. 人工呼吸

(5) 跨步电压是以接地点为圆心(　　　)的圆面积内形成的分布电位。

　　A. 半径 10m 内　　　　　　　　　　B. 半径 20m 内

　　C. 半径 30m 内　　　　　　　　　　D. 直径 20m 内

(6) 发现有人触电,下列抢救措施正确的是(　　　)。

　　A. 拨打 110 或 120 同时去喊电工　　　B. 迅速用剪刀或小刀切断电源

　　C. 迅速用手把人拉开使其脱离电源　　　D. 立即用绝缘物使触电者脱离电源

11.2 判断题。

(1) 工厂电力负荷按国家规定,根据其对供电可靠性的要求及中断供电造成的损失或影响程度分为三级。其中三级负荷是特别重要的负荷。　　　　　　　　　　　　　　　(　　　)

(2) 人工呼吸时救护人员用一只手捏住触电者的鼻翼持续吹气,直至触电者恢复自主呼吸。　　　　　　　　　　　　　　　　　　　　　　　　　　　　　　　　　　　(　　　)

(3) 在脱离低压电源时,触电者身旁没有电源开关、插座,救护人员手头也没有合适的绝缘工具,可以拽触电者的手和脚使之脱离电源。　　　　　　　　　　　　　　　(　　　)

(4) 单相触电是指人体站在绝缘物上,人体某一部位触及一相带电体时,电流通过人体流入大地造成的触电。　　　　　　　　　　　　　　　　　　　　　　　　　　　(　　　)

(5) 电击包括电烧伤、电烙印、皮肤金属化、电光眼等多种伤害。　　　　　　(　　　)

(6) 为了安全起见,同一电流回路上可同时采用保护接地与保护接零来起到双重保护。

　　　　　　　　　　　　　　　　　　　　　　　　　　　　　　　　　　　　(　　　)

(7) 对于中性点接地的三相四线制系统即可以采用保护接零,又可以采用保护接地。

　　　　　　　　　　　　　　　　　　　　　　　　　　　　　　　　　　　　(　　　)

# Multisim仿真软件简介及虚拟实验示例

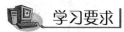 学习要求

本章介绍 Multisim 仿真软件的功能,Multisim 仿真软件的工作界面和常见虚拟仪器及其使用等内容,重点介绍 Multisim 仿真软件的基本操作和实际应用。

(1) 掌握 Multisim 仿真软件的基本操作。

(2) 掌握 Multisim 仿真软件的工作界面。

(3) 掌握 Multisim 仿真软件的实际应用。

(4) 理解常见虚拟仪器及其使用。

(5) 了解 Multisim 仿真软件的功能。

## 12.1 Multisim 仿真软件简介

NI Multisim 是一款著名的电子设计自动化软件,是美国国家仪器(NI)有限公司推出的以 Windows 为基础的电路设计软件。

Multisim 被广泛地应用于电路教学、电路图设计以及 SPICE 模拟,是目前最为流行的 EDA 软件之一。它包含许多虚拟仪器,不仅可以有一般实验室中常见的各种仪器仪表,如示波器、万用表、函数发生器等,而且有许多在普通实验室中难以见到的仪器,如逻辑分析仪、网络分析仪等。提供电路原理图的图形输入、电路硬件描述语言输入方式,具有丰富的仿真分析能力。

工程师们可以使用 Multisim 交互式地搭建电路原理图,并对电路进行仿真。Multisim 提炼了 SPICE 仿真的复杂内容,这样工程师无须懂得深入的 SPICE 技术就可以很快地进行捕获、仿真和分析新的设计,这也使其更适合电子学教育。通过 Multisim 和虚拟仪器技术,PCB 设计工程师和电子学教育工作者可以完成从理论到原理图捕获与仿真再到原型设计和测试这样一个完整的综合设计流程。

Multisim 14 是 NI 公司 2015 年发布的版本,在该版本中进一步增强了强大的仿真技术,例如全新的探针功能可以帮助使用者更加快速、方便地获取电路的电压、电流、功率等性能,可编程逻辑图功能允许用户创建图形化的逻辑关系电路。下面介绍 Multisim 14.1 版本软件。

## 12.2 Multisim 仿真软件工具栏介绍

### 12.2.1 主工作界面介绍

运行 Multisim 14 主程序后,出现 Multisim 14 主工作界面,如图 12.1 所示。Multisim 软件以图形界面为主,采用菜单栏、工具栏等相结合的方式。Multisim 工作界面由菜单栏、工具栏、设计工具箱、电路编辑窗口、仪器仪表栏和设计信息窗口等组成。

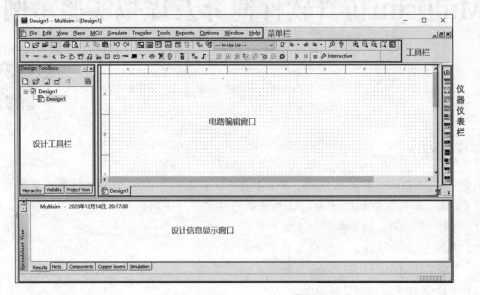

图 12.1　Multisim 14 主工作界面

### 12.2.2 常用菜单栏

Multisim 14 的菜单栏包括 File、Edit、View、Place、MCU、Simulate、Transfer、Tools、Reports、Options、Window 和 Help 12 个主菜单,如图 12.2 所示。通过菜单,可以对 Multisim 14 的所有功能进行操作,每个主菜单下都包含若干个子菜单,下面将介绍常用的主菜单及子菜单的功能。

图 12.2　Multisim 14 菜单栏

**1. 文件菜单**

文件(File)菜单主要用于管理所创建的电路文件,包括新建文件、打开文件、保存文件、另存为、打印等。各子菜单的功能如图 12.3 所示。

**2. 编辑菜单**

编辑(Edit)菜单主要用于对电路编辑窗口的电路进行编辑操作,如剪切(Cut)、复制(Copy)、粘贴(Paste)、查找(Find)等,如图 12.4 所示。

**3. 视图菜单**

视图(View)菜单主要用于对工具条、元件库栏和状态栏进行添加或隐藏操作,调整窗口视图布局,如全屏窗口、缩小或放大电路编辑窗口的电路图、显示栅格、隐藏设计工具栏等,如图 12.5 所示。

图 12.3 Multisim 14 文件菜单

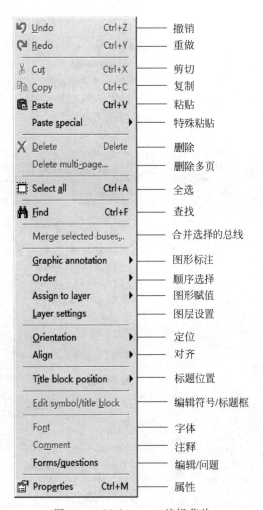

图 12.4 Multisim 14 编辑菜单

**4. 放置菜单**

放置(Place)菜单包括放置元器件、节点、线、文本、标注等常用的绘图元素,同时包括创建新层次模块、由分层模块代替、新建子电路等层次化电路设计的选项,如图 12.6 所示。

**5. 微控制器菜单**

微控制器(MCU)菜单主要是 MCU 调试相关的操作,如调试视图格式、MCU 窗口、单步调试、设置断点等,如图 12.7 所示。

**6. 仿真菜单**

仿真(Simulate)菜单包括一些与电路仿真相关的选项,如运行、暂停、停止、仪器、误差设置、交互仿真设置等,如图 12.8 所示。

**7. 工具菜单**

工具(Tools)菜单用于创建、编辑、复制、删除元器件,可以管理更新元器件库等,如图 12.9 所示。

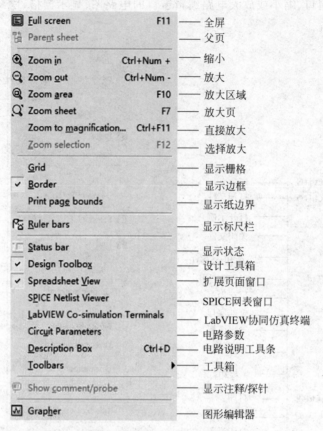

图 12.5　Multisim 14 视图菜单

图 12.6　Multisim 14 放置菜单　　　　图 12.7　Multisim 14 微控制器菜单

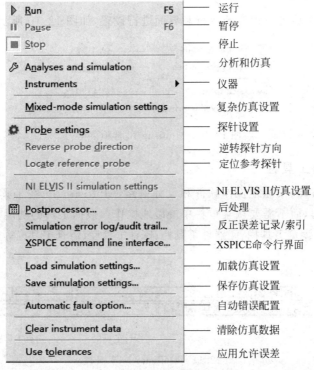

图 12.8　Multisim 14 仿真菜单

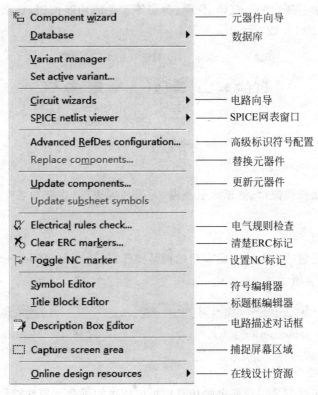

图 12.9　Multisim 14 工具菜单

**8. 选项菜单**

选项(Options)菜单可对程序的运行和界面进行设置,如图 12.10 所示。

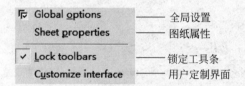

图 12.10　Multisim 14 选项菜单

## 12.2.3　常用工具栏

为了用户更加方便、快捷地操作软件和设计电路,Multisim 14 在工具栏中提供了大量的快捷操作的工具按钮,而不需要从菜单栏中慢慢地操作。根据工具的功能,可将它们细分为标准工具栏、主工具栏、浏览工具栏、元器件工具栏、探针工具栏、仿真工具栏等,如图 12.11 所示。

图 12.11　Multisim 14 工具栏

**1. 标准工具栏**

标准工具栏包括新建、打开、打印、保存、剪切等常见的功能按钮,该部分按钮是文件菜单的快捷操作按钮,如图 12.12 所示。

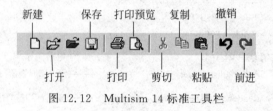

图 12.12　Multisim 14 标准工具栏

**2. 主工具栏**

主工具栏包括元器件窗口、数据库管理器、元器件列表等,主要对各个窗口界面的打开及关闭,如图 12.13 所示。

**3. 浏览工具栏**

浏览工具栏主要包括对电路编辑窗口的调整操作,包括放大、缩小、区域放大、全屏等调整窗口按钮,如图 12.14 所示。

图 12.13　Multisim 14 主工具栏　　　　图 12.14　Multisim 14 浏览工具栏

**4. 元器件工具栏**

元器件工具栏实际上是用户在电路仿真中可以使用的所有元器件符号库,总共有 18 个分类库,每个库中放置着同一类型的元器件。在取用其中的某一个元器件符号时,实质是调用了该元器件的数学模型。用户可以通过该工具栏,快速地找到自己想要的元器件,并进行电路设计,如图 12.15 所示。

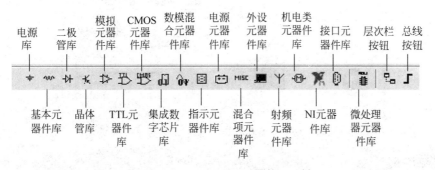

图 12.15　Multisim 14 元器件工具栏

**5. 仿真工具栏**

仿真工具栏提供仿真和分析电路的快捷工具按钮,包括运行、暂停、停止和活动分析功能按钮,如图 12.16 所示。

**6. 探针工具栏**

探针工具栏包含了设计电路时放置各种探针的按钮,还能对探针进行设置,如图 12.17所示。

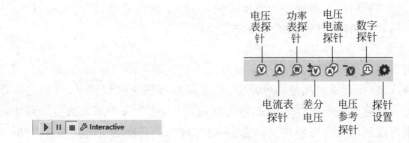

图 12.16　Multisim 14 仿真工具栏　　　图 12.17　Multisim 14 探针工具栏

## 12.3　Multisim 常见虚拟仪器及其使用

NI Multisim 14 软件中有许多虚拟仪器,用虚拟仪器来测量仿真电路中的各种电参数和电性能,并且还可以对测量的数据进行分析、打印和保存等。同时还可以利用 NI LabVIEW图形化编程软件,根据测量环境的需求自己设计个性化的仪器,称为自定义仪器。

NI Multisim 14 虚拟仪器在仪器栏中以图标方式显示,在电路编辑窗口上又有两种显示:一种形式是仪器接线符号;另一种形式是仪器面板,仪器面板上能显示测量结果。为了更好地显示测量信息,可以对仪器面板上得到量程、坐标、显示特性等进行交互式设定。

虚拟仪器分为 6 大类,分别为模拟仪器、数字仪器、射频仪器、电子测量技术中的真实仪器、测试探针以及 LabVIEW 仪器。下面分别介绍常用的万用表、信号发生器、示波器。

### 12.3.1　虚拟万用表

数字万用表是 NI Multisim 14 中的模拟仪器,主要用于测量直流或交流电路中两点间的电压、电流、分贝和阻抗。图 12.18 所示是数字虚拟万用表的图标符号、接线符号与仪器面板。

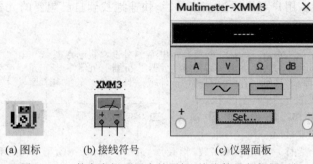

(a) 图标 (b) 接线符号 (c) 仪器面板

图 12.18　数字虚拟万用表的图标、接线符号与仪器面板

**1. 电流测量**

虚拟万用表可以进行电流测量,把虚拟万用表拖至电路编辑窗口后,按照需求把虚拟万用表的正、负极接线口接到需要测量的电路中,双击虚拟万用表接线符号,可以进入虚拟万用表仪器面板。单击仪器面板上的 A 按钮,选择电流测量,这个选项用来测量电路中某一支路的电流。

**2. 电压测量**

虚拟万用表可以进行电压测量,把虚拟万用表拖至电路编辑窗口后,按照需求把虚拟万用表的正、负极接线口接到需要测量的电路中,双击虚拟万用表接线符号,可以进入虚拟万用表仪器面板。单击仪器面板上的 V 按钮,选择电压测量,这个选项用来测量电路中两点之间的电压,但值得注意的是,用万用表作为电压表使用时,它的内阻很高,可以通过单击 SET 按钮来改变虚拟万用表的内阻,具体设置参考内部设置。

**3. 电阻测量**

虚拟万用表可以进行电阻测量,把虚拟万用表拖至电路编辑窗口后,按照需求把虚拟万用表的正、负极接线口接到需要测量的电路中,双击虚拟万用表接线符号,可以进入虚拟万用表仪器面板。单击仪器面板上的 Ω 按钮,选择电阻测量,这个选项用来测量电路中两点之间的阻抗。电路中两点间的所有元器件被称为“网络组件”,要精确测量电路两点之间的阻抗,必须满足以下 3 点。

(1) 网络组件不包括电源。

(2) 组件或网络组件是接地的。

(3) 组件或网络组件不与其他组件并联。

**4. 分贝测量**

分贝测量是用来测量电路中两点之间的电压增益或损耗。单击仪器面板上的 dB 按钮,选择分贝测量。dB 是一个无量纲的计量单位,在电子工程领域里,计算公式为 $dB = 20lg(U_{out}/U_{in})$,其中 $U_{out}$ 为电路中的某点电压,$U_{in}$ 为参考点电压,在 NI Multisim 14 提供的模拟万用表,参考电压默认值为 754.597mV。

**5. 信号模式**

单击仪器面板上的 ～ 按钮,测量正弦交流信号的电压或电流。任何直流信号分量都被隔离掉,虚拟万用表上显示的是有效值。

单击仪器面板上的 ━ 按钮,测量直流电压或电源。任何交流信号分量都被隔离掉。

**6. 内部设置**

理想的仪表对电路测量应该没有影响,如电压表的阻抗应无线大,当它接入电路时不会产生电流的分流;电流表的阻抗应该为零。但是在实际的仪器仪表中,电压表的阻抗是有限大的,电流表的阻抗也不等于零。NI Multisim 14 的虚拟万用表,电流表阻抗可以设置小到接近于零,电压表的阻抗也可以设置到接近无穷大,所以测量值与理想值几乎一致。单击仪器面板的 Set... 按钮,进入虚拟万用表的设置窗口,如图 12.19 所示。

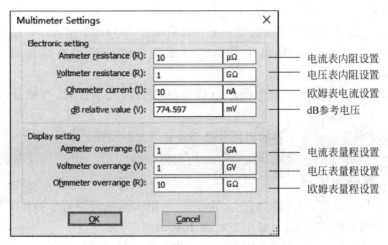

图 12.19 虚拟万用表的设置窗口

## 12.3.2 函数信号发生器

在 NI Multisim 14 软件中,函数信号发生器是产生正弦波、三角波和方波的电压源。提供的函数发生器能给电路提供与现实中完全一样的模拟信号,而且波形、频率、幅值、占空比、直流偏置电压都可设置。

在 NI Multisim 14 软件仪器栏中,单击函数信号发生器(function generator)图标,拖动到电路编辑窗口中,可变成接线符号,双击连线符号,可弹出仪器面板。虚拟函数信号发生器的图标、接线符号与仪器面板如图 12.20 所示。

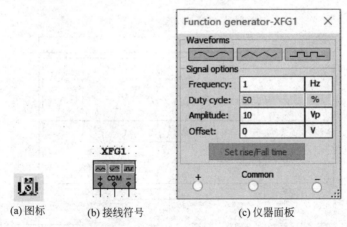

(a) 图标  (b) 接线符号  (c) 仪器面板

图 12.20 虚拟函数信号发生器的图标、接线符号与仪器面板

### 1. 接线说明

虚拟函数信号发生器通过 3 个接线柱将信号送到电路中。其中"+"是正接线端,提供的波形是正信号;"−"是负接线端,提供的波形是负信号;Common 是公共端,是信号的参考点,一般接地。

**2. 波形选择**

波形选择有 3 种,分别为正弦波、三角波、方波。可以通过鼠标单击相应的按钮 、、 来实现。

**3. 信号设置**

(1) Frequency:函数信号发生器输出信号频率设置,可修改数值大小以及单位。

(2) Duty cycle:函数信号发生器输三角波和方波信号的占空比设置,设置范围 $1\%\sim99\%$。

(3) Amplitude:函数信号发生器输出信号幅度值的大小设置,可修改数值大小以及单位。

(4) Offset:函数信号发生器输出信号直流分量的大小设置。

(5) Set rise/Fall time:设置方波上升和下降的时间。

### 12.3.3 双踪示波器

示波器可以用来观察信号随时间变化的波形,可用来测量周期信号的频率和幅值。双踪示波器最多可以观察两路信号,一般用于观察、比较两路信号。

在 NI Multisim 14 软件仪器仪表栏中,单击双踪示波器图标(oscillscope),拖动到电路编辑窗口中,可变成接线符号,双击连线符号,可弹出仪器面板。示波器图标、接线符号如图 12.21 所示,仪器面板如图 12.22 所示。连线符号提供 A、B 触发等三个通道的正、负极接口,其中 A、B 通道接观测的信号,触发通道接外部触发源。

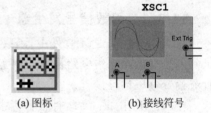

(a)图标     (b)接线符号

图 12.21 示波器的图标、接线符号

双踪示波器仪器面板主要划分为示波器显示界面、触发设置、通道设置、时基设置、游标读数等。下面将详细介绍这些主要的界面。

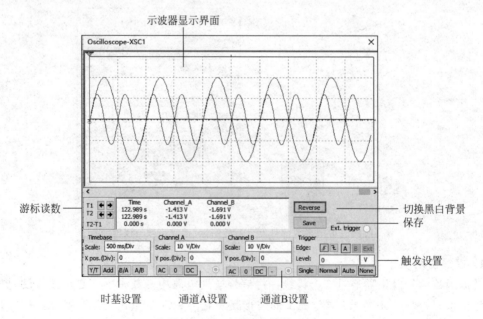

图 12.22 示波器的仪器面板

**1. 示波器显示界面**

示波器显示界面显示信号随时间变化的波形,其中纵轴是波形信号的幅度,横轴是时间。

**2. 触发设置**

设定输入信号在示波器上显示的条件。在 Edge 中可以设置触发沿,分为上升沿和下降沿两种方式,以及可设触发信号源,分别是通道 A 信号、通道 B 信号、外部信号三种信号源。通过 Level 可设置触发电平,即当触发信号源的电平值在某一时刻大于 Level 设定的电平值,才触发波形显示。Single 按钮设置示波器只扫描一次,Normal 按钮设置触发信号电平只要达到 Level 的电平值,示波器就扫描,Auto 按钮设置示波器自动调整,None 按钮设置触发信号不用选择。

**3. 通道设置**

Scale 设置通道信号在波形显示界面上的纵轴刻度标识的电压值;Y pos(Div)可控制波形在纵轴上的位置;AC 按钮设置耦合时只显示交流部分的信号;DC 设置耦合时既显示交流部分,也要显示直流部分。

**4. 时基设置**

用于设置扫描时间及信号显示方式。Scale 调整扫描的时间长短,即在调整波形显示界面横轴刻度标识的时间长度;X pos 设置信号在横轴的起始位置;"Y/T"按钮设定示波器显示的信号波形是横轴的函数,A/B 或 B/A 按钮设置示波器显示信号波形是把通道 B(或通道 A)作为横轴扫描信号,将通道 A(或通道 B)作为纵轴扫描信号。Add 按钮是将通道 A、B 信号相加后一起显示。

**5. 游标读数**

可以通过调整两个通道的游标,来读取某一刻时刻波形各参数的准确值,也可同时显示两个游标的差值,这为信号周期与幅值测量提供方便。

## 12.4　Multisim 14 基本操作

### 12.4.1　创建电路编辑窗口

运行 Multisim 14,软件自动打开一个空白的电路编辑窗口,电路编辑窗口可以放置元器件、创建电路。用户可以通过选择 File→New 菜单命令新建一个空白的电路编辑窗口,或通过工具栏中的 ▯ 按钮快捷地新建一个空白电路编辑窗口。

### 12.4.2　放置元器件

电路原理图设计的第一步是在电路编辑窗口中放置适当的元器件,可以通过以下三种方法在元器件库中找到自己想要的元器件。

(1) 通过元器件工具栏快捷方式。

(2) 通过菜单栏→放置(Place)菜单→元器件(Component)的方式。

(3) 通过查询数据库的特定元器件方式。

其中第一种、第二种方式最为常用。各个元器件系列都被进行逻辑分组,用户可以依据逻辑分组快速找到元器件,节约用户设计电路的时间。默认情况下,打开通过第一种、第二种方法操作,会弹出元器件选取的详细界面,如图 12.23 所示。

元器件界面功能详细如下。

(1) Database:元器件所在的库。

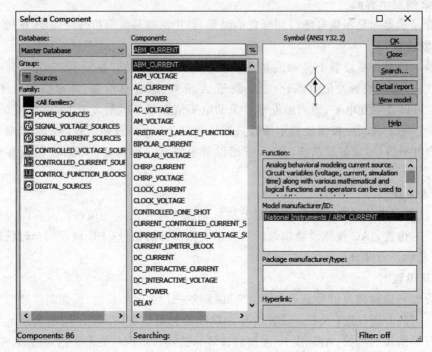

图 12.23　元器件选取界面

(2) Group：元器件的类型。

(3) Family：元器件的系列。

(4) Component：元器件名称。

(5) Symbol：元器件示意图。

(6) Function：元器件功能简述。

(7) Model manufacture/ID：元器件的制造厂商/编号。

(8) Footprint manufacture/type：元器件封装厂商/模式。

(9) Hyperlink：超链接文件。

元器件总共被分为 18 种类型,对应元器件工具栏的 18 种图标按钮,分别为电源、二极管、基本元器件、晶体管、微处理器、集成数字芯片等元器件类型。元器件工具栏界面如图 12.15 所示,Group 选取界面如图 12.24 所示。

在 Group 里选择想要的元器件库,然后在 Family 里又有对应不同元器件系列,不同的元器件系列下会有多种不同的元器件名称 Component;从 Component 列表框中选择需要的元器件,它的相关信息也随之显示,如元器件示意图、元器件功能简述、元器件的制造厂商/编号等。

选定元器件后,单击 OK 按钮,元器件界面消失,在电路编辑窗口中,被选择的元器件的影子跟随光标移动,说明元器件处于等待放置状态。把元器件拖动到适当位置后,单击完成元器件放置,每个元器件在电路编辑窗口中的标识号都是由字母和数字组成,字母表示元器件的类型,数字表示元器件被添加的先后顺序,如第一个被添加的 AC_POWER 元器件的标识号为 V1,第二个被添加的 AC_POWER 元器件的标识号为 V2,以此类推。在电路编辑窗口双击元器件,可对元器件的参数进行设置。

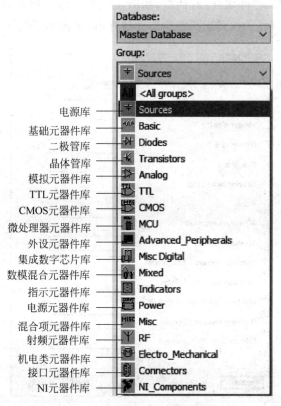

图 12.24 Group 选取界面

### 12.4.3 移动元器件

可以用下列方法之一将已经放置好的元器件移动其他位置。

(1) 鼠标移动到元器件图标上,按住左键移动鼠标,这时元器件将随着鼠标位置移动。

(2) 鼠标移动到元器件图标上单击,选择元器件,按键盘上的箭头键,可以对元器件进行上、下、左、右的移动。

### 12.4.4 复制/替换元器件

**1. 复制元器件**

可以用下列方法进行元器件复制。

(1) 鼠标移动到元器件图标上。单击,选中元器件,然后选择 Edit→Copy 菜单命令,再选择 Edit→Paste 菜单命令。这时复制的元器件将随着鼠标移动,按照放置元器件的方法,把元器件放到适当的位置。

(2) 鼠标移动到元器件图标上,右击,在弹出的对话框中选择 Copy 命令。鼠标移动到空白处,右击,在弹出的对话框中选择 Paste 命令。这时复制的元器件将随着鼠标移动,按照放置元器件的方法,把元器件放到适当的位置。

(3) 使用快捷键方式。鼠标移动到元器件图标上,单击,选中元器件,同时按快捷键 Ctrl+C 完成复制,再按快捷键 Ctrl+V 完成粘贴。这时复制的元器件将随着鼠标移动,按照放置元器件的方法,把元器件放到适当的位置。

**2. 替换元器件**

鼠标移动到元器件图标上,单击,选中元器件,然后选择 Edit→Properties 菜单命令或按快捷键 Ctrl+M,出现"元器件属性"对话框,如图 12.25 所示。单击对话框左下方的 Replace 按钮,进入元器件选取界面。找到想要替换的元器件后,单击 OK 按钮,完成元器件替换。

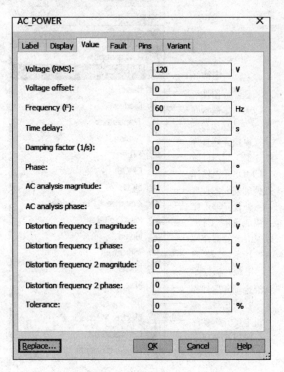

图 12.25 "元器件属性"对话框

### 12.4.5 连线

把元器件放到电路编辑窗口中放置好后,就需要用线把它们连接起来。所有的元器件都有引脚,可以选择自动连线或手动连线,通过引脚用连线将元器件或仪器仪表连接起来。自动连线是 Multisim 14 的一项特殊功能,软件能够自动找到避免穿过其他元器件或覆盖其他连线的路径,本书主要介绍自动连线的操作方法。

在两个元器件之间自动连线,把鼠标光标放在第一个元器件的引脚上,此时光标变成一个"+"符号,单击,这时连线会随着鼠标的光标移动;在第二个元器件的引脚上单击,Multisim 14 将自动完成连接。如果想在连线的某一时刻终止连线,按 Esc 键或右击即可。

如果想删除一根连线,移动鼠标到此连线上,单击选中它,然后按 Delete 键;或在连线上右击,在弹出的对话框中选择 Delete 命令,完成删除操作。

### 12.4.6 设置元器件属性

每一个被放置在电路编辑窗口的元器件还有一些其他属性,这些属性决定着元器件的各个方面,但这些属性仅影响该元器件,并不影响在电路中的其他相同元器件的属性。可以通过修改元器件的属性,完成想要的元器件参数的设置。以电阻为例,把鼠标光标移动到电阻图标上,右击,在弹出的对话框中选择 Properties 命令,进入元器件属性界面,单击 Value 选项,在 Resistance 文本框中可以修改元器件的电阻值,此时的电阻值为 $698\Omega$,如图 12.26 所示。其他参数值及其元器件的参数设置在本书就不再详细描述,具体见软件的帮助文档。

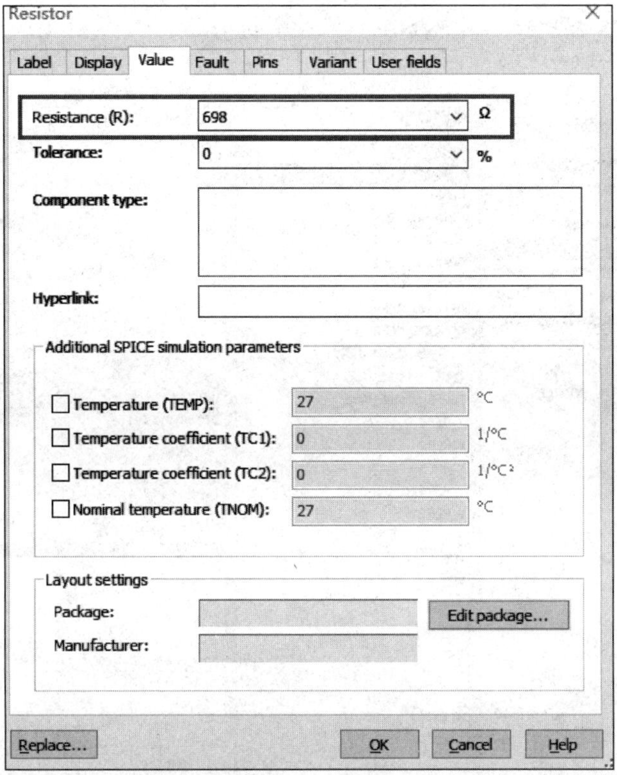

图 12.26 电阻元器件电阻值

## 12.5 虚拟仿真实例

在电路设计分析过程中,充分使用 Multisim 14 的仿真实验和仿真分析功能,有助于建立电路分析的基本概念,理解电路的特性。本节使用 Multisim 14 仿真电路,并利用 Multisim 的仪器仪表功能,进行电位与电压的测量,加深对电位与电压异同点的认识。电路中的电位与电压实验电路如图 12.27 所示。

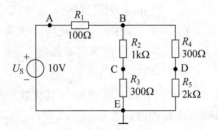

图 12.27 电位与电压的实验电路

**1. 放置电源**

单击元器件工具栏中的 ╪ 按钮,弹出电源库,这时元器件的类型(Group)已经默认为电源库,元器件的系列(Family)选择 Power_Sources,元器件名称(Component)选择 DC_POWER Database,然后单击 OK 按钮,完成直流电源的选取,拖动光标,把直流电源放置适当位置,如图 12.28 所示。

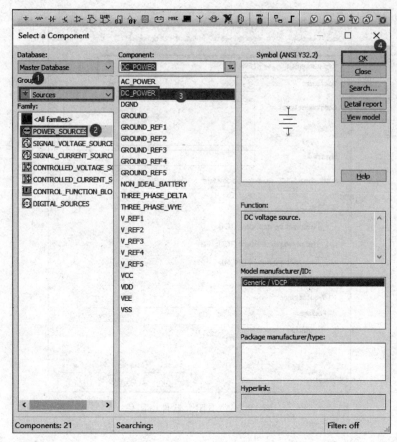

图 12.28　放置电源

**2. 放置电阻**

单击元器件工具栏中的 ⚡ 按钮,弹出基础元器件库,这时元器件的类型(Group)已经默认为电源库,元器件的系列(Family)选择 RESISTOR,元器件名称(Component)选择 100,然后单击 OK 按钮,完成 R1 的 100Ω 的电阻元器件选取,拖动鼠标光标,把电阻元器件放置适当位置,如图 12.29 所示。R2、R3、R4、R5 的电子元器件选取和以上步骤类似,只是元器件名称(Component)选择有一些不同。R2、R3、R4、R5 电阻元器件也可以通过复制 R1,然后通过属性修改电阻值的方式,把 R2、R3、R4、R5 摆放在适当的位置。

**3. 连线及参数修改**

按照图 12.27 所示元器件的摆放位置及标注的参数值放置和旋转元器件,调整直流电源的电压值及电阻的电阻值,然后进行电路连线。也可以连线好后,再调整仿真的电路图,如图 12.30 所示。

**4. 电位与电压测量**

在仪器仪表栏中找到并单击虚拟万用表按钮 📟,然后把虚拟万用表拖动到电路编辑窗口并放置好。按照图 12.27 所示,以 E 为参考点,分别测量 A、B、C、D、E 各点的电压值。我们以测量 A 点电压值为例,虚拟万用表的负极接线接在 E 点,虚拟万用表的正极接线接在 A 点。然后单击仿真工具栏中的 ▶ 按钮,启动仿真。双击打开虚拟万用表仪器面板上,单击 V 按钮,选择电压测量,测量值为 10V,如图 12.31 所示。

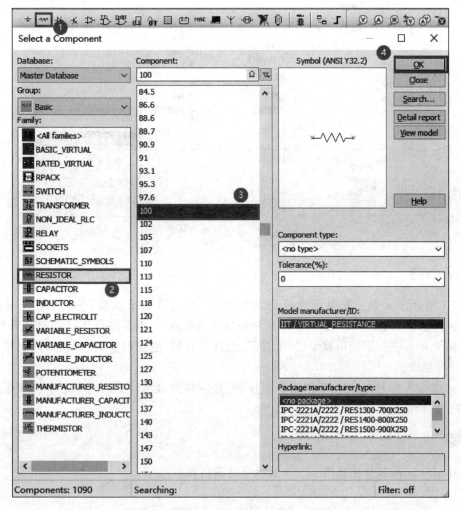

图 12.29　放置电阻

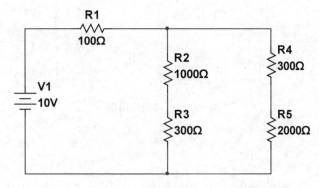

图 12.30　Multisim 14 电位与电压的测量仿真电路

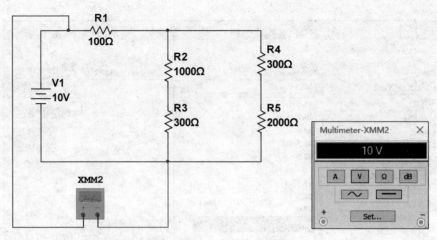

图 12.31　A 点的电压测量

## 本章小结

1. NI Multisim 是一款电子设计自动化软件,是美国国家仪器(NI)有限公司推出以 Windows 为基础的电路设计软件,被广泛地应用于电路教学、电路图设计以及 SPICE 模拟。

2. Multisim 工作界面由菜单栏、工具栏、设计工具箱、电路编辑窗口、仪器仪表栏和设计信息窗口等组成。

3. 虚拟仪器分为六大类,分别为模拟仪器、数字仪器、射频仪器、电子测量技术中的真实仪器、测试探针以及 LabVIEW 仪器。

## 习题

利用 Multisim 软件实现图 12.32 所示电路的仿真。

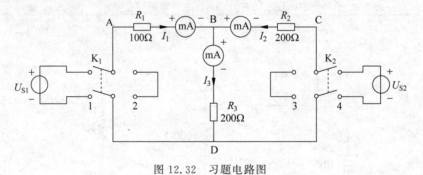

图 12.32　习题电路图

# 电工与电子技术实验

### 实验一　电阻元件伏安特性的测定

**一、实验目的**

1. 通过实验，掌握直流电流表及直流电压表的使用方法。

2. 测定线性电阻元件、非线性电阻元件的伏安特性，并绘制其特性曲线。

**二、实验仪器与设备**

1. 直流稳压电源　　　　　　　　一台

2. 0.50mA 直流电流表　　　　　一块

3. 0.200mA 直流电流表　　　　 一块

4. MF47 三用表（替代直流电压表）一块

5. 电阻器 $200\Omega/0.5W$　　　　 一只

6. 灯光 $6.3V/0.15A$　　　　　　 一只

**三、实验线路图**（见附图 1.1 和附图 1.2）

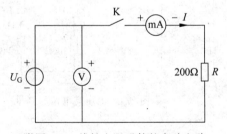
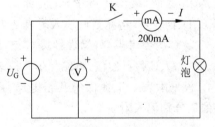

附图 1.1　线性电阻元件的实验电路　　　　附图 1.2　非线性电阻元件的实验电路

**四、实验步骤**

1. 按附图 1.1 接好线路，（将三用表调到直流电压 10V 的位置替代电压表）先将电源调到最低 0V（关上电源），经教师检查后通电实验。

2. 打开电源并合上开关 K，按附表 1.1 给定的电压调节电源，记下对应的电流值，填入附表 1.1 中。

3. 按附图 1.2 接好线路重复上面步骤 1、2。

附表 1.1　记录表

| | U/V | 0 | 1 | 2 | 3 | 4 | 5 |
|---|---|---|---|---|---|---|---|
| 线性电阻 | I/mA | | | | | | |
| | $R = \dfrac{U}{I}\ /\ \Omega$ | | | | | | |
| 非线性电阻 | U/V | 0 | 1 | 2 | 3 | 4 | 5 |
| | I/mA | | | | | | |
| | $R = \dfrac{U}{I}\ /\ \Omega$ | | | | | | |

### 五、实验注意事项

1. 电流表要串联在电路中,电压表要并联于电路的两端,它们的极性不能接错。

2. 电源电压要根据附表 1.1 中给定的值进行调节。

3. 电源不能被短路。

## 实验二　电路中电位与电压的测量

### 一、实验目的

1. 学会用三用表来测量电路中的电压与电位。

2. 通过实验加深对电位与电压异同点的认识。

### 二、实验仪器与设备

1. 实验台(或直流稳压电源)　一台

2. 三用表　　　　　　　　　　一块

3. 电阻器　　　　　　　　　　五只

### 三、实验线路图(见附图 2.1)

### 四、实验步骤

1. 按附图 2.1 接好电路,经教师允许后通电实验。

2. 将三用表置于直流电压 10V 挡,以 E 为参考点,用黑表针(负极)接参考点 E,红表针(正极)分别测量 A、B、C、D、E 各点,将测量值填入附表 2.1 中。

3. 以 C 为参考点,将黑表针接 C 点,红表针分别测量 A、B、C、D、E 各点的值,将结果填入附表 2.1 中。

4. 根据附表 2.1 提供的几组电压,用三用表测量它们的值分别填入附表 2.1 中。

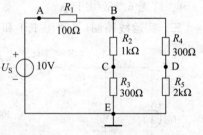

附图 2.1　电压与电位的测量

附表 2.1　记录表

| 参考点 | 测量值 | | | | | | | | |
|---|---|---|---|---|---|---|---|---|---|
| | $V_A$ | $V_B$ | $V_C$ | $V_D$ | $V_E$ | $U_{AB}$ | $U_{BC}$ | $U_{CD}$ | $U_{DE}$ |
| 以 E 为参考点 | | | | | | | | | |
| 以 C 为参考点 | | | | | | | | | |

### 五、实验注意事项

测量电位、电压时,如果发现表针反偏,则说明该值为负值,需要对换表针进行测量。

## 实验三　基尔霍夫定律、叠加定理的验证实验

### 一、实验目的

1. 验证 KCL、KVL 及叠加定理。
2. 巩固 KCL、KVL 及叠加定理知识。

### 二、实验仪器与设备

1. 实验台(或直流稳压电源)　一台
2. 三用表　　　　　　　　　一块
3. 直流电流表　　　　　　　三块
4. 电阻　　　　　　　　　　三只
5. 开关

### 三、实验线路图(见附图 3.1)

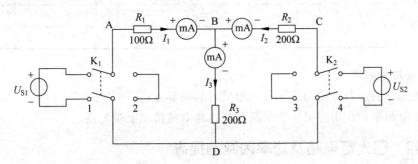

附图 3.1　KCL、KVL 叠加定理实验

### 四、实验步骤

1. KCL、KVL 的验证。

(1) 根据附图 3.1 接好电路,将开关 $K_1$、$K_2$ 分别置于 1、2 位置,调节 $U_{S1} = 12V$,$U_{S2} = 12V$,记下各支路电流填入附表 3.1 中。注意流进节点与流出节点电流的取值。

附表 3.1　记录表

| 电流/mA | | | 验证 KCL | 电压/V | | | 验证 KVL |
|---|---|---|---|---|---|---|---|
| $I_1$ | $I_2$ | $I_3$ | $\sum I =?$ | $U_{AB}$ | $U_{BF}$ | $U_{HA}$ | $\sum U =?$ |
| | | | | | | | |

(2) 将三用表置于直流电压 50V 量限,根据附表 3.1 中要求分别测出各支路电压值,填入附表 3.1 中。

2. 叠加定理的验证。

(1) $U_{S1}$ 单独作用时。

将开关 $K_1$ 置于 1 位置、$K_2$ 置于 3 位置,测出各支路电流及各元件上的电压填入附表 3.2 中,注意此时 $I_2'$ 和 $U_2'$ 的测量方法。

(2) $U_{S2}$ 单独作用时。

将开关 $K_1$ 置于 2 位置、$K_2$ 置于 4 位置,测出各支路电流及各元件上的电压填入附表 3.2 中,注意此时 $I_1''$ 和 $U_1''$ 的测量方法。

(3) $U_{S1}$、$U_{S2}$ 同时作用时。

将开关 $K_1$、$K_2$ 分别置于 1、2 位置,各电流表按附图 3.1 电流的参考方向接入电路,测出各支路电流及各元件上的电压值,填入附表 3.2 中。

附表 3.2　记录表

| 电　源 | 电流/mA | | | 电压/V | | |
|---|---|---|---|---|---|---|
| $U_{S1}$ 单独作用时 | $I_1'$ | $I_2'$ | $I_3'$ | $U_1'$ | $U_2'$ | $U_3'$ |
| $U_{S2}$ 单独作用时 | $I_1''$ | $I_2''$ | $I_3''$ | $U_1''$ | $U_2''$ | $U_3''$ |
| $U_{S1}$、$U_{S2}$ 共同作用时 | $I_1$ | $I_2$ | $I_3$ | $U_1$ | $U_2$ | $U_3$ |
| 验证叠加定理 | $I_1=I_1'+I_1''$ | $I_2=I_2'+I_2''$ | $I_3=I_3'+I_3''$ | $U_1=U_1'+U_1''$ | $U_2=U_2'+U_2''$ | $U_3=U_3'+U_3''$ |

### 五、实验注意事项

1. 电流电压的参考方向与实际方向相反时的测量方法。

2. 一个电源单独作用时另一个电源不能在通电的情况下被短路。

## 实验四　日光灯电路及功率因数的提高

### 一、实验目的

1. 了解日光灯的工作原理,学会安装日光灯电路。

2. 了解提高功率因数的意义和方法。

### 二、实验仪器与设备

1. 日光灯实验板　　　　　一块

2. 实验台(调压器)　　　　一台

3. 电容器($2.4\mu F$)　　　一只

4. 交流电流表　　　　　　三块

5. 三用表(替代交流电压表)　一块

### 三、实验线路图(见附图 4.1)

### 四、实验步骤

1. 按附图 4.1 接好电路,将开关 K 断开,经教师检查后通电实验,记下此时的各电流表的电流填入附表 4.1 中。

2. 将三用表置于交流电压挡 250V,分别测量电源电压、灯管电压、镇流器两端的电压填入附表 4.1 中。

3. 合上开关 K,重复步骤 1。

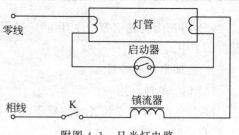

附图 4.1　日光灯电路

附表 4.1　记录表　　　　　测量镇流器内阻 $r=$ _____

| K 状态 | 项　　目 | | | | | | | | | |
|---|---|---|---|---|---|---|---|---|---|---|
| | 测量数据 | | | | | | 计算值 | | | |
| | $U_S$ | $U_L$ | $U_R$ | $I$ | $I_L$ | $I_C$ | $P$ | $P_R$ | $P_r$ | $\cos\varphi$ |
| K 断开时 | | | | | | | | | | |
| K 合上时 | | | | | | | | | | |

### 五、实验注意事项

1. 实验过程中要注意安全,切换电路不能带电操作。

2. 注意电源不能被短路。

3. 电容器经过放电后才能用手触摸。

## 实验五　三相交流电路实验

### 一、实验目的

1. 熟悉三相负载作星形联结和三角形联结。

2. 了解三相对称电路的线电压和相电压、线电流与相电流的关系。

3. 了解三相四线制电路中中性线的作用。

### 二、实验仪器与设备

1. 三相负载实验板　　　　　一块

2. 实验台(三相调压器)　　　一台

3. 交流电流表(0.300mA)　　四块

4. 三用表(替代交流电压表)　一块

### 三、实验线路图(见附图 5.1 和附图 5.2)

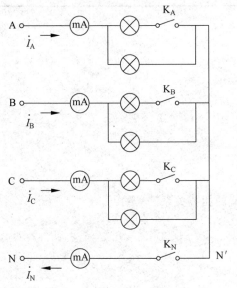

附图 5.1　负载作星形联结实验线路图

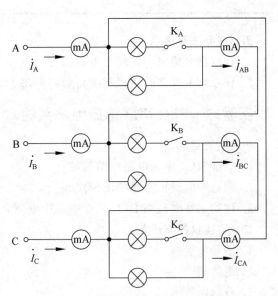

附图 5.2　负载作三角形联结实验线路图

#### 四、实验步骤

1. 按附图 5.1 接好电路,经教师检查后通电实验,合上 $K_A$、$K_B$、$K_C$ 测量对称负载有中线($K_N$ 合上)和无中线($K_N$ 断开)时的线电流、相电流、线电压、相电压及中性线电压(无中线时)、中线电流(有中线时)的值填入附表 5.1 中。

2. 断开 $K_A$(A 相少接一盏灯),测量不对称负载时各电压电流填入附表 5.1 中。

3. 负载作星形联结时,将 A 相灯泡全部断开,在有中线和无中线时测量各电压和电流,填入附表 5.1 中,并观察有无中线时各灯泡亮度的影响。

4. 将负载作附图 5.2 三角形联结,测量负载对称和不对称时的线电压、相电压、线电流、相电流的值,填入附表 5.2 中。再将 A 相断开,测出各电压、电流值填入附表 5.2 中。

附表 5.1  记录表

| 测 量 项 目 | | $U_{AB}$ | $U_{BC}$ | $U_{CA}$ | $U_A$ | $U_B$ | $U_C$ | $I_A$ | $I_B$ | $I_C$ | $U_{NN'}$ | $I_N$ |
|---|---|---|---|---|---|---|---|---|---|---|---|---|
| 单位 | | | | | | | | | | | | |
| 有中性线 | 负载对称 | | | | | | | | | | | |
| | 负载不对称 | | | | | | | | | | | |
| | A 相开路 | | | | | | | | | | | |
| 无中性线 | 负载对称 | | | | | | | | | | | |
| | 负载不对称 | | | | | | | | | | | |
| | A 相开路 | | | | | | | | | | | |

附表 5.2  记录表

| 测 量 项 目 | $U_{AB}$ | $U_{BC}$ | $U_{CA}$ | $I_A$ | $I_B$ | $I_C$ | $I_{AB}$ | $I_{BC}$ | $I_{CA}$ |
|---|---|---|---|---|---|---|---|---|---|
| 单位 | | | | | | | | | |
| 负载对称 | | | | | | | | | |
| 负载不对称 | | | | | | | | | |
| A 相开路 | | | | | | | | | |

#### 五、实验注意事项

1. 在改接电路时一定断开电源后方可进行。

2. 作三角形联结时注意不要将负载短路。

## 实验六  RLC 串联谐振电路实验

#### 一、实验目的

1. 验证 RLC 串联谐振电路的特点。

2. 测定串联谐振电路的谐振曲线。

3. 使用示波器观测 RLC 串联电路中电压和电流的相位关系。

#### 二、实验仪器与设备

1. 信号发生器　　　　　　　一台

2. 毫伏表　　　　　　　　　一台

3. 双踪示波器　　　　　　　一台

4. 电阻(10Ω、100Ω)　　　两只

5. 电感（30mH,电阻小于20Ω）　一只

6. 电容器($0.033\mu$F)　一只

三、**实验线路图**(见附图 6.1 和附图 6.2)

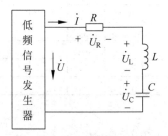

附图 6.1　串联谐振实验电路图

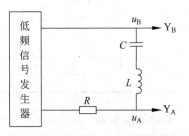

附图 6.2　观察电流和电压相位差线路图

四、**实验步骤**

1. 寻找谐振频率,验证谐振电路的特点。

按附图 6.1 接好电路,$R$ 取 $10\Omega$,$L$ 取 $30$mH,$C$ 取 $0.033\mu$F,信号发生器输出阻抗置于 $600\Omega$。用毫伏表测出 $R$ 上的电压 $U_R$,当电路谐振时的电流最大,所以谐振时电阻上的电压也为最大,保持信号发生器的输出电压为 $5$V,调节输出信号的频率,用表监测 $R$ 的电压为最大时,对应的频率为电路的谐振频率(调节前最好先作预先计算),测出此时电感电容上的电压,并读取谐振频率,将结果记入附表 6.1 中(填写 $R$、$L$、$C$ 参数)。

2. 测定谐振曲线。

按附图 6.1 接好电路信号发生器输出电压调为 $5$V,在谐振频率两侧调节输出电压的频率(每次改变频率后均应重新调整电压到 $5$V),分别测量各频率点的 $U_R$ 值,记入附表 6.2 中(在频率点附近多测几组数据)。再将图中电阻的值改为 $100\Omega$ 重复上述测量,记入表附 6.3 中。

3. 用示波器观测 RLC 串联电路中电压与电流间的相位关系。

按附图 6.2 接好电路,取 $R$ 的值为 $10\Omega$,将电路图中的电压 $u_A$ 送入示波器的 $Y_A$ 通道,电压 $u_B$ 送入 $Y_B$ 通道,示波器与信号发生器的地端连在一起,信号发生器的输出频率取 $f_0$,输出电压取 $5$V,观察电压 $u_A$、$u_B$ 的波形图,并绘制下来(电路中的电流波形图与 $u_A$ 相似,$u_B$ 为电压波形图,屏幕上显示 2 至 3 个波形即可)。再在 $f_0$ 左、右各取一个频率点,信号发生器输出电压还用 $5$V,观察并描绘 $u_A$、$u_B$ 的波形图。

附表 6.1　记录表

| $R/\Omega$ | | $L/$mH | | $C/\mu$F | |
|---|---|---|---|---|---|
| $U_R/$V | | $U_L/$V | | $U_L/$V | |
| $f_0/$Hz | | $I_0=\dfrac{U_R}{R}/$A | | $Q$ | |

附表 6.2　记录表

| | $R=$ | | $L=$ | | $C=$ | | $Q=$ | |
|---|---|---|---|---|---|---|---|---|
| $f/$Hz | | | | $f_0$ | | | | |
| $U_R/$mV | | | | | | | | |
| $I/$mA | | | | | | | | |
| $I/I_0$ | | | | | | | | |
| $f/f_0$ | | | | | | | | |

附表 6.3　记录表

| | | R = | | L = | | C = | | Q = | | | |
|---|---|---|---|---|---|---|---|---|---|---|---|
| $f/\mathrm{Hz}$ | | | | | | $f_0$ | | | | | |
| $U_R/\mathrm{mV}$ | | | | | | | | | | | |
| $I/\mathrm{mA}$ | | | | | | | | | | | |
| $I/I_0$ | | | | | | | | | | | |
| $f/f_0$ | | | | | | | | | | | |

### 五、实验注意事项

1. 谐振曲线的测定要在电源电压不变的条件下进行,信号发生器改变频率时应对其输出电压及时调整,保持在 5V 不变。

2. 为了使谐振曲线的顶点绘制精确,可以在谐振频率附近多选几组测量数据。

# 实验七　单相变压器实验

### 一、实验目的

1. 熟悉单相变压器的铭牌数据。

2. 测定变压器的空载电流。了解变压器的电压比、电流比和阻抗变换。

3. 测定变压器的输出特性。

### 二、实验仪器与设备

1. 多绕组单相变压器(容量 5V·A,原边 0/110V/220V,副边 0/18V,0/6.3V/36V) 一个

2. 三用表(代交流电压表) 一块

3. 单相自耦高压器(0.5kV·A,0.250V) 一块

3. 交流电流表(0.1A) 一块

4. 可变电阻器(200Ω,1A) 一只

5. 双刀开关 一只

### 三、实验线路图(见附图 7.1)

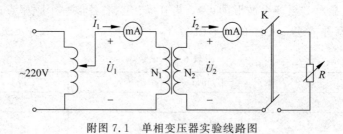

附图 7.1　单相变压器实验线路图

### 四、实验步骤

1. 记录变压器铭牌上的各额定数据。

2. 测量空载电流。

按附图 7.1 接好电路,将自耦调压器调到零。接通电源后,将调压器慢慢到单相变压器原绕组的额定电压,各副绕组均开路,测量原绕组的空载电流 $I_0 =$ _____ A。

3. 测定电压比(变比)$n$。

选定一组变压器副绕组,按附图 7.1 接好电路,在原绕组加上额定电压,测量副绕组的开

路,求得原绕组电压之比,即为电压比。

$$U_1 = \underline{\hspace{2cm}} \text{ V} \qquad U_2 = \underline{\hspace{2cm}} \text{ V}$$

4. 测定电流比。

线路同附图 7.1,在原绕组加上额定电压,副绕组接通可变电阻器 $R_L$,改变 $R_L$ 的值,使副绕组输出额定电流,分别测得原副绕组的电压和电流值,求得原副绕组电流之比。

$U_1 = \underline{\hspace{1.5cm}} \text{ V} \qquad U_2 = \underline{\hspace{1.5cm}} \text{ V} \qquad I_1 = \underline{\hspace{1.5cm}} \text{ A} \qquad I_2 = \underline{\hspace{1.5cm}} \text{ A}$

5. 测定变压器的输出特性。

线路图同附图 7.1,原绕组保持额定电压,改变负载电阻 $R_L$,使副绕组电流由零逐渐增加至额定值,测得六组以上副绕组电压 $U_2$ 和电流的值,记入附表 7.1 中,并将原绕组电压 $U_1$ 记录下来。

附表 7.1　记录表 $\qquad\qquad U_1 = \underline{\hspace{1.5cm}}$ V

| $U_2/\text{V}$ |  |  |  |  |  |  |
|---|---|---|---|---|---|---|
| $I_2/\text{A}$ |  |  |  |  |  |  |

### 五、实验注意事项

1. 调节变压器时,为了安全,应单手操作进行调节。

2. 改接电路或合上开关前,应先断开电源再进行操作。

# 参 考 文 献

[1] 刘莲青.电工与电子技术基础[M].北京：电子工业出版社,2008.

[2] 莫黎萍.电工技术[M].北京：高等教育出版社,2017.

[3] 林训超.电工技术与应用[M].北京：高等教育出版社,2013.

[4] 江路明.电路分析与应用[M].北京：高等教育出版社,2015.

[5] 林平勇.电工电子技术[M].北京：高等教育出版社,2015.